"十三五"高等教育能源类专业规划教材

新能源技术概论

主　编　蔡振兴　李一龙　王玲维
副主编　潘红娜　王　华　李小林　杨显鹏

北京邮电大学出版社
www.buptpress.com

内 容 简 介

本书系统地介绍了太阳能、生物质能、风能等可再生能源以及氢能——燃料电池、核能等新能源的利用原理与工程应用技术以及新能源发展政策等。本书对上述相关知识进行了较为系统的介绍，重点介绍各种可再生能源技术的基本原理和开发利用的方式，此外，也简要介绍了目前国内外可再生能源开发利用的现状和发展趋势，介绍了太阳能及其利用技术、生物质能及其利用、氢能及其利用——燃料电池技术、其他新能源及其利用等内容，阐述详细，内容全面。

本书通俗易懂，图文结合，便于自学，适用于从事热能动力工程、环境工程、暖通空调、电力、建筑、化工、冶金等领域的设计人员、管理人员及有关科研人员阅读参考，也可作为热能工程、工程热物理、环境工程、石油化工、暖通空调等专业的高年级本科生和硕士研究生的选修课教材，还适用于相关的科研与管理工作者参考。

图书在版编目（CIP）数据

新能源技术概论 / 蔡振兴，李一龙，王玲维主编 . -- 北京：北京邮电大学出版社，2017.10（2020.8重印）

ISBN 978-7-5635-5245-0

Ⅰ.①新…　Ⅱ.①蔡…　②李…　③王…　Ⅲ.①新能源－技术－概论　Ⅳ.①TK01

中国版本图书馆 CIP 数据核字（2017）第 197203 号

书　　　　名：新能源技术概论	
著作责任者：蔡振兴　李一龙　王玲维　主编	
责 任 编 辑：满志文　穆晓寒	
出 版 发 行：北京邮电大学出版社	
社　　　　址：北京市海淀区西土城路 10 号（邮编：100876）	
发 行　部：电话：010-62282185　传真：010-62283578	
E-mail： publish@bupt.edu.cn	
经　　　销：各地新华书店	
印　　　刷：北京九州迅驰传媒文化有限公司	
开　　　本：787 mm×1 092 mm　1/16	
印　　　张：13.75	
字　　　数：358 千字	
版　　　次：2017 年 10 月第 1 版　2020 年 8 月第 3 次印刷	

ISBN 978-7-5635-5245-0　　　　　　　　　　　　　　　　　　定　价：36.00 元

前　言

我国主要的一次能源是煤炭。煤炭是不可再生的化石能源,在其利用过程中,一方面,会形成 SO_2、NO、CO_2 及粉尘等污染物;另一方面,以煤炭为主要的能源生产——消费结构使得我国的国民经济的发展和人民生活水平的提高对煤炭能源具有很强的依附性。近年来,煤炭短缺以及运输能力的限制使得很多地区的能源供应紧张。此外,我国的石油和天然气等优质化石能源相对短缺,而近年来我国对石油、天然气的需求急剧增长。国际石油市场的不稳定因素对我国能源安全问题(主要是石油安全)带来很大的不利影响。

我国经济的迅速发展使得对能源的需求增加,常规的化石能源供应不足的矛盾日益突出。能源安全成为我国必须解决的战略问题。发展新能源和可再生能源十分紧迫,也是世界各发达国家竞相研究的热点课题之一。新能源与可再生能源不仅有利于解决和补充我国化石能源供应不足的问题,而且有利于改善我国能源结构、保障能源安全、保护环境,走可持续发展之路。开发利用新能源与可再生能源也是构建资源节约型社会和环境友好型社会的必然选择。

本书将系统地介绍太阳能、生物质能、风能、海洋能、地热能等可再生能源以及氢能、核能等新能源的概念与新能源技术,并介绍新能源发展与政策等。其中,太阳能、生物质能、风能和新型核能是本书的重点内容。作者将用大量而翔实的资料对近年来,特别是 20世纪 90 年代以来国际上有关的研究成果进行系统整理,对实验室的基础研究成果与理论分析进行深入论述。

本书以新能源学科的发展为契机,结合了多学科优势,力求兼顾科学素质教育的要求,在理论上简单介绍,文字叙述通俗易懂。旨在为广大读者系统地介绍有关新能源科学的基本理论、技术进展、新能源经济与政策。鉴于能源、环境、生命、信息、材料、管理学科是新世纪高等院校科学素质系列教育的重要组成部分,本书适合作为高等院校大学本科高年级学生新能源技术概论方面的教材,也适用于相关的科研与管理工作者参考。

本书由蔡振兴、李一龙、王玲维担任主编,由潘红娜、王华、李小林、杨显鹏担任副主编。具体编写分工如下:李一龙编写第 1、2 章,蔡振兴编写第 3、4 章,王玲维编写第 5 章,潘红娜编写第 6 章,王华编写第 9 章,李小林编写第 8 章,杨显鹏编写第 7 章。全书由蔡振兴统稿。

由于编者水平有限,书中的疏漏和不足之处在所难免,恳请广大读者批评指正。

编　者

目　　录

第1章 总 论

1.1 能量与能源及其分类

1.1.1 能量与能源

宇宙间一切运动着的物体都有能量的存在和转化。人类一切活动都与能量及其使用紧密相关。所谓能量,广义地说,就是"产生某种效果(变化)的能力"。反之,产生某种效果(变化)的过程必然伴随着能量的消耗和转化。

在物理学中,能量定义为做功的本领。作为一个哲学上的概念,能量是一切物质运动、变化和相互作用的度量。具体而言,能量反映了一个由诸多物质构成的系统和外界交换功和热的能力的大小。利用能量从实质上来说就是利用自然界的某一自发变化来推动另一人为的过程。显然能量利用的优劣、利用效率的高低与具体过程密切相关,而且利用能量的结果必然和能量系统的始末状态相联系。

对能量的分类方法没有统一的标准,到目前为止,人类认识的能量有如下六种形式。

(1) 机械能:是与物体宏观机械运动或空间状态相关的能量,包括固体和流体的动能、势能、弹性能及表面张力等。前两种称为宏观机械能。

(2) 热能:构成物体分子的微观分子运动的动能表现为热能,其宏观表现是温度的高低,反映了分子运动的强度。

(3) 电能:是和电子流动与积累有关的一种能量,通常是由电池中的化学能转化而来的,或是通过发电机由机械能转化而来的;反之电能也可以通过电动机转化为机械能,显示出电做功的本领。

(4) 辐射能:是物体以电磁波形式发射的能量。

(5) 化学能:是物质结构能的一种,即原子核外进行化学变化时放出的能量。按化学热力学定义,物质或物系在化学反应过程中以热能形式释放的内能称为化学能。人类利用最普遍的化学能是燃烧碳和氢。

(6) 核能:是蕴藏在原子核内部的物质结构能。释放巨大核能的核反应包括核聚变反应和核裂变反应。

从物理学的观点看,能源可以简单地定义为做功的能力。广义而言,任何物质都可以转化为能量。但是转化的数量、转化的难易程度是不同的。世界上一切形式的能源的初始来源是核聚变、核裂变、放射线源以及太阳系行星的运行。还有另一类型的能源及物质在宏观运动过程中所转化的能量即所谓能量过程,例如,水的势能落差运动产生的水能及空气运动产生的风能等。因此,能源的定义可描述为:凡是能直接或经过转换而获取某种能量的自然资源(可简单理解为含有能量的资源)。

能量的单位与功单位一致。常用的单位是尔格、焦耳、千瓦·时(单位换算如表 1-1 所示)。能源的单位也就是能量的单位。在实际工作中,能源还用煤当量(标准煤)和油当量(标准油)来衡量,1 kg 标准煤的发热量为 29.3 kJ。1 kg 标准油的发热量为 41.8 kJ。千克标准煤用符号 kgce 表示,千克标准油用符号 kgoe 表示。也可以用吨标煤(tce)或吨标油(toe)及更大的单位计量能源。

表 1-1　能量单位的换算

能量单位 名称	英热单位 (Btu)	磅·尺 (bf·ft)	马力·时 (hp·h)	焦耳 (J)	卡 (cal)	千瓦·时 (kW·h)	电子伏特 (V)
1 英热单位 (Btu)	1	777.9	3.929×10^{-4}	1055	252.0	2.930×10^{-4}	6.585×10^{21}
1 尔格(erg)	9.481×10^{-11}	7.376×10^{-8}	3.725×10^{-14}	10^{-7}	2.389×10^{-8}	2.778×10^{-14}	6.242×10^{11}
1 磅·尺 (bf·ft)	1.285×10^{-3}	1	5.051×10^{-7}	1.356	0.323 9	3.766×10^{-7}	8.464×10^{13}
1 马力·时 (hp·h)	2545	1.980×10^{6}	1	2.685×10^{6}	6.414×10^{5}	0.7457	1.676×10^{25}
1 焦耳(J)	9.481×10^{-4}	0.7376	3.725×10^{-7}	1	0.2389	2.778×10^{-7}	6.242×10^{18}
1 卡(cal)	3.968×10^{-3}	3.087	1.559×10^{-6}	4.186	1	1.163×10^{-6}	2.613×10^{19}
1 千瓦·时 (kW·h)	3413	2.655×10^{6}	1.341	3.6×10^{6}	8.601×10^{5}	1	2.247×10^{25}
1 电子伏特 (V)	1.519×10^{-22}	1.182×10^{-19}	5.967×10^{-26}	1.602×10^{-19}	3.827×10^{-20}	4.450×10^{-26}	1
1 千克能量 (kg·m)	8.521×10^{13}	6.629×10^{16}	3.348×10^{10}	8.987×10^{16}	2.147×10^{16}	2.497×10^{10}	5.610×10^{35}

1.1.2　能源的分类

对能源有不同的分类方法,以能量根本蕴藏方式的不同,可将能源分为以下三类。

第一类能源是来自地球以外的太阳能。人类现在使用的能量主要来自太阳能,故太阳有"能源之母"的称法。现在,除了直接利用太阳的辐射能之外,还大量间接地使用太阳能源。例如目前使用最多的煤、石油、天然气等化石资源,就是千百万年前绿色植物在阳光照射下经光合作用形成有机质,而成长的根茎及食用它们的动物遗骸,在漫长的地质变迁中所形成的。此外如生物质能、流水能、风能、海洋能、雷电等,也都是由太阳能经过某些方式转换而形成的。

第二类能源是地球自身蕴藏的能量。这里主要是指地热能资源以及原子能燃料,还包括地震、火山喷发和温泉等自然呈现出的能量。据估算,地球以地下热水和地热蒸汽形式储存的能量,是煤储能的 1.7 亿倍。地热能是地球内放射性元素衰变辐射的粒子或射线所携带的能量。此外,地球上的核裂变燃料(铀、钍)和核聚变燃料(氘、氚)是原子核的储存体。即使将来每年耗能比现在多 1000 倍,这些核燃料也足够人类用 100 亿年。

第 3 位类能源是地球与其他天体引力相互作用而形成的。这主要是指地球和太阳、月亮等天体间有规律而形成的潮汐能。地球是太阳系的九大行星之一,月球是地球的卫星。由于太阳系其他八颗行星或距地球较远,或质量相对较小,结果只有太阳和月亮对地球有较大的引力作用,导致地球上出现潮汐现象。海水每日潮起潮落各两次,这是引力对海水做功的结果。潮汐能蕴藏着极大的机械能,潮差常达十几米,非常壮观,是雄厚的发电原动力。

世界能源理事会(World Energy Council,WEC)推荐的能源分类如下:固体燃料;液体燃料;气体燃料;水力;核能;电能;太阳能;生物质能;风能;海洋能;地热能;核聚变能。

能源(Energy Source)还可分为一次能源、二次能源和终端能源;可再生能源和非再生能源;新能源和常规能源;商品能源和非商品能源等。

由于能源形式多样,故有多种不同的分类方法,或按能源的来源、形成、使用分类,或从技术、环保角度进行分类。不同的分类方法,都是从不同的侧重点来反映各种能源的特征。

1. 按地球上的能量来源分

(1) 地球本身蕴藏的能源:核能、地热能。

(2) 来自地球外天体的能源:宇宙射线、太阳能,以及由太阳能引起的水能、风能、波浪能、海洋温差能、生物质能、光合作用、化石燃料(煤、石油、天然气)。

(3) 地球与其他天体相互作用的能源,如潮汐能。

2. 按被利用的程度分(被开发利用的程度、生产技术水平和经济效益等方面)

(1) 常规能源(Conventional Energy):又称传统能源。其开发利用时间长、技术成熟、能大量生产并广泛使用,如煤炭、石油、天然气、薪柴燃料、水能等。

(2) 新能源(New Energy):利用高新科学技术系统地研究开发,但是尚未大规模使用的能源。如太阳能、风能、地热能、潮汐能、生物质能等,核能通常也被看作新能源。新能源是在不同历史时期和科学技术水平条件下,相对于常规能源而言的。

3. 按获得的方法分

(1) 一次能源(Primary Energy):即自然界现实存在,可供直接利用的能源,如煤、石油、天然气、风能、水能等。一次能源可分为可再生能源和非再生能源。

(2) 二次能源(Secondary Energy):是指由一次能源经过加工转换以后得到的能源。如电力、蒸汽、煤气、汽油、柴油、重油、液化石油气、酒精、沼气、氢气和焦炭等,它们使用方便,易于利益,是高品质能源。二次能源是联系一次能源和能源终端用户的中间纽带。二次能源又可分为"过程性能源"(如电能)和"合能体能源"(如柴油、汽油)。过程性能源和合能体能源是不能互相替代的,各有自己的应用范围。

4. 按能否再生分

(1) 可再生能源(Renewable Energy):可再生能源应是清洁能源或绿色能源,它包括太阳能、风能、海洋能、波浪能、水力、核能、生物质能、地热能、潮汐能、海洋温差能等,是可以循环再生、取之不尽、用之不竭的初级资源。

(2) 非再生能源(Non-renewable Energy):包括原煤、原油、天然气、油页岩、核能等,它们是不能再生的,用掉一点,便少一点。

5．按能源本身的性质分

（1）合能体能源：其本身就是可提供能量的物质，如石油、煤、天然气、地热、氢等，可以直接储存，因此便于运输和传输，又称为载体能源。

（2）过程性能源：是指由可提供能量的物质的运动所产生的能源，如水能、风能、潮汐能、电能等，其特点是无法直接储存。

6．按对环境的污染情况分

（1）清洁能源：对环境无污染或污染很小的能源，如太阳能、水能、海洋能等。

（2）非清洁能源：对环境污染较大的能源，如煤、石油等。

7．按是否能作为燃料分

（1）燃料能源（Fuel Energy）：用作燃料使用，主要通过燃烧形式释放热能的能源。根据其来源可分为矿物燃料（如石油、天然气、煤炭等），核燃料（如铀、钍等），生物燃料（如木材、秸秆、沼气等）。根据其形态可分为固体燃料（如煤炭、木材等），液体燃料（如汽油、酒精等），气体燃料（如天然气、沼气等）。燃料能源的利用途径主要是通过燃烧将其中所含的各种形式的能量转换成热能。燃料能源是人类的主要能源。

（2）非燃料能源（Non-fuel Energy）：无须通过燃烧而直接提供人类使用的能源，如太阳能、风能、水力能、海洋能、地热能等。非燃料能源所含有的能量形式主要有机械能、光能、热能等。

8．按是否能作为商品分

（1）商品能源（Commercial Energy）：具有商品的属性，作为商品经流通环节而消费的能源。目前，商品能源主要有煤炭、石油、天然气、水电和核电 5 种。

（2）非商品能源（Non-commercial Energy）：常指来源于植物、动物的能源，如农业、林业的副产品秸秆、薪柴等，人畜粪便及由其产生的沼气，太阳能、风能或未并网的小型电站所发出的电力等。非商品能源在发展中国家农村地区的能源供应中占有很大的比重。

此外，还有一些有关术语：如农村能源、绿色能源、终端能源等，也都是从某一方面来反映能源的特征。

1.1.3 能源的开发利用

1．煤炭

煤炭是埋在地壳中亿万年以上的树木和植物，由于地壳变动等原因，经受一定的压力和温度作用而形成的含碳量很高的可燃物质，又称为原煤。由于各种煤的形成年代不同，碳化程度深浅不同，可将其分类为无烟煤、烟煤、褐煤、泥煤等几种类型，并以其挥发物含量和焦结性为主要依据。烟煤又可以分贫煤、瘦煤、焦煤、肥煤、漆煤、弱黏煤、不黏煤、长焰煤等。

煤炭既是重要的燃料，也是珍贵的化工原料。20 世纪以来，煤炭主要用于电力生产和在钢铁工业中供炼焦，某些国家的蒸汽机车用煤比例很大。电力工业多用劣质煤（灰分大于 30％）；蒸汽机车用煤则要求质量较高，灰分低于 25％，挥发分含量要求大于 25％，易燃并具有较长的火焰。在煤矿的附近建设的"坑口发电站"，使用了大量的劣质煤，直接转化为电能向各地输送。另外，煤转化的液体与气体合成燃料，对补充石油与天然气的使用也具有重要意义。

2．石油

石油是一种用途广泛的宝贵矿藏，是天然的能源物资。但是石油是如何形成的，这一问题科学家还在争论。目前大部分的科学家都认同这个理论:石油是由沉积岩中的有机物质变成的。因为在已经发现在油田中,99%以上都是分布在沉积岩区。另外,人类还发现了现在的海底、湖底的近代沉积物中的有机物,正在向石油慢慢地变化。

同煤相比石油有许多的优点:首先,它是释放得热量比煤大得多,每千克煤燃烧释放的热量为 5000 kcal/kg,而石油释放的热量大于 10 000 kcal/kg;就发热而言,石油是煤的两三倍;石油使用方便,它易燃又不留灰烬,是理想的清洁燃料。

从已探明的石油储量看,世界总储量为 1043 亿吨,目前世界有七大储油区,第一是中东地区,第二是拉丁美地区,第三是苏联,第四是非洲,第五是北美洲,第六是西欧,第七是东南亚。这七大油区储油量占世界石油总量的 95%。

3. 天然气

天然气是地下岩层中以碳氢化合物为主要成分的气体混合物的总称。天然气是一种重要能源,燃烧时有很高的发热值,对环境的污染比较小,而且还是一种重要的化工原料。天然气的生产过程同石油类似,但比石油更容易生成。天然气主要由甲烷、乙烷、丙烷和丁烷等烃类组成,其中甲烷占 80%~90%。天然气有两种不同的类型:一是伴生气,由原油中的挥发性组分所组成,约有 40% 的天然气与石油一起伴生,称油气田,它溶解在石油中或形成石油构造中的气帽,并对石油储藏提供气压;二是非伴生气,与液体油的积聚无关,可能是一些植物体的衍生物。60% 的天然气为非伴生气,即气田气,它埋藏得更深。

最近 10 年液化天然气技术有了很大发展,液化后的天然气体积为原来体积的 1/600。因此可以用冷藏油轮运输,运到使用地后再予以气化。另外,天然气液化后,可为汽车提供方便的、污染小的天然气燃料。

4. 水能

水能资源最显著的特点是可再生、无污染。开发水能对江河的综合治理利用具有积极作用,对促进国民经济发展,改善能源消费结构,缓解由于消耗煤炭、石油资源所带来的环境污染有重要的意义,因此世界各国都把开发水能放在能源发展战略的优先地位。

世界河流水能资源理论蕴藏值为 40.3 万亿千瓦·时,技术可开发水能资源为 14.3 万亿千瓦·时,约为理论蕴藏量的 35.6%;经济可开发水能资源为 8.08 万亿千瓦·时,约为技术可开发的 56.22%,为理论蕴藏量的 20%。发达国家拥有技术可开发水能资源 4.82 万亿千瓦·时,经济可开发水能资源 2.51 万亿千瓦·时,分别占世界总量的 33.5% 和 31.1%。发展中国家拥有技术可开发水能资源共计 9.56 万亿千瓦·时,经济可开发水能资源 5.57 万亿千瓦·时,分别占世界总量的 66.5% 和 68.9%,可见世界开发水能资源主要蕴藏量在发展中国家;而且发达国家可开发水能资源到 1998 年已经开发了 60%,而发展中国家到 1998 年才开发 20%,所以今后大规模的水电开发主要集中在发展中国家。中国水能资源理论蕴藏量、技术可开发和经济可开发水能资源均居世界一位,其次为俄罗斯、巴西和加拿大。

5. 新能源

人类社会经济的发展需要大量能源的支持。随着常规能源资源的日益枯竭以及由于大量利用矿物能源而产生的一系列环境问题,人类必须寻找可持续的能源道路,开发利用新能源和可再生能源无疑是出路之一。随着煤炭、石油、天然气等常规能源储量的不断减少,新能源将成为世界新技术革命的重要内容,成为未来世界持久能源系统的基础,在技术上可行,在经济上合理,环境和社会可以接收;能确保供应和替代常规化石能源的可持续发展能源体系。

1.2　能源在社会可持续发展中的作用

1.2.1　可持续发展的概念

比较通俗的提法是:可持续发展是既满足当代人的需求又不危害后代人满足自身需求能力的发展。这一定义强调了可持续发展的时间维,而忽视了其空间维。可持续发展的内涵表现为如下几个方面:

(1)"发展"是大前提,是人类永恒的主题,为了实现全球范围的可持续发展,应把发展经济、消除贫困作为首要条件。

(2)"协调性"是中心。可持续发展是由于人与环境、资源间的矛盾引出的,因此可持续发展的基本目标是人口、经济、社会、环境、资源的协调发展。

(3)"公平性"是关键。其关键问题是资源分配和福利分享,它追求在时间和空间的公平分配,也就是代际公平和代内不同人群、不同区域和国家之间的公平。

(4)"科学技术进步"是必要保证。科学技术不但通过不断创造、发明、创新、提供新信息为人类创造财富,而且还可以为可持续发展的综合决策提供依据和手段,加深人类对自然规律的理解,开拓新的可利用的自然资源领域,提高资源的综合利用效率和经济效益,提供保护自然和生态环境的技术。

能源是国民经济的命脉,与人民生活和人类的生存环境休戚相关,在社会可持续发展中起着举足轻重的作用。

1.2.2　能源更迭与社会发展

回顾人类的历史,可以明显地看出能源和人类社会发展间的密切关系。人类社会经历了三个能源时期。

1. 薪柴时期

古代从人类学会利用"火"开始,就以薪柴、秸秆和动物的排泄物等生物质燃料来烧饭和取暖,同时以人力、畜力和一小部分简单的风力与水力机械作动力,从事生产活动。该时代延续了很长的时间,生产和生活水平极低,社会发展迟缓。

2. 煤炭时期

18世纪的产业革命,以煤炭取代薪柴作为主要能源,蒸汽机成为生产的主要动力,于是工业得到迅速的发展,劳动生产力有了很大的增长。特别是19世纪末,电力开始进入社会的各个领域,电动机代替了蒸汽机,电灯取代了油灯和蜡烛,电力成为工矿企业的主要动力,出现了电话、电影,不但社会生产力有了大幅度的增长,而且人类的生活水平和文化水平也有极大的提高,从根本上改变了人类社会的面貌。这时的电力工业主要是依靠煤炭作为主要燃料。

3. 石油时期

石油资源的发展,开始了能源利用的新时期。特别是20世纪50年代,美国、中东、北非相继发现了巨大的油田和气田,于是西方发达国家很快地从以煤为主要能源转换到以石油和天然气为主要能源。汽车、飞机、内燃机车和远洋客货轮的迅猛发展,不但极大地缩短了地区和国家之间的距离,也大大促进了世界经济的繁荣。近40年来,世界上许多国家依靠石油和天然气,创造了人类历史上空前的物质文明。

进入 21 世纪,随着可控热核反应的实现,核能将逐渐成为世界能源的主角,一个清洁能源的时代也将随之到来,世界将变得更加繁荣和丰富多彩。

1.2.3　能源与国民经济

能源是现代化生产的主要动力来源。现代工业和现代农业都离不开能源动力。

在工业方面,各种锅炉、窑炉都要用油、煤和天然气作燃料;钢铁冶炼要用焦炭和电力;机械加工、起重、物料传送、气动液压机械、各种电机、生产过程的控制和管理都要用电力;交通运输需要动力、油和煤;国防工业需要大量的电力和石油。此外,能源还是珍贵的化工原料,从石油中可以提取 5000 多种有机合成原料,其中最重要的基本原料有乙烯、丙烯、丁二烯、苯、甲苯、二甲苯、乙炔等。

在现代农业中,农产品产量的大幅度提高,也是和使用大量能源联系在一起的。例如,耕种、收割、烘干、冷藏、运输都直接需要消耗能源;化肥、农药、除草剂又都要间接消耗能源。

世界各国经济发展的实践证明,在经济正常发展的情况下,能源消耗总量和能源消耗增长速度与国民经济生产总值和国民经济生产总值增长率成正比关系。这个比例关系通常用能源消费弹性系数来表示。该系数的大小与国民经济结构、能源利用效率、生产产品的质量、原材料消耗、运输以及人民生活需要等因素有关。

世界经济和能源发展的历史显示,处于工业化初期的国家,经济增长主要依靠能源密集工业的发展,能源效率也低,因此能源消费弹性系数通常大多大于 1。到工业化后期,一方面经济结构转向服务业,另一方面技术进步促进能源效率提高,能源消费结构日益合理,因此能源消费弹性系数通常小于 1。尽管各国的实际条件不同,但只要处于类似的经济发展阶段,它们就具有大致相近的能源消费弹性系数。发展中国家的能源消费弹性系数一般大于 1,工业化国家能源消费弹性系数大多小于 1。人均收入越高,弹性系数越低。我国能源生产弹性系数如表 1-2 所示。

表 1-2　我国能源生产弹性系数

年份	能源生产比上年增长/(%)	电力生产比上年增长/(%)	国内生产总值比上年增长/(%)	能源生产弹性系数	电力生产弹性系数
1985 年	9.9	8.9	13.5	0.72	0.66
1990 年	2.2	6.2	3.8	0.58	1.63
1991 年	0.9	9.1	9.2	0.1	1.00
1992 年	2.3	11.3	14.2	0.16	0.80
1993 年	3.6	15.3	13.5	0.31	1.13
1994 年	6.9	10.7	12.6	0.55	0.85
1995 年	8.7	8.6	10.5	0.83	0.82
1996 年	2.8	7.2	9.6	0.29	0.75
1997 年	−0.2	5.0	8.8	0.57	—
1998 年	−6.2	2.9	7.8	0.37	—
1999 年	−12.2	6.3	7.1	0.89	—
2000 年	−2.0	9.4	8.0	1.18	—
2001 年	13.0	9.2	7.3	1.78	1.26

1.2.4 能源与人民生活

人们的日常生活离不开能源。随着生活水平的提高,所需的能源也越多。因此从一个国家人民的能耗量就可以看出一个国家人民的生活水平。

人均能源消费量,按目前世界情况,大致有以下三种水平:

(1) 维持生存所必需的能源消费量,每人每年约 400 kg 标准煤。

(2) 现代化生产和生活的能源消费量,即为保证人们能丰衣足食、满足起码的现代化生活所需的能源消费量,为每人每年 1200~1600 kg 标准煤。

(3) 更高级的现代化生活所需的能源消费量,以发达国家的已有水平做参考,使人们能够享受更高的物质与精神文明,每人每年至少需要 2000~3000 kg 标准煤。

1.2.5 能源与环境

世界经济发展和环境是不协调的,经济发展和人口增长给环境造成了巨大的压力,对发展中国家这种情况尤为突出。从引起环境问题的根源考虑,环境问题可分为两类:由自然力引起的原生环境问题和由人类活动引起的次生环境问题。前者主要是指地震、洪涝、干旱、滑坡等自然灾害所引起的环境问题;后者可分为环境污染和生态破坏两大类型。

联合国最新公布的研究报告显示,在过去 30 年中,虽然国际社会在环保领域取得了一定的成绩,但全球整体环境状况持续恶化。国际社会普遍认为,贫困和过度消费导致人类无节制地开发和破坏自然资源,这是造成环境恶化的罪魁祸首。

环境问题是一个全球性问题。联合国环境署的报告表明,整个地球的环境正在全面恶化,主要表现在如下几个方面:

①南极的臭氧空洞正以每年一个美国陆地面积的速度扩大;

②空气质量严重恶化;

③温室气体的过度释放造成全球气候变暖,沿海低地和一些岛屿国家正在面临海水上涨的威胁;

④全球有十几亿人口生活在缺水地区,十几亿人的生活环境中没有生活污水排放装置;

⑤土壤流失严重,每年流失量达 20 Gt,全世界的森林正以每年 4.6×10^6 hm² 的速度从地球上消失;

⑥大量的动物濒临灭绝;

⑦淡水资源日益短缺。

人类从来没有像今天这样意识到和感受到生存环境所受到的威胁,社会也从来没有像现在这样期盼生活生存空间质量的改善。

能源作为人类赖以生存的基础,在其开采、输送、加工、转换、利用和消费过程中,都直接或间接地改变着地球上的物质平衡和能量平衡,必然对生态系统产生各种影响,成为环境污染的主要根源。能源对环境的污染主要表现在如下 6 个方面。

1. 温室效应

太阳射向地球的辐射能中约有 1/3 被云层、冰粒和空气反射回去;约 25% 穿过大气层时暂时被吸收,起到增温作用,但以后又返回到太空;其余大约 37% 则被地球表面吸收。这些被吸收的太阳辐射能大部分在夜间又重新发射到天空。如果这部分热量遇到了阻碍,不能全部被反射出去,地球表面的温度就会增加。

空气中的二氧化碳和水蒸气等三原子气体都有相当大的辐射和吸收辐射的能力,这些气体的辐射和吸收有选择性,它们能让太阳的短波辐射自由地通过,同时却吸收地面发出的长波辐射。太阳表面温度约为 6000 K,辐射能主要是短波;地球表面温度约为 288 K,辐射能主要为长波。这样,大部分太阳短波辐射可以通过大气层到达地面,使地球表面的温度升高;与此同时,由于二氧化碳等气体强烈地吸收地面的长波辐射,使散失到宇宙空间的热量减少,于是地面吸收的热量多,散失的热量少,导致地球气温升高,这就是"温室效应"。在主要的温室气体中,二氧化碳占 49%,甲烷为 18%,制冷剂 CFC 为 14%,其他气体为 13%,氧化二氮为 6%。来源为:能源 58.2%;农业 21.2%;冷冻和空调设备 15%;天然产生 5.6%;其他来源 1%。

近 100 多年来,全球气温总的趋势是上升的。20 世纪 80 年代全球平均气温比 19 世纪下半叶升高了 0.6℃。预测表明,当空气中二氧化碳浓度为目前的两倍时,地表面平均温度将上升 1.5~4.5℃。这将引起南极冰山融化,导致海平面升高,并淹没大片陆地。

气候变化对自然生态环境系统已造成影响并将继续产生明显的影响,主要表现在如下几个方面:

(1)气候变化将改变植被群落的结构、组成及生物量,使森林生态系统的空间格局发生变化,同时也造成生物多样性减少等。

(2)冰川条数和面积减少,冻土厚度和下界会发生变化,高山生态系统对气候变化非常敏感,冰川规模将随着气候变化而改变,山地冰川普遍出现减少和退缩现象。

(3)气候变化导致湖泊水位下降和面积萎缩。

(4)农业生产的不稳定性增加,产量波动大;农业生产布局和结构将出现变动;农业生产条件改变,农业成本和投资大幅度增加。

(5)气候变暖将导致地表径流、旱涝灾害频率以及水质等发生变化;水资源供需矛盾将更为突出。

(6)对气候变化敏感的传染性疾病的传播范围可能增加;与高温热浪天气有关的疾病和死亡率增加。

(7)气候变化将影响人类居住环境。

对于温室效应来说,最直接影响的是大气中的二氧化碳含量。由于大量燃烧化石燃料,使大气中二氧化碳浓度上升较快。据统计,全球每年因燃烧而产生的二氧化碳高达 6 Gt。国际能源机构指出,到 2017 年,化石燃料将提供 90%世界能源需求量,这意味着今后温室气体的排放量将进一步增加;2017 年世界二氧化碳排放量预计将比 2000 年增加 30%~42%。

化石燃料燃烧所放出的二氧化碳和地球植被的破坏,是二氧化碳浓度增加的主要原因。能源工业同时也是甲烷气体的一个重要的产生源(20%),因此能源产业就成为减少温室气体排放行动的焦点。

为了应对全球气候变化,1979 年主要由科学家参加的第一次世界气候大会呼吁保护气候。1988 年 11 月,世界气象组织和联合国签署成立了政府间气候变化专门委员会(IPCC)。1991 年 2 月联合国组成气候公约谈判工作组,并于 1992 年 5 月完成了公约的谈判工作。1992 年 6 月,在"联合国环境与发展大会"期间,153 个国家和区域一体化组织正式签署了气候变化框架公约。1994 年 3 月 21 日公约正式生效。截至 2001 年 12 月,共有 187 个国家和区域一体化组织成为缔约方。1997 年在日本京都召开的公约第三次缔约方大会通过了《京都议定书》,为发达国家规定了 2008—2012 年具体的温室气体减排义务,即发达国家在该期间内要将其二氧化碳等温室气体排放水平比 1990 年平均减少 5.2%。对发展中国家没有规定新的义务。

减缓温室效应的对策如下：

①提高能源利用率，减少化石燃料的消耗量，大力推广节能新技术；

②开发不产生二氧化碳的新能源，如核能、太阳能、地热能、海洋能；

③推广绿化植树，限制森林砍伐，制止对热带森林的破坏；

④减缓世界人口增长速度，在农村发展"能源农场"，利用种植薪柴树木通过光合作用固定二氧化碳；

⑤采用天然气等低含碳燃料，大力发展氢能。

2. 酸雨

一般将 pH 值小于 5.6 的降水称为酸雨。可能引起雨水酸化的主要物质是 SO_2 和 NO_x，它们形成的酸雨占总酸雨量的 90% 以上。而这两类物质的 90% 是燃烧化石燃料造成的。中国的酸雨以硫酸为主，与以煤为主的能源结构有关。

20 世纪 80 年代，酸雨在世界上仍是局部性问题，进入 90 年代后，酸雨的危害更加严重，并且扩展到世界范围。目前，酸雨已成为全球面临的主要环境问题之一。

酸雨会以不同的方式危害水生生态系统、陆生生态系统，腐蚀材料和影响人体健康。首先，酸雨会使湖泊变成酸性，引起水生物死亡；其次，酸雨是造成大面积森林死亡的原因；最后，酸雨还加速了建筑结构、桥梁、水坝、工业设备、供水管网和名胜古迹的腐蚀，影响人体健康。

产生酸雨的主要原因是化石燃料燃烧，特别是煤炭燃烧所产生的 SO_2 和 NO_x。近一个世纪以来，全球的二氧化硫排放一直在上升；中国的能源消耗以煤为主，因此二氧化硫的排放更加严重。1995 年我国由于酸雨和二氧化硫污染造成农作物、森林和人体健康等方面的经济损失为 1100 多亿元，接近当年国民生产总值的 2%。1999 年二氧化硫的排放量达 1875 万吨，全国 pH 值小于 5.6 的区域占国土面积的 40%。我国酸雨覆盖四川、贵州、重庆、广西、广东、湖南、湖北、江西、浙江、江苏等省市，面积达 200 多万平方千米，是世界的三大酸雨区之一。

针对这种情况，世界各国都在采取切实有效的措施控制二氧化硫的排放，其中最重要的是洁净煤技术。为了控制酸雨和二氧化硫的排放，我国 1995 年 8 月修订的《大气污染防治法》做出了划定酸雨控制区和二氧化硫控制区的规定，1998 年划定的"两控区"的面积为 109 万平方千米(11.8%)，其中酸雨控制区为 80 万平方千米，二氧化硫污染区为 29 万平方千米。除了实行二氧化硫排放总量控制外，还采取了一系列的具体措施，例如，禁止新建煤层含硫大于 3% 的矿井，已建的逐步实行限产和关停；现有燃煤含硫量大于 1% 的电厂应在 2010 年前分期分批建成脱硫设施等。

3. 破坏臭氧层

1984 年英国科学家首次发现南极上空出现了臭氧空洞，这个臭氧空洞已在迅速扩大。造成臭氧层破坏的主要原因是人类过多地使用氯氟烃类物质和燃料燃烧产生的 N_2O 所致。

臭氧是氧的同素异性体，存在于地面 10 km 以上的大气平流层中，吸收掉太阳辐射中对人类、动物、植物有害的紫外光中的大部分，为地球提供了防止太阳紫外辐射的屏障。

大气中的 N_2O 的浓度每年正以 0.2%～0.3% 的速度增长，而 N_2O 浓度的增加将引起臭氧层中 NO 浓度的增加，NO 和臭氧作用将生成 NO_2 和氧，最终导致臭氧层变薄。大气中的 N_2O 主要来源于自然土壤的排放和化石燃料及生物质燃料的燃烧。因此发展低 NO_x 燃烧技术及烟气和尾气的脱硝是减少 N_2O 排放的关键。

4. 热污染

用江河、湖泊水作冷源的火力发电厂和其他工业锅炉、工业窑炉等用热设备,冷却水吸收热量后,温度将升高 6～9 ℃,然后再返回自然水源。于是大量的排热进入到自然水域,引起自然水温升高,从而形成所谓的热污染。

热污染会导致水中的含氧量减小,影响水中鱼类和其他浮游生物的生长,同时使水中藻类大量繁殖,破坏自然水域的生态平衡。热污染的主要来源是火电厂和核电站。

提高电厂和一切用热设备的热效率,不仅能量的有效利用率可提高,而且由于排热减少,对环境的热污染也可随之减轻。

5. 放射性污染

核燃料的开采与运输,核废渣的处理也会给环境造成污染。从污染物的人和生物的危害程度来看,放射性物质要比其他污染物严重得多。因此,从核能开发以来,人们就对放射性污染的防治极其重视,采取了一系列严格的措施,并将这些措施以法律的形式明确下来。例如,对核电站,国际原子能机构和我国国家安全局都制定了核电站厂址选择、设计、运行和质量保证四个法规。我国还制定了《中华人民共和国放射性污染防治法》,该法律已于 2003 年 10 月 1 日起正式实施。

6. 能源对人体健康的影响

能源对人体健康的影响是一种综合的影响。化石燃料燃烧时排放的大量粉尘、二氧化硫、硫化氢、NO_x 等除了污染环境外,还会影响人体健康。

另外,原煤中均含有微量重金属元素,这些微量重金属元素在燃烧过程中会随烟尘和炉渣排出,从而对大气、水、土壤产生污染,并影响人体健康。

能源对环境的影响是一种综合的影响。我国是发展中国家,改革开放以来,随着经济的迅速发展和人民生活水平的提高,环境污染也日趋严重。目前,全国半数以上的城市颗粒物排放超过国家的限定值;有 50 多个城市二氧化硫浓度超过国家二级排放标准,80％多的城市出现过酸雨等。因此,在提高能源利用率的同时大力治理能源所造成的环境污染已是我国当务之急。

能源在可持续发展中的作用既有积极的一面,又有消极的一面。正如联合国 1980 年通过的《世界自然资源保护大纲》中指出的:"地球是宇宙中唯一已知的可以维持生命的星球";"人类寻求经济发展及享用自然界丰富的资源,必须符合资源有限的事实及生态系统的支持能力,还必须考虑子孙后代的需要。"

因此,使能源与环境协调发展是摆在全人类面前的共同任务。

1.3 能源形势

1.3.1 世界能源资源概况

1. 石油

全世界石油可采储量为 3100 亿吨,到 2001 年年末,已探明剩余可采储量为 1430 亿吨,其中中东为 934 亿吨,占了 2/3 以上,仅沙特阿拉伯就占了世界的 1/4。我国已探明剩余可采储量为 33 亿吨,为世界的 2.3％,排第 11 位。

2. 天然气

估计全世界天然气的资源量为 328 万亿立方米,到 2001 年年末,已探明剩余可采储量为 155 万亿立方米,主要分布在苏联和中东地区,其中俄罗斯占 32.9%,伊朗占 15.7%。我国在 1999 年年末,已探明剩余可采储量为 1.37 万亿立方米,占世界的 0.9%,居第 18 位。

3. 煤炭

到 2001 年年末,世界已探明剩余可采储量为 9844 亿吨。其中前 10 位的国家占了 90% 左右,美国占 1/4,俄罗斯占 16%,中国排第 3 位,已探明剩余储量为 1145 亿吨,占世界的 11.6%。

4. 水能

世界各国的理论蕴藏量为 3.5×10^{13} 千瓦·时/年;技术上可开发的水能资源为 1.46×10^{13} 千瓦·时/年;经济可开发的水能资源为 0.9×10^{13} 千瓦·时/年;我国水能资源丰富,预计全国理论蕴藏量达 6.76 亿千瓦,可开发的达 3.78 亿千瓦(年发电量 19 000 亿千瓦·时),占世界首位。

1.3.2 世界能源消费及构成

世界能源消费结构有以下特点:

(1) 半个世纪以来,世界煤炭消费比例一直呈下降的趋势,20 世纪 70 年代其石油已在世界能源消费中占第一位。从世界各国的发展趋势来看,工业化国家无一例外地采用以油、气燃料为主的能源政策。工业化国家的能源结构中油、气比例高于世界平均水平。由于油、气发热量高,对环境的污染小,使用方便,既可用于热能设备,又可以用于动力机械,热效率高;因此逐渐减少固体燃料的比例,是世界各国提高能源利用率,降低能源系统成本,提供优质服务的必然选择。

(2) 水能和核能的利用,主要表现在水电和核电的比例上。电能是现代化所必需的高级二次能源。与石油相比,应用电能的优点更多,电的功能已远远超出作为燃料和动力的范围,已成为许多工业部门必不可少的加工工艺和生产装备的关键手段。电也是推动生产改革,使生产过程走向机械化、自动化的动力。此外,电还广泛地渗入社会生活的各个方面,包括家庭的电气化和社会的信息化。电能输送方便,对环境无污染也是其他能源所望尘莫及的。因此,世界各国都非常重视电力工业的发展,并努力提高电气化的水平。用以衡量电气化程度的重要标志是电能的消耗量在一次能源总消费量中所占的比重。中国和发达国家相比仍有明显的差距。

(3) 20 世纪上半叶,世界能源消费的平均增长速度是每十年翻一翻;20 世纪下半叶,世界能源消费的平均增长速度是每十年翻半番。

表示能源消费程度的指标有两个:①绝对指标,称年消费量,用吨标准煤/年表示;②相对指标,称为人均能耗,用吨标准煤/(人·年)表示。1900 年全世界耗能 7.75 亿吨标准煤,1925 年翻了一番,达 15.65 亿吨标准煤。1950 年达到 25.65 亿吨标准煤,又经过 25 年到 1975 年,全世界能耗达到 82.54 亿吨标准煤,增长 2 倍多。2000 年,全世界的能耗达到近 200 亿吨标准煤。其增长速度是以指数曲线上升的。而人均能耗,由于世界人口的增长,以近于几何级数上升,大约 25 年翻一番。

国民经济人均产值反映了一个国家的工业发展水平,通常认为人均产值达到 1000 美元/(人·年)时即达到小康水平。从发达国家经济发展的历史经验来看,人均产值达到 1000 美元/(人·年)时,人均能耗差不多需要 2 吨标准煤/(人·年)以上。但是近几十年来由于能源利用率的提高以及经济结构的调整,对于发展中国家人均产值达到 1000 美元/(人·年)时的人均能耗仅为 1.6 吨标准煤/(人·年)。我国目前人均能耗仍然低于这一水平。

1.3.3 世界性的能源问题

能源是国民经济的命脉,与人民生活和人类的生存休戚相关,在社会可持续发展中起着举足轻重的作用。从 20 世纪 70 年代以来,能源就与人口、粮食、环境、资源被列为世界上的五大问题。人们要在越来越恶劣的环境下求得发展,并让子孙后代生活得更好,首先要解决这五大问题。

世界经济的现代化,得益于化石能源,如石油、天然气、煤炭与核裂变能的广泛应用。因而是建筑在化石能源基础之上的一种经济。然而,由于这一经济的资源载体将在 21 世纪上半叶迅速地接近枯竭。例如,按石油储量的综合估算,可支配的化石能源的极限,为 1180 亿~1510 亿吨,以 1995 年世界石油的年开采量 33.2 亿吨计算,石油储量大约在 2050 年宣告枯竭。天然气储量估计在 131 800~152 900 Gm³。年开采量维持在 2300 Gm³,将在 57~65 年内枯竭。煤的储量可以供应 170 年左右(年开采 33 亿吨);铀的开采可维持到 21 世纪 30 年代中期。

世界性的能源问题主要反映在能源短缺及供需矛盾所造成的能源危机。第一次能源危机是 20 世纪 70 年代世界上的一次经济大危机,使过去 20 年靠廉价石油发家的西方发达国家受到极大的冲击,严重地影响了那些国家的政治、经济和人民生活。如 1973 年中东战争期间,由于阿拉伯国家的石油禁运,当年美国由于缺少 1.16 亿吨标准煤的能源,致使生产损失达 930 亿美元;日本由于缺少 0.6 亿吨标准煤的能源,使生产损失达 485 亿美元,致使 1974 年国民经济总产值下降(以前每年增加 10%)。

石油燃烧效率高,污染低,便于携带、使用、储存,又是多种化工产品的重要原料,特别是在交通方面又是不可替代的燃料。20 世纪 50 年代以来长期的低油价更使石油主宰了 20 世纪 50 年代后的能源市场。由于政治和经济方面的原因,20 世纪 70 年代中期,石油经过两次提价,廉价石油已成为珍贵石油。由于石油是一种非再生能源,储量有限。一方面,石油生产国为保持长期油价优势,采取限量生产的政策;另一方面,发达的用油国,由于受石油危机的冲击和价格的压力,多方面采取了节油政策并研究石油代用技术。与此同时,天然气工业也迅速崛起。尽管在近期内世界上大多数国家还能依靠石油输出国供应石油,并更多地使用天然气,但是需求的增加反过来又会刺激油价上涨。故从长远的角度来看,无论如何依靠大量采用价廉石油作为主要能源,来促进国民经济迅速增长的情况将不会再度出现,而且继续依靠石油来满足不断增长的能源需求的日子也不会持续太久。这正是世界能源所面临的主要问题之一。

世界能源面临的另一问题是,随着经济的发展和生活水平的提高,人们对环境质量的要求也越来越高,相应的环保标准和环保法规也越来越严格。由于能源是环境的主要污染源,因此为了保护环境,世界各国不得不在能源开发、运输、转换、利用的各个环节上投入更多的资金和科技力量,从而使能源消费的费用迅速增加。

随着化石燃料资源的消耗,易于探明和开采的燃料,特别是石油和天然气,已经逐渐减少。因此能源资源的勘探、开采也越来越难,投入资金多、建设周期长、科技含量高,既是今后能源开发的特点,也是世界性的能源问题。

虽然对能源需求的预测具有极大的不确定性,但是预测结果都显示出世界能源所面临的问题。世界能源大会 1993 年提出的《明天世界的能源》报告,对世界能源发展作了四个方案:发展较多的 A 方案(能源高消费方案);修改方案 B1;基准方案 B(能源中等消费方案);生态限制方案 C(能源的低消费方案)。其中前两个方案的 CO_2 排放量过多,对地球变暖生态环境影响太大;方案 C 要求提高能源效率和增加可再生能源的速度太快,难以实现。于是在 1995 年召开的第 16 届世界能源大会上提出了改革能源结构,减少 CO_2 排放量的方案。该方案以方案 B 为基础,提出在同样达到方案 B 能源总消费量的条件下,改变能源结构,更多地发展水电、核能和地热,减少煤炭和薪柴,降低 CO_2 排放量达 0.5 Gt 碳/年。该方案比较理想,但是实现的难度依然较大。

从总体上看,化石燃料资源是有限的,由于现代社会对能源需求的期望过高,能源资源的短缺将是人类面临的实际问题。要解决能源问题,必须从长计议。从长期来看,世界各国必须为建立持久的、公开的、有弹性的能源系统而共同努力。

所谓持久的能源系统,是指能源资源不能单纯地被烧掉或被消耗掉,还要为生产另一种能源而投入这些资源。所谓公平的能源系统,是指全球共有的资源,所有人都能得到公平合理的一份。有弹性的能源系统,则意味着能够有力而灵活地承担预料不到、范围很广的全球能源需求的各种困难。

1.3.4　中国的能源资源

1. 我国的能源资源

(1) 煤炭:我国煤炭资源应该说是十分丰富的。中国与美国、俄罗斯并列为国际上煤炭资源超过 3 万亿吨的国家。近年来,我国曾对煤炭资源总量进行了多次预测与评估。据全国第 3 位次煤炭资源预测与评价显示,我国煤炭资源总量约为 5.57 万亿吨,探明保有资源量为 1.01 万亿吨,居世界第 3 位。在 1999 年年末,剩余可采储为 1145 亿吨,占世界剩余可采储量 9844 亿吨的 11.6%,居世界第 3 位。

(2) 石油:在我国,石油是第二大能源。在一次能源消费结构中,石油占 20% 以上。我国石油资源总量约为 940 亿吨,居世界第 9 位。仅为煤炭资源量的 3.76%。一次相对于煤炭资源来讲,我国石油资源并不丰富,并且有 43.6% 属于稠油和低渗透资源,质量差,开采难度大。我国石油资源的总态势是资源潜力较大,储采比较低,后备资源紧张。据专家预测,我国 940 亿吨石油资源总量中最终可采资源仅 140 亿吨,仅占世界最终可采储量 3113 亿吨的 4.5%。1999 年年末,剩余可采储量为 33 亿吨,占世界剩余可采储量 1430 亿吨的 2.3%,排第 11 位。

(3) 天然气:当代从事能源发展研究的专家学者在比较、分析各种从事一次性能源生产、消费趋势后预言,21 世纪是天然气时代。目前,在我国一次能源消费结构中,天然气仅占 2.5%,远低于 25% 的世界平均水平,也低于 8.8% 的亚洲平均水平。世界人均消费天然气 403 m^3/a,而我国人均仅 25 m^3/a。我国天然气资源欠丰裕。同煤炭与石油资源相比,天然气(气层气)总资源量为 38 万立方米,是石油总资源量的 37.6%,是煤炭资源的 1.4%。因此,中国的天然气资源并不丰富。中国天然气最终可开采资源量占世界天然气可采资源量 328 万亿立方米的 3.5%。1999 年年底,中国天然气剩余可采储量为 1.37 万亿立方米,占世界天然气剩余可采储量 155.08 万亿立方米的 0.9%,居世界第 18 位。近年来,我国十分重视天然气的开发利用,迎来天然气开发利用的黄金时代。截至 2000 年年底,我国天然气累计探明储量已达 2.7 万亿立方米。在新疆、陕甘宁、内蒙古、川渝和青海等地区形成几个大气区。其中新疆探明 7000 亿立方米,鄂尔多斯盆地探明 7600 亿立方米,柴达木盆地探明 2420 亿立方米,四川盆地探明 5000 多亿立方米。

(4) 水能资源:我国水能资源丰富,预计全国蕴藏量达 6.76 亿千瓦,可能开发达 3.78 亿千瓦(年发电量 19 000 亿千瓦·时),占世界首位。大部分集中于西南地区,占 67.8%。到 2016 年止,水电已装机超过了 2 亿千瓦,开发利用已接近世界平均水平(约 20%),但与世界先进水平相比有较大的差距,如美国开发利用已超过 40%。

2. 我国的能源生产

我国目前煤炭产量居世界第 1 位,2004 年煤炭产量达 19.5 亿吨;电力装机容量和发电量均仅次于美国,2004 年年底,电力装机容量达 4.4 亿千瓦,其中当年投产 4490 万千瓦,全年发电量达 21 870 亿千瓦·时。石油产量为 1.75 亿吨,居世界第 5 位;天然气产量约 400 亿立方米。全年一次能源消费量达 18.5 吨标准煤。

3. 我国能源所面临的问题

(1)人均能源资源相对不足,资源质量较差,探明程度低。我国常规能源资源的总储量就其绝对值而言,是较为丰富的,但是人均能源资源占有量仅相当于世界平均水平的 1/2。且化石能源勘探程度低,资源不足,例如,人均煤炭探明可采储量仅为世界人均值的 1/2,石油仅为 1/10。按各种燃料的热值计算,在目前的探明储量下,在世界能源中,固体燃料和液、气体燃料的比例为 4/1,而我国远远落后于这一比值。目前,在世界能源产量中,高质量的液、气能源占 60%左右,而我国不到 20%。

(2)能源生产和消费结构依然以煤为主。目前,在能源消费中,煤炭占 60%以上,石油约 22%;天然气仅 2%左右,从而给环境保护带来极大的压力。

(3)能源工业技术水平低下,劳动生产率低。例如,煤炭工业人均年产煤只有世界平均水平的 1/5;火力发电供电煤耗比世界先进水平高 40~50 g/kW·h,仅此一年就多消耗 1 亿多吨煤炭。

(4)能源资源分布不均匀,交通运力不足,制约了能源工业的发展。我国能源资源西富东贫,大多远离人口集中、经济发达的东南沿海地区。这种格局大大增加了能源输运的压力,形成了西电东送、北煤南运的输送格局。多年来,由于运力不足造成了大量的煤炭积压,严重制约了煤炭工业的发展,也造成了电力供应的紧张。

(5)能源供应形势依然紧张。尽管我国能源工业取得了十分显著的成绩,然而与经济的长远发展需要相比,仍存在着较大的差距,特别是高效清洁能源缺口较大。近两年全国大范围拉闸限电、成品油价格大幅度上涨、煤炭供应不足,三大能源供应同时出现紧张局面就是证明。

(6)能耗水平高,能源利用率低下。我国能源系统的总效率不及发达国家的一半。工业产品单耗比发达国家高 30%~90%。产业结构的不合理、能源品质低下、管理落后等是造成能耗水平较高的重要原因。

(7)农村能源问题日益突出,影响越来越大。主要表现在三个方面:其一,农村生活用能严重短缺。过度的燃烧薪柴造成大面积植被破坏,引起了水土流失和土壤有机质减少。其二,随着农业生产机械化和化学化的发展,农业生产的能耗量急剧增长。其三,乡镇工业能耗直线上升,能源利用率严重低下。

(8)能源环境问题日益严重,制约了经济和社会的发展。以城市为中心的环境污染进一步加剧,并开始向农村蔓延,生态破坏的范围仍继续扩大。

(9)能源开发逐步西移,开发难度和费用增加。随着中部地区能源资源的日渐枯竭,开发条件的逐步恶化,近年来,我国能源开发呈现出逐步西移的态势。

(10)从能源安全角度来说,面临严重挑战。能源安全是指保障能源可靠和合理的供应,特别是石油和天然气的供应。我国从 1993 年变为石油的净进口国以来石油进口依存度呈逐年上升的趋势,2004 年的进口依存度达 40%。在当代,保障石油的可靠供应对国家的安全至关重要,这是我国能源领域所面临的重大挑战。

(11) 能源建设周期长,投资超预算,这延缓了能源工业的发展。

(12) 能源价格未能反映其经济成本和能源资源的稀缺性。尽管我国能源较为紧张,资源相对贫乏,但能源价格更类似于资源丰富的美国。在一些能源使用部门中,能源所占的生产成本的比例很小,不利于节能和提高能源利用率。

1.3.5 中国能源可持续发展的对策

为了实现中国能源的可持续发展,应充分运用以下三个方面的手段:加强政府的宏观管理和行政管理;运用市场机制的调节作用;利用经济增长的机遇。

当前应采取以下对策:

(1) 努力改善能源结构。包括优先发展优质、洁净能源,如水能和天然气;在经济发达而又缺能的地区,适当建设核电站;进口一部分石油和天然气。

(2) 提高能源利用率,厉行节约。包括:①对一次能源生产,应降低自身能耗;②开发和推广节能的新工艺、新设备和新材料;③发展煤矿、油田、气田、炼油厂、电站的节能技术,提高生产过程中的余热、余压的利用;④加强节能技术改造工作,如限期淘汰低效率、高能耗的设备,更新工业锅炉、风机、水泵、电动机、内燃机等量大面广的机电产品;⑤调整高能耗工业的产品结构;⑥设计和推广节能型的房屋建筑;⑦节约商业用能,推广冷冻食品、冷库储藏的节能新技术。

(3) 加速实施洁净煤技术。所谓洁净煤技术,就是旨在减少污染和提高效率的煤炭加工、燃烧、转换和污染控制新技术的总称,是世界煤炭利用的发展方向。这是解决我国能源问题的重要举措。

(4) 合理利用石油和天然气,改造石油加工和调整油品结构。禁止直接燃烧原油并逐步压缩商品燃料油的生产。

(5) 加快电力发展速度。应根据区域经济的发展规划,建立合理的电源结构,提高水电的比重。

(6) 积极开发利用新能源。应积极开发利用太阳能、地热能、风能、生物质能、潮汐能、海洋能等新能源,以补充常规能源的不足。

(7) 建立合理的农村能源结构,扭转农村严重缺能的局面。因地制宜地发展小水电、太阳灶、太阳能热水器、风力发电、风力提水、沼气池、地热采暖、地热养殖等能解决我国农村能源的主要举措。

(8) 改善城市民用能源结构,提高居民生活质量。大力发展城市煤气,实现集中供热和热电联产是城市能源的发展方向。

(9) 重视能源的环境保护。这是能源利用中长期的也是最困难的任务。

1.3.6 新能源的概念

新能源相对于常规能源而言,以采用新技术和新材料而获得的,在新技术基础上系统地开发利用的能源,如太阳能、风能、海洋能、地热能等。与常规能源相比,新能源生产规模较少,适用范围较窄。常规能源与新能源的划分是相对的。以核裂变能为例,20 世纪 50 年代初开始把它用来生产电力和作为动力使用时,被认为是一种新能源。到 80 年代世界上有不少国家已把它列为常规能源。太阳能和风能被利用的历史比核裂变要早许多世纪,由于还需要通过系统研究和开发才能提高利用的效率,扩大使用范围,所以还是把它们列入新能源。

按 1978 年 12 月 20 日联合国第三十二届大会第 148 号决议,新能源和可再生能源共包括 14 种能源:太阳能、地热能、风能、潮汐能、海水温差能、波浪能、木柴、木炭、泥炭、生物质转化、蓄力、油页岩、焦油砂和水能。

由于化石燃烧时带来了严重的环境污染,且其资源有限,所以从人类长远的能源需求看,新能源和可再生能源将是理想的持久能源,已引起人们的特别关注,许多国家投入了大量的研究与开发工作,并列入高新技术的发展范畴。由不可再生能源逐渐向可再生能源过渡,是当代能源利用的一个重要特点。

1.3.7　新能源在能源供应中的作用

能源是国民经济和社会发展的重要战略物资,但能源同样是现实中的重要污染来源。我国是一个人口大国,同时又是经济迅速崛起的国家。随着国民经济发展以及加入 WTO 目标的实现,一个以煤炭为主的能源消费大国,能源工业不仅面临着经济增长及环境保护的双重压力,同时能源安全、国际竞争等问题也日益突出。太阳能、风能、生物质能与水能等新能源和可再生能源由于其清洁、无污染及可持续开发利用等特点,既是未来能源系统的基础,对中国来说又是目前急需补充的能源。因此在能源、气候、环境问题面临严重挑战的今天,大力发展新能源和可再生能源不仅是适宜、必要的,而且是符合国际发展趋势的。

(1) 发展新能源和可再生能源是建立在可持续能源系统的必然选择

煤炭、石油、天然气等传统能源都是资源有限的化石能源,化石能源的大量开发和利用,是造成大气和其他类型环境污染与生态破坏的主要原因之一。如何解决长期的用能问题,以及在开发和利用资源的同时保护人类赖以生存的地球的环境及生态,已经成为全球关注的问题。从世界共同发展角度以及人们对保护环境、保护资源的认识进程来看,开发利用清洁的新能源和可再生能源,是可持续发展的必然选择,并越来越得到人们的认同。既然人类社会的可持续发展必须以能源的可持续发展为基础。那么,什么是可持续发展的能源系统?根据可持续发展的定义和要求,它必须同时满足以下三个条件:一是从资源来说是丰富的、可持续利用的,能够长期支持社会经济发展对于能源的需要;二是在质量上是清洁的、低排放或零排放的,不会对环境构成威胁;三是在技术经济上它是人类社会可以接收的,能带来实际经济效益的。总而言之,一个真正意义上的可持续发展的能源系统应是一个有利于改善和保护人类美好生活,并能促进社会、经济和生态环境协调发展的系统。

到目前为止,石油、天然气和煤炭等化石能源系统仍然是世界经济的三大能源支柱,毫无疑问,这些化石能源在社会进步、物质财富生产方面已为人类做出了不可磨灭的贡献;然而,实践证明,这些能源同时存在着一些难以克服的缺陷,并且日益威胁着人类社会的发展和安全。首先是资源的有限性,专家们的研究和分析,几乎得出一致的结论:这些非再生能源资源的耗尽只是时间问题,是不可避免的。其次是对环境的危害性。化石能源特别是煤炭被称为肮脏的能源。从开采、运输到最终的使用都会带来严重的污染。大量研究证明,80%以上的大气污染和95%的温室气体都是由于燃烧化石燃料引起的,同时还会对水体和土壤带来一系列污染。这些污染及其对人体健康的影响是极其严重的,不可小视。表 1-3 给出了全球生态环境恶化的一些具体表现,令人触目惊心,从而迫使人们不得不重新寻求新的、可持续使用而又不危害环境的能源资源。

表 1-3　全球生态环境恶化的具体表现

项目	恶化表现	项目	恶化表现
土地沙漠化	10 hm²/min	二氧化碳排放	1500 万吨/天
森林减少	21 hm²/min	垃圾产生	2700 万吨/天
草地减少	25 hm²/min	由于环境污染造成死亡人数	10 万人/天
耕地减少	40 hm²/min	各种废水、污水排放	60 000 亿吨/年
物种灭绝	2 个/小时	各种自然灾害造成的损失	1200 亿美元/天
土壤流失	300 万吨/小时		

新能源和可再生能源符合可持续发展的基本要求,它具有如下特点:

①资源丰富,分布广泛,具备替代化石能源的良好条件。以中国为例,仅太阳能、风能、水能和生物能等资源,在现有科学技术水平下,一年可以获得的资源量即达 73 亿吨标准(表 1-4),大约是 2000 年中国全国能源消费量 13.0 亿吨标准的 5.6 倍,煤炭消费量的 8.3 倍,而且这些资源绝大多数是可再生的、洁净的能源,既可以长期、连续利用,又不会对环境造成污染。尽管从全生命周期的观点来看,新能源在其开发利用过程中因为消耗一定数量的燃烧、动力和一定数量的钢材、水泥等物质而间接排放一些污染物,但排放量相对来说则微不足道。

表 1-4　中国新能源和再生能源资源可获得量估计

能源种类	数量	备注
太阳能(Mtce)	4800	按 1％陆地面积、转换效率 20％计算
生物质能(Mtce)	700	包括农村废弃物和城市有机垃圾等生物质能
水能(Mtce)	130	所有可能的坝址(含微水电)
风能(Mtce)	1700	按海陆风能资源可开发量,2300 h,0.36 kgce/kW·h 计
潮汐能(Mtce)		
地热能(Mtce)		
总计(Mtce)	7330	

新能源和可再生能源资源分布的广泛性,为建立分散型能源提供了十分便利的条件。这一点相对于化石能源来说具有不可比拟的优势。

②技术逐步趋于成熟,作用日益突出。其主要特征如下:

- 能源转换效率不断提高;
- 技术可靠性进一步改善;
- 系统日益完善,稳定性和连续性不断提高;
- 产品化不断发展,已涌现一批商业化技术。

③经济可行性不断改善。应当说,目前大多数新能源和可再生能源技术还不是廉价的技术,如果仅就其新能源经济效益而论,目前许多技术都达到常规能源技术的水平,在经济上缺乏竞争能力;但在某些特定的地区和应用领域已出现不同情况,并表现出一定程度的市场竞争能力,如小水电、地热发电、太阳热水器、地热采暖技术和微型光伏系统等。

上述事实表明,新能源和可再生能源技术不仅应该成为可持续发展能源系统的组成部分,而且实际上已成为现实能源系统中的一个不可缺少的部分。

(2) 发展新能源和可再生能源对维护我国能源安全意义重大

我国目前处于经济高速发展的时期,尤其是在全面建设小康社会的目标指引下,我国的能源建设任重道远。但是,长期以来中国的能源结构以煤为主,这是造成能源效率低下、环境污染的重要原因。优化我国能源结构、改善能源布局已成为我国能源发展的重要目标之一。开发利用清洁的新能源和可再生能源无疑是促进我国能源结构多元化的一条重途径,尤其是在具有丰富可再生能源的地区,可以充分发挥能源优势,如利用西部和东南沿海的风能资源,既可以显著地改善这些地区的能源结构,又可以缓解经济发展给环境带来的压力。

　　在优化能源结构的过程中,提高优质能源,如石油、天然气在能源消费中的比重是十分必要的,但同时也带来了能源安全问题。我国从 1993 年和 1996 年分别成为油品和原油的净进口国。2010 年我国石油进口依存度达到 40%。随着国民经济的持续增长,石油进口量整体石油需求量中的份额会随之增长,将由 2001 年的 34% 增加到 2030 年的 82%。天然气在中国有着广阔的发展前景,2000 年进口依存度也达到 6%,据预测 2020 年将达到 30%。石油是一种战略物质,它的供应数量及价格经常受到国际形势的影响,石油引发的各种争端层出不穷。伊拉克、阿富汗战争过后,中东乃至中亚不稳定因素依然存在,世界恐怖主义民威胁着包括俄罗斯、印尼、拉美等石油储量丰富的国家。在进口依存度逐渐增加的情况下,我国能源供应的稳定性也会受到国际风云变幻的影响。可再生能源的开发和利用过程都在国内开展,不会受到外界因素的影响;新能源和可再生能源通过一定的工艺技术,不仅可转换为电力,还可以直接或间接转换为液体燃料,如己乙醇燃料、生物柴油和氢燃料等,可为各种移动设备提供能源。因此开发国内丰富的可再生能源,建立多元化的能源结构,不仅可以满足经济增长对能源的需求,而且有利于丰富能源供应,提高能源供应安全。

　　(3) 发展新能源和可再生能源是减少温室气体排放的一个重要手段

　　目前世界各国都已经注意到发展可持续能源有巨大的效益,其中重要一点就是可再生能源的开发利用很少或几乎不会产生对大气环境有危害的气体,这对减少二氧化碳等温室气体的排放是十分有利的。以风电和水电为例,它们的全生命周期内碳排放强度仅为 6 g/(kW·h) 和 20 g/(kW·h),远远低于燃煤发电的强度 275 g/(kW·h)。在《京都议定书》对发达国家做出减排的严格要求下,欧盟国家已经将可再生能源的开发利用作为温室气体减排的重要措施,它们计划到 2020 年,风力发电装机要占整个欧盟发电装机的 15% 以上,到 2050 年可再生能源技术提供的能源要在整个能源构成中占据 50% 的比例,足见对新能源可再生能源在减排的问题上所起作用的重视。

　　温室气体减排是全球环境保护和可持续发展的一个主题。我国作为一个经济快速发展的大国,努力降低化石能源在能源消费结构中的比重,尽量减少温室气体的排放,树立良好的国家形象是必要的。水电、核电、新能源和可再生能源是最能有效减少温室气体排放的技术手段,其中新能源和可再生能源又是国际公认的没有破坏环境的清洁能源。因此,从减少温室气体排放、承担减缓气候变化的国际义务出发,应加大可再生能源的开发利用步伐。

1.3.8　新能源的未来

　　国际应用系统分析研究所(IIASA)和世界能源理事会(WEC)经过历时五年的研究,于 1998 年发表了《全球能源前景》报告。报告根据对未来社会、经济和技术发展趋势的分析、研究,提出了 21 世纪全球能源发展战略方向。为了实现经济不断增长,还要为新增加的 60 亿～80 亿人提供能够承受的、可靠的能源服务,到 2100 年,能源的需求将是目前消费量的 2.3～4.9 倍。

　　首先来看看全世界不同国家的新能源战略。2007 年年初,欧盟提出新的可再生能源发展目标,到 2020 年,可再生能源消费要占到全部能源消费的 20%,可再生能源发电量占到全部发电量的 30%。

在美国的加利福尼亚,2017 年 20% 的电力将来自可再生能源(2002 年已经达到 12%)。在日本,2010 年光伏发电已达到 483 万千瓦(2003 年为 88.7 万千瓦)。

在拉丁美洲,2010 年整个能源的 10% 来自可再生能源;另外,澳大利亚、印度、巴西、中国等国也制定了明确的新能源发展目标。

不难看出,新能源行业是所有国家的所有行业中优先战略型布局的。近 5 年,全球太阳能发电业的增速、产量和规模都极具吸引力。太阳能发电业保持 35% 以上增速,预计未来 10 年仍能维持 25%~30% 的增速。2007 全球太阳能电池产量约 3000 MW,我国产量约 1000 MW;预计到 2020 年,全球每年新增量将达 10 000 MW,累计装机可达 28 000 MW。我国太阳能发电,大规模市场已在 2011 年打开。在风电方面,2007 年我国风电新增装机 296.17 万千瓦,累计达到 556.17 万千瓦,分别同比增长 121%、114%,增速第一,2008 年年底累计装机已达 1000 万千瓦,到 2010 年装机容量已达 2000 万千瓦。截至 2007 年 7 月,全世界共有分布在 30 个国家内的 435 座商业运营的核电站,总装机容量为 3.7 亿千瓦,发电量约占全世界总发电量的 16%。我国目前共有 11 座反应堆共 906.8 万千瓦的核电装机容量,规划到 2020 年,核电运行装机容量将达到 4000 万千瓦,在建容量 1800 万千瓦,核电年发电量达到 2600 亿~2800 亿千瓦·时。

当下油价已由最高约 147 美元下探到最近约 113 美元,新能源的发展步伐,是否会重新因油价回落而停止不前呢?

大量历史经验证明,推动油价上涨的中短期因素,是美元贬值和资本投机。额外需求的增长、开采成本的提升、国际政治集团利益的博弈等,则是无法消除的中长期因素。

可以预期的是,廉价石油的时代已一去不复返。这决定了世界各国对于新能源将是长期扶持培养的态度。决定新能源行业能否壮大的基本因素,即为新能源相对于传统能源是否具有经济上的可比性,即成本优势。与 20 世纪 70 年代不同,新能源成本正随着行业规模和技术进步而迅速降低。

从行业平均来看,核电是目前成本最低的新能源,风电其次,太阳能成本最高。

太阳能行业,大致上行业规模每增加一倍,则成本下降 20%。1976 年,太阳能电池高达 100 美元/瓦,而目前太阳能电池组件价格约 3 美元/瓦,1 千瓦·时电成本约为 0.4 美元。欧洲每千瓦·时风电成本从 1982 年的 13 欧分下降到 2009 年的 4 欧分左右,25 年间风电成本下降约 2.25 倍。目前,我国风电成本约 0.5/千瓦·时电。核电目前的成本约 0.3 元/千瓦·时电,预计 5 年以后核电成本可降低至约 0.25 元/千瓦·时电。

因各地能源成本不同,比如大型煤炭基地坑口附近,煤炭成本低至 200 元/吨,则发电成本约 0.15 元/千瓦·时电。而广东部分煤价高达 1000 元/吨,发电成本高达 0.4 元/千瓦·时电。这样,新能源成本更具比较优势。

以广东地区为例,最新数据是,发电企业上网电价全国平均 0.39 元/千瓦·时,广东地区燃煤标杆电价 0.4792 元/千瓦·时。如果风力发电,全国平均成本仅 0.5 元/千瓦·时,广东地区风电价为 0.689 元/千瓦·时。核电成本,取秦山二期上网电价 0.414 元/千瓦·时,而具完全自主知识产权的高温气冷堆核电上网成本可降至 0.3 元/千瓦·时。光伏发电,综合考虑,发电成本约 2.2 元/千瓦·时。

动态地看,若煤炭价格保持平均每年 10% 的涨幅,3 年后广东地区火电成本要涨到

0.59元/千瓦·时;而光伏发电3~5年后将降50%到1.1元/千瓦·时电。目前广东商业用电高峰价约1.0元/千瓦·时,3年后将超过1.1元/千瓦·时,这样,3年后,核电就相对最具成本优势。

"成本下去了,再多的产品也不愁卖"。基于这一点,再看看未来新能源的成长空间和新能源日益显现的成本优势,没有理由不看好整个新能源产业。

1.4　新能源的发展

1.4.1　太阳能

科学家们认为,太阳能是未来人类社会最适合、最安全、最绿色、最理想的替代能源。资料显示:太阳每分钟射向地球的能量相当于人类一年所耗用的能源(8×10^{11} kW/s)。相当于500多万吨煤燃烧时放出的热量,一年就有相当于170万亿吨煤的热量。现在全世界一年消耗的能量还不及它的万分之一。但是,到达地球表面的太阳能主机由千分之一至千分之二被植物吸收,并转变成化学能储存起来,其余绝大部分都散发到宇宙空间去了。其利用方式有如下三种。

①光-热转换。太阳能集热器以空气或液体为传热介质吸热。减少集热器的热损失可以采用抽真空或其他透光隔热材料。太阳能建筑分主动式和被动式两种,前者与常规能源采暖相同;后者是利用建筑本身吸收储存能量。

②光-电转换。太阳能电池的类型有很多,如单晶硅、多晶硅、非晶硅、硫化镉、砷化锌电池。非晶硅薄膜很可能成为太阳能电池的主体,缺点主要是光-电转换低,工艺还不成熟。目前太阳能利用转换化率为10%~20%。据此推算,到2020年全世界能源消费总量大约需要25万亿立升原油,如果用太阳能替代,只需要约97万千米的一块吸太阳能的"光板"就可实现。"宇宙发电计划"在理论上是完全可行的。

③光-化转换。光照半导体和电解液界面使水电离直接产生氢的电池,即光-化学电池。

专栏 1-1

太阳能发电技术

太阳能发电可大致分为热发电和光伏发电两种。

①太阳能热发电。太阳能热发电因其具有成本效益而受到关注。到2004年年底,全世界太阳能热发电已经完成的装机容量约为396 MW,在建的项目约436 MW。2003—2010年,全球新增太阳能热发电站的装机容量已达到2250 MW。IEA预测,太阳能热发电在2020年将达到全球电力市场的10%~12%,发电成本将达到0.05~0.06欧元/千瓦·时。我国目前建成1座70 kW的太阳能热发电示范电站,太阳能热发电的关键技术在于聚焦系统的开发,除了槽式线聚焦系统,还有用定日镜聚光的塔式系统以及采用旋转抛物面聚光镜的点聚焦——斯特林系统。线聚焦系统和点聚焦系统都取得过举世瞩目的成果,特别是林遣公司研制的点聚焦——斯特林系统曾经创下了转换效率接近30%的纪录。最近15年以来,线聚焦系统在提高部件性能和可靠性,降低部件造价、降低运行维护费用等方面都取得了长足的进展;另外,塔式系统的实验装备经过重要的改进,已成为近年来发展的重点。

②太阳能光伏发电。2004 年世界光伏发电累计装机容量超过 4000 MW,发电成本 25～50 美分/千瓦·时,预计 2020 年光伏累计装机容量达到 25 GW。我国 2004 年累计装机容量超过 60 MW,主要是与建筑结合的并网系统、无电地区应用的离网型系统和大型 (1 MW 以上)并网系统。

并网发电是最大的光伏产品应用领域,2001 年并网发电占总光伏市场应用的 50.4%。大型并网光伏发电站技术的发展趋势是电站容量向 5 MW 乃至 10 MW 以上发展;发展模块化并网光伏发电站技术。目前,世界上已有数十座大型光伏电站,其中德国建成 14 座,最大容量为 5 MW。美国有世界容量最大的光伏并网电站,容量为 6.5 MW。我国 2004 年建成了 1 MW 的并网光伏电站,但关键设备基本依赖进口。

1.4.2　风能

风能即地球表面大量空气流动所产生的动能。由于地面各处受太阳辐照后气温变化不同和空气中水蒸气的含量不同,因而引起各地气压的差异。在水平方向上,高压空气向低压地区流动,即形成风。风能资源决定于风能密度和可利用的风能年累积小时数,风能的利用主要是风力发电和风力提水。

经过几十年的发展,在风能资源良好的地点,风力发电可以与普通发电方式竞争。全球装机容量每翻一番,风力发电成本下降 12%～18%。风力发电的平均成本从 1980 年的 46 美分/千瓦·时下降到目前的 3～5 美分/千瓦·时(风能资源良好地点)。2010 年,岸上发电成本将低于天然气成本,近海风力发电成本将下降 25%,随着成本下降,在风速低的地区安装风电机组也是经济的,这极大地增加了全球风电的潜力。过去 12 年期间,全球风电装机容量年平均增长率约为 30%。2003 年全球新增风电装机容量约为 8250 MW,总风电装机容量约为 40 290 MW。

风电技术发展的核心是风力发电机组,世界上风电机组的发展趋势如下。

①单机容量大型化。商品化的风电机组单机容量不断突破人们的预测,从 20 世纪 70 年代的 55 kW 到 80 年代的 150 kW,90 年代初期的 300 kW 和后期的 600 kW、750 kW。目前 1.5 MW 级以上的风电机组已成为市场上的主力机型。目前装机最多的是德国,1998 年安装的风电机组的单机平均容量是 783 kW,2002 年达到 1395 kW。丹麦 2002 年安装的风电机组的单机平均容量也达到 1000 kW。从目前世界趋势来看,发展大容量的风力机是提高发电量、降低发电成本的重要手段。

②大型风电机组研发和新型机组。延续 600 kW 级风电机组 3 叶片、上风向、主动对风、带齿轮箱或不带齿轮箱的设计概念,扩大容量至兆瓦以上仍是技术发展的一个方向。如 BONUS 公司的 1 MW 和 1.3 MW,NORDEX 公司的 1 MW 和 1.3 MW,NEG MICON 公司的 1 MW 和 1.5 MW。

在几乎所有的兆瓦级风电机组中都采用变桨距,这是技术发展的一个重要方向。随着电力电子技术的发展和成本下降,变速风电机组在新设计的风电机组中占主导地位。如 NORDEX 公司在其 2.5 MW 的风电机组中采用变速恒频方案,VESTAS、DEWIND、ENERCON、TACKE 等公司在其兆瓦级风电机组中都采用变速恒频、变桨距方案。

③海上风电机组。目前,运行中的风电机组主要是在陆地上,但近海风电新市场正在形成中(主要在欧洲)。近海风力资源巨大,海上风速较高并较一致。海航风电机组的开发,容量为

兆瓦级以上。美国通用电气公司开发出海上的 3.6 MW 风机,2004 年实现商业化。丹麦的世界最大海上风电示范工程的规模为 16 万千瓦,单机容量为 2 MW。

我国离网型风电机组的生产能力、保有量和年产量都居世界第一,主要为解决边远地区生活用电发挥重要作用,但对总电量的贡献甚少;在大型风机方面,我国目前已经掌握了 600 kW 定桨距风电机组的技术,实现了批量生产;750 kW 风力发电机组已有多台投入运行,国产化率达到 64%;自主研制开发的变桨距 600 kW 风力发电机组,已有多台投入运行,国产化率达到 80% 以上;1000 kW 风力机叶片国内已完成设计并开始生产。我国第一台国产 1.2 MW 直驱式永磁风力发电机已经开始运行。

1.4.3 生物质能

即任何由生物的生长和代谢所生产的物质(如动物、植物、微生物及其排泄代谢物)中所蕴含的能量,直接用作燃料的有农作物的秸秆、薪柴等;间接作为燃料的有农业废弃物、动物粪便、垃圾及藻类等,它们通过微生物作用生成沼气,或采用热解法制造液体和气体燃料,也可制造生物炭。生物质能是世界上最为广泛的可再生能源,据估计,每年地区上仅通过光合作用生成的生物质总量就达 1440 亿~1800 亿吨(干重),其能量约相当于 20 世纪 90 年代初全世界总能耗的 3~8 倍。但是尚未被人们合理利用,多半直接当薪柴使用,效率低,影响生态环境。现代生物质能的利用是通过生物的厌氧发酵制取甲烷,用热解法生成燃料气、生物油和生物炭,用生物质制造乙醇和甲烷燃料,以及利用生物工程技术培育能源植物,发展能源农场。

专栏 1-2

生物质发电技术

生物质发电技术主要包括生物质直接燃烧后用蒸汽进行发电和生物质气化发电两种。

①生物质直接燃烧发电。生物质直接燃烧发电的技术已基本成熟,它已进入推广应用阶段,如美国大部分生物质采用这种利用方法,10 年来已建成生物质燃烧发电站约 6000 MW,处理的生物质大部分是农业废弃物或木材厂、纸厂的森林废弃物。这种技术单位投资较高,大规模下效率也较高,但它要求达到一定的资源供给量,只适于现代化大农场或大型加工厂的废物处理,对生物质较分散的发展中国家不是很适合,因为考虑到生物质大规模收集或运输,将使成本提高,从环境效益的角度考虑,生物质直接燃烧与煤燃烧相似,会放出一定的氢氧化物,但其他有害气体比燃煤要少得多。总之,生物质直接燃烧技术已经发展到较高水平,形成了工业化的技术,降低投资和运行成本是其未来的发展方向。

②生物质气化发电。生物质气化发电是更洁净的利用方式,它几乎不排放任何有害气体,小规模的生物质气化发电已进入商业示范阶段,它比较合适于生物质的分散利用,投资较少,发电成本也低,较适于发展中国家应用。大规模的生物质气化发电一般采用煤气化联合循环发电技术(IGCC),适合于大规模开发利用生物质资源,发电效率也较高,是今后生物质工业化应用的主要方式。目前已进入工业示范阶段,美国、英国和芬兰等国家都建设 6~60 MW 的示范工程。但由于投资高,技术尚未成熟,发达国家也未进入实质性的应用阶段。

1.4.4 核能

核能与传统能源相比,其优越性极为明显。1 kg ^{235} 铀裂变所产生的能量大约相当于

2500 吨标准煤燃烧所释放的热量。现代一座装机容量为 100 万千瓦的火力发电站每年需 200 万～300 万吨原煤,大约是每天 8 列火车的运量。同样规模的核电站每年仅需含铀[235]百分之三的浓缩铀 28 吨或天然铀燃料 150 吨。所以,即使不计算把节省下来的煤用作化工原料所带来的经济效益,只是从燃料的运输、储存上来考虑就便利和节省得多。据测算,地壳里有经济开采价值的铀矿不超过 400 万吨,所能释放的能量与石油资源的能量大致相当。如按目前速度消耗,充其量也只能用几十年。不过,在[235]铀裂变时除产生热能之外还产生多余的中子,这些中子的一部分可与[238]铀发生核反应,经过一系列变化之后能够得到[239]钚,而[239]钚也可以作为核燃料。运用这些方法就能大大扩展宝贵的[235]铀资源。

目前,核反应堆还只是利用核的裂变反应,如果可控热核反应发电的设想得以实现,其效益必将极其可观。核能利用的一大问题是安全问题。核电站正常运行时不可避免地会有少量放射性物质随废气、废水排放到周围环境,必须加以严格控制。现在有不少人担心核电站的放射物会造成危害,其实在人类生活的环境中自古以来就存在着放射性。数据表明,即使人们居住在核电站附近,它所增加的放射性照射剂量也是微不足道的。事实证明,只要认真对待,措施周密,核电站的危害远小于火电站。据专家估计,相对于同等发电量的电站来说,燃煤电站所引起的癌症致死人数比核电站高出 50～1000 倍,遗传效应也要高出 100 倍。

1.4.5 地热能

地热能即离地球表面 5000 m 深,15 ℃以上的岩石和液体的总含热量。据推算约为 $14.5×10^{25}$ J,约相当于 4948 万亿吨标准煤的热量,地热来源主要是地球内部长寿命放射性同位素热核反应产生的热能。我国一般把高于 150 ℃的称为高温地热,主要用于发电;低于此温度的称为中低温地热,通常直接用于采暖、工农业加温、水产养殖及医疗和洗浴等。截至 1990 年年底,世界地热资源开发利用于发电的总装机容量为 588 万千瓦,地热水的中低温度直接利用约相当于 1137 万千瓦。

地热能的开发利用已有较长的时间,地热发电、地热制冷及热泵技术都已比较成熟。在发电方面,国外地热单机容量最高已达 60 MW,采用双循环技术可以利用 100 ℃的热水发电。我国单机容量最高为 10 MW,与国外有较大差距。另外,发电技术目前还有单级闪蒸法发电系统、两级闪蒸法发电系统、全流法发电系统、单级双流地热发电系统、两级双流地热发电系统和闪蒸与双流两级串联发电系统等。我国适合于发电的高温地热资源不多。总装机容量 30 MW 左右,其中西藏羊八井、那曲、郎久三个地热发电规模较大。

1.4.6 海洋能

海洋能包括潮汐能、波浪能、海流能和海水温差能等,这些都是可再生能源。海水的潮汐运动是月球和太阳的引力所造成的,经计算可知,在日月的共同作用下,潮汐的最大涨落为 0.8 m 左右。由于近岸地带地形等因素的影响,某些海岸的实际潮汐涨落还会大大超过一般数值,例如我国杭州湾的最大潮差为 8～9 m。潮汐的涨落蕴藏着很可观的能量,据测算全世界可利用的潮汐能约 109 kW,大部集中在比较浅窄的海面上。潮汐能发电是从 20 世纪 50 年代才开始的,现已建成的最大的潮汐发电站是法国朗斯河口发电站,它的总装机容量为 24 万千瓦,年发电量 5 亿千瓦·时。我国从 20 世纪 50 年代末开始兴建了一批潮汐发电站,目前规模最大的是 1974 年建成的广东省顺德县甘竹滩发电站,装机容量为 500 kW。浙江和福建沿海是我国建设大型潮汐发电站的比较理想的地区,专家们已经做了大量调研和论证工作,一旦条件成熟便可大规模开发。大海里有永不停息的波浪,据估算每平方千米海面上波浪能的功率为 $10 \times 10^4 \sim 20 \times 10^4$ kW。20 世纪 70 年代末我国已开始在南海上使用以波浪能作能源的浮标航标灯。1974 年日本建成的波浪能发电装置的功率达到 100 kW。许多国家目前都在积极地进行开发波浪能的研究工作。

海流也称洋流,它好比是海洋中的河流,有一定宽度、长度、深度和流速,一般宽度为几十海里到几百海里之间,长度可达数千海里,深度几百米,流速通常为 1～2 海里/小时,最快的可达 4～5 海里/小时。太平洋上有一条名为"黑潮"的暖流,宽度在 100 海里左右,平均深度为 400 m,平均日流速 30～80 海里,它的流量为陆地上所有河流之总和的 20 倍。现在一些国家的海流发电的试验装置已在运行之中。水是地球上热容量最大的物质,到达地球的太阳辐射能大部分都为海水所吸收,它使海水的表层维持着较高的温度,而深层海水的温度基本上是恒定的,这就造成海洋表层与深层之间的温差。依热力学第二定律,存在着一个高温热源和一个低温热源就可以构成热机对外做功,海水温差能的利用就是根据这个原理。20 世纪 20 年代就已有人做过海水温差能发电的试验。1956 年在西非海岸建成了一座大型试验性海水温差能发电站,它利用 20 ℃的温差发出了 7500 kW 的电能。

专栏 1-3

海洋能发电技术

海洋能主要为潮汐能、波浪能、海流能、海水温差能和海水盐差能。温差能和盐差能应用技术近期发展不大。

①潮汐发电。潮汐能利用的主要方式,其关键技术主要包括低水头、大流量、变工况水轮机组设计制造;电站的运行控制;电站与海洋环境的相互作用,包括电站对环境的影响和海洋环境对电站的影响,特别是泥沙冲埋问题;电站的系统优化,协调发展电量、间断发电以及设备造价和可靠性之间的关系;电站设备在海水中的防腐等。现有的潮汐电站全部是在 20 世纪 90 年代以前建成的。近 10 多年间,潮汐能利用的主要进展是一些国家对其沿海有潮汐能开发价值,可作为潮汐电站站址的区域进行了潮汐能开发的可行性研究,但由于各方面的原因,这些研发几乎都没有予以实施,没有一座新的潮汐电站建成。目前我国共有八座潮汐电站建成运行,容量 5.4×10^4 kW·h,最大的是 20 世纪 80 年代建成的浙江江夏电站,装机容量 3.2 MW。

②波浪发电。波浪能利用的主要方式,关键技术主要包括:波浪能的稳定发电技术和独立运行技术;波浪能装置的波浪载荷及在海洋环境中的生存技术;波能装置建筑与施工中的海洋工程技术;不规则波浪中的波能装置的设计与运行优化;波浪的聚集与相位控制技术;往复流动中透平研究等。波浪能是海洋能利用研究中近期研究得最多、政府设备项目最多和最重视的海洋能源,出现了一些新型的波浪能装置和新技术,建造了一些新的示范和商业波浪电站,在波能装置研究方面,振荡水柱、拐式和聚波水库式装置仍占据重要地位。新出现的装置包括英国的海蛇(Pelamis)装置、丹麦的"WavePlane"和"Wave Dragon"装置,中国的振荡浮子装置,这些装置都进行了不同比例的物理模型实验。

在新技术方面,中国在振荡浮子式波浪能系统的稳定输出、效率提高、独立运行和保护技术方面取得了突破性的进展;澳大利亚的 Energetech 研制了一种新型的双向透平,据报道该头屏蔽 Wells 透平的效率要高得多,并计划用于振荡水柱波浪电站,这些技术有些已在实验室成功地实现了模型试验。

③潮流发电。潮流能的主要利用方式,其原理和风力发电相似。潮流发电的关键技术问题包括透平设计、锚泊设计、安装维护、电力输送、防腐、海洋环境中的载荷与安全性能等。世界上从事潮流能开发的主要有美国、英国、加拿大、日本、意大利和中国等国家。潮流能研究目前还处于研发的早期阶段,20 世纪 90 年代以前,仅有一些千瓦级潮流能示范电站问世。20 世纪 90 年代以后,欧共体和中国开始建造千瓦到百千瓦级潮流示范应用电站。潮流能利用技术近期最大的研究进展是中国哈尔滨工程大学研制在浙江舟山群岛建造的 75 kW 潮流能示范电站,是目前世界上规模最大的潮流能电站。

第 2 章 太 阳 能

2.1 概 述

2.1.1 太阳与太阳辐射

太阳是地球上能源的根本。太阳是一个炽热的气态球体,它的内部由三个区组成。最里面的是核心区,往外是辐射区,再外是对流区;对流区以外是大气层。太阳的大气层分为三个层,第一层是光球层,光球层以外是色球层,色球层以外是日冕层。核心区的半径约为 0.23×10^6 km,温度为 $8 \times 10^6 \sim 40 \times 10^6$ ℃,它的直径约为 1.39×10^6 km,质量约为 2.2×10^{27} t,为地球质量的 3.32×10^5 倍,体积则比地球大 1.3×10^6 倍,平均密度为地球的 1/4。其主要组成气体为氢(78.7%)和氦(19.8%),其余的 1.5% 由种类繁多的金属和其他元素组成。由于太阳内部持续进行着氢聚合成氦的核聚变反应,所以不断地释放出巨大的能量,并以辐射和对流的方式由核心向表面传递热量,温度也从中心向表面逐渐降低。由核聚变可知,氢聚合成氦在释放巨大能量的同时,每克质量将亏损 0.007 29 g。根据目前太阳产生核能的速率估算,其氢的储量足够维持 600 亿年,因此太阳能可以说是用之不竭的。

在太阳中心点至 0.2 太阳半径的区域内是太阳的内核,其温度为 $8 \times 10^6 \sim 4 \times 10^7$ K,密度为水的 $80 \sim 100$ 倍,占太阳全部质量的 40%,占总体积的 15%。这部分产生的能量占太阳产生总能量的 90%。氢聚合时放出 γ 射线,当它经过较冷区域时,由于消耗能量,波长增长,变成 X 射线或紫外线及可见光。从 $0.23 \sim 0.7$ R 的区域称为"辐射输能区",温度降到 1.3×10^5 K,密度下降到 0.079 g/cm^3。$0.7 \sim 1.0$ R 之间称为"对流区",温度下降到 5×10^3 K,密度下降到 10^{-8} g/cm^3。太阳的外部是一个光球层,它就是人们肉眼所看到的太阳表面,其温度为 5762 K,厚约 500 km,密度为 10^{-6} g/cm^3,它是由强烈的电离气体组成的,太阳能绝大部分辐射都是由此向太空发射的。光球外面分布着不仅能发光,而且几乎是透明的太阳大气,称之为"反变层",它是由极稀薄的气体组成的,厚数百千米,它能吸收某些可见光的光谱辐射。"反变层"的外面是太阳大上层,称之为"色球层",厚 $1 \times 10^4 \sim 1.5 \times 10^4$ km,大部分由氢和氦组成。"色球层"外是伸入太空的银白色日冕,温度高达 100 万摄氏度,高度有时达几十个太阳半径。

从太阳的构造可见,太阳并不是一个温度恒定的黑体,而是一个多层的有不同波长发射和吸收的辐射体。不过在太阳能利用中通常将它视为一个温度为 6000 K,发射波长为 $0.3 \sim 3 \mu m$ 的黑体。

太阳辐射是地球表层能量的主要来源。太阳辐射在大气上界的分布是由地球的天文位置决定的,因此称为天文辐射。由天文辐射决定的气候称为天文气候。天文气候反映了全球气候的空间分布和时间变化的基本轮廓。太阳辐射随季节变化呈现有规律的变化,形成了四季。除太阳本身的变化外,天文辐射能量主要取决于日地距离、太阳高度角和昼长。地球绕太阳公转的轨道为椭圆形,太阳位于两个焦点中的一个焦点上。因此,日地距离时刻在变化。每年1月2—5日经过近日点,7月3—4日经过远日点。地球上接收到的太阳辐射的强弱与日地距离的平方成反比。

2.1.2　太阳常数和大气对太阳辐射的衰减

到达地球大气外层的太阳总能量为 1.5×10^{15} MW·h/a,其中,30%以短波形式被反射回太空,47%被大气、地球表面和海洋吸收,只有大约23%参与地球上的水文循环。太阳辐射的主要能量集中在 $0.2 \sim 100$ μm 的从紫外到红外的范围,而波长在 $0.3 \sim 2.6$ μm 范围的辐射占太阳能的95%以上。太阳常数 I_{sc} 是当地球与太阳间的距离处于两者之间的平均距离,即 1.495×10^8 km 时,大气层外侧,即地球在日地平均距离处与太阳光垂直的大气上界单位面积、单位时间内所接收的所有波长太阳辐射的总能量。20世纪60年代美国国家航空航天局和美国材料实验学会(NASA/ASTM)测定太阳常数的值为:1.940 cal/(cm² · min)或 1353 W/m²。1981年10月,世界气象组织(WMO)公布的太阳常数值是(1367±7) W/m²。太阳常数随季节日地距离有所变化,但变化不大(约3.4%),对于太阳能利用系统的设计不构成较大影响。

太阳能随波长的分布函数的不确定性比太阳常数本身大得多。现在一般采用 NASA/ASTM 测定的分布曲线。图 2-1 为大气上界太阳辐射强度随波长的变化。太阳电磁辐射经过地球大气层衰减,到达地球表面。这时的能量才是地球表面接收的太阳辐射。大气层通过对日射的吸收和散射降低太阳到达地面的能量。由于 X 射线(波长<1 nm)从极短紫外线(1~200 nm)到中紫外线(200~315 nm)的短波光受到超高层大气中的分子与臭氧的散射和吸收,太阳辐射到达地面的最短波长为 300 nm。

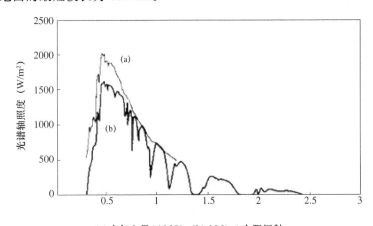

(a)大气上界(AMO);(b)AM1.5 太阳辐射

图 2-1　按波长分布的太阳辐射

太阳辐射穿过地球大气层时,不仅要受到大气中的空气分子、水汽和灰尘的散射,而且要受到大气的氧气(O_2)、臭氧(O_3)、水汽(H_2O)和二氧化碳(CO_2)等分子的吸收与反射,致使到达地面的太阳辐射显著衰减。据估计,反射回宇宙的能量约占总量的 30%,被吸收的约占 23%,到达地球陆地和海洋的能量只占 47%。它们便是我们地球上能量的主要来源。太阳辐射透过大气层时,通过的路程越长,则大气对太阳辐射的吸收、反射和散射量越多,即太阳辐射衰减的程度也越大,到达地面的辐射通量便越小。为了表示大气对太阳辐射衰减作用的大小,一般采用"大气质量"这一概念。大气质量是太阳辐射通过大气层的无量纲路程,通常把太阳辐射通过垂直于海平面的整个大气层厚度称为 1 个大气质量,即无量纲路程 $nt=1$。大气质量这一概念与通常所说的"质量"是完全不同的,它是指在倾斜方向上辐射通过大气层厚度为垂直方向上辐射通过的大气层厚度的倍数,是太阳光通过大气的路径与太阳光在天顶方向的路径之比值。

大气光学质量 m 是用来计算日射经过大气长度的一个物理量(图 2-2):以太阳位于天顶时光线从大气上界至某一水平面的距离为单位,去度量太阳位于其他位置时从大气上界至该水平面的单位数,并设定标准大气压和 0 ℃时海平面上太阳垂直入射时的 $m=1$,二者之商即为大气光学质量或大气质量:

$$m = \frac{1}{\sin h} \qquad (2\text{-}1)$$

式中,h 为太阳高度角,即测量地点太阳射线与地面间的夹角。在太阳能工程中,当 $h \geqslant 30°$时,式(2-1)计算的 m 与观测值误差约 0.01;当$h <$ 30°时,由于折射和地面曲率的影响增大,m 可以采用下式来计算:

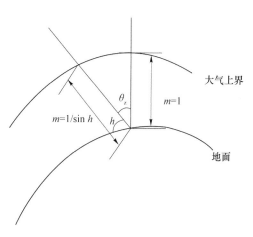

图 2-2 大气质量定义

$$m(h) = [1229 + (614\sin h)^2]^{1/2} - 614\sin h \qquad (2\text{-}2)$$

以大气质量 $m=1$ 的太阳辐射记为 AM1,大气上界为 AM0,一般地面上太阳能利用标准采用 AM1.5(AM 是 Air Mass 的缩写)。利用大气质量,通过 Bouguer-Iambert 定律,可以计算到达地球表面某处的日射光谱辐照度 I:

$$I_\lambda = I_\lambda^0 \exp(-c_\lambda m) \qquad (2\text{-}3)$$

式中,I_λ^0 和 I_λ 分别为给定波长的大气层外辐射强度和透过了空气质量为 m 的大气后的辐射强度;$c_\lambda = c_1 + c_2 + c_3$,为衰减系数或消光系数。它是 Rayleigh 散射系数 c_1 臭氧的系数 c_2 和烟雾或大气浑浊度系数 c_3 三项的总和。在大气红外区,还需要第四个参数来计算分子吸收带。在太阳辐射实测数据的基础上,人们总结出结合水蒸气和二氧化碳吸收的修正公式:

$$I_\lambda = I_\lambda^0 \exp(-c_\lambda m) T_{\lambda i} \qquad (2\text{-}4)$$

式中,$T_{\lambda i}$是大气透明度的系数。通过大气对太阳辐射的吸收、散射后到达地球表面的辐射能量密度一般为 86~100 mW/cm²。

2.1.3 太阳辐射测量

太阳辐射测量包括全辐射、直接辐射和散辐射的测量。对于太阳能的利用,主要需要测定的是太阳辐射的直射强度和总辐射强度。直射强度是指与太阳光垂直的表面上单位面积单位时间内所接收到的太阳辐射能。总辐射强度是指水平面上单位面积内所接收到的来自整个半球形天空的太阳辐射能。测量直射强度的仪器称为太阳直射仪;测量总辐射强度的仪器称为太阳总辐射仪。太阳总辐射仪按照测量的基本原理,可以分为卡计型、热电型、光电型以及机械型,分别利用太阳辐射转换成热能、电能或热能和电能的结合以及热能和机械能的结合,这些转换的能量形式是可以以不同程度的准确度测定的。通过测定所转换的热能、电能和机械能,可以反推出太阳辐射强度。

测量太阳直射强度的仪器主要有埃式补偿式直射仪和银盘直射仪。埃式补偿式直射仪通过比较两个涂黑的锰铜片的温度,其中一个吸收太阳直接辐射(锰铜片放在一个圆筒底部)而温度升高,另一个不接收太阳直射,但通过电加热达到和接收太阳直射的锰铜片的温度,加热电流的平方和太阳直射能成正比。通过仪器校订,就可以测量太阳直射强度。

银盘直射仪式利用测量表面发黑的银盘在一定时间内接收太阳直射(银盘放在仪定长度和直径的圆筒底部)时温度的上升来推算太阳直射强度。

太阳总辐射测量仪主要有莫尔－戈齐斯基太阳总辐射仪和埃普雷太阳总辐射仪。莫尔－戈齐斯基太阳总辐射仪的基本原理是,利用放置在半球形的双层玻璃钟罩内的涂黑的康铜－锰铜电热偶片组成的多个热点,和接在非常大的金属壳上的冷点,通过测量输出电信号,得到总辐射强度。埃普雷总辐射仪利用两个以同心圆形式安装的英制圆环,外环涂白色氧化镁,内环涂锡基锑铅铜合金黑漆,通过内环吸收太阳辐射,并利用热电偶测量两个圆环的温差,推算出太阳总辐射强度。

2.1.4   中国的太阳能资源

我国地面接收的太阳能资源非常丰富,辐射总量为 $3340 \sim 8400 (MJ/m^2)/a$,平均值为 $5852 (kJ/m^2)/a$,主要分布在我国的西北、华北以及云南中部和西南部、广东东南部、福建东南部、海南岛东部和台湾西南部等地区。太阳能高值中心(青藏高原)和低值中心(四川盆地)都处在北纬 $22° \sim 35°$ 这个条带中。如图 2-3 所示为我国的太阳能资源分布。

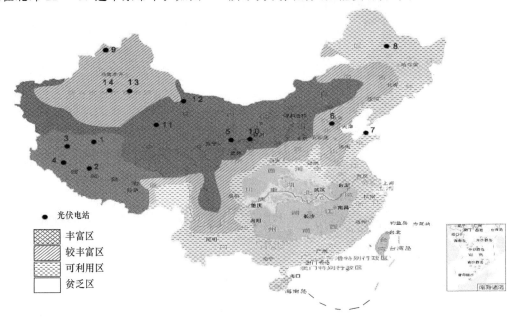

图 2-3   我国的太阳能资源分布

在我国,西藏西部太阳能资源最丰富,最高达 2333 kW·h/m²(日辐射量6.4 kW·h/m²),居世界第二位,仅次于撒哈拉大沙漠。根据各地接收太阳总辐射量的多少,可将全国划分为五类地区。

一类地区:为我国太阳能资源最丰富的地区,年太阳辐射总量 6680～8400 MJ/m²,相当于日辐射量 5.1～6.4 kW·h/m²。这些地区包括宁夏北部、甘肃北部、新疆东部、青海西部和西藏西部等地。尤以西藏西部最为丰富,最高达 2333 kW·h/m²(日辐射量 6.4 kW·h/m²),居世界第二位,仅次于撒哈拉大沙漠。

二类地区:为我国太阳能资源较丰富地区,年太阳辐射总量为 5850～6680 MJ/m²,相当于日辐射量 4.5～5.1 kW·h/m²。这些地区包括河北西北部、山西北部、内蒙古南部、宁夏南部、甘肃中部、青海东部、西藏东南部和新疆南部等地。

三类地区:为我国太阳能资源中等类型地区,年太阳辐射总量为 5000～5850 MJ/m²,相当于日辐射量 3.8～4.5 kW·h/m²。主要包括山东、河南、河北东南部、山西南部、新疆北部、吉林、辽宁、云南、陕西北部、甘肃东南部、广东南部、福建南部、苏北、皖北、台湾西南部等地。

四类地区:是我国太阳能资源较差地区,年太阳辐射总量 4200～5000 MJ/m²,相当于日辐射量 3.2～3.8 kW·h/m²。这些地区包括湖南、湖北、广西、江西、浙江、福建北部、广东北部、陕西南部、江苏北部、安徽南部以及黑龙江、台湾东北部等地。

五类地区:主要包括四川、贵州两省,是我国太阳能资源最少的地区,年太阳辐射总量 3350～4200 MJ/m²,相当于日辐射量只有 2.5～3.2 kW·h/m²。

太阳能辐射数据可以从县级气象台站取得,也可以从国家气象局取得。从气象局取得的数据是水平面的辐射数据,包括:水平面总辐射、水平面直接辐射和水平面散射辐射。从全国来看,我国是太阳能资源相当丰富的国家,绝大多数地区年平均日辐射量在 4 kW·h/m² 以上,西藏最高达 7 kW·h/m²。

和地球上其他能源,特别是传统的化石能源相比,太阳能的特点是覆盖面广,无害性,相对于传统化石能源资源可以说是取之不尽,用之不竭,总量非常大;其缺点是能量密度较低(约 1 kW/m²)、分散、受地理位置和气候影响,存在随机性,而且只有白天有。但是,随着化石资源的不断减少,大量的使用化石资源带来的环境污染等,给我们开发利用太阳能资源带来了机会,当然,基于上述分析,如何实现经济大规模的利用太阳能依然是一项挑战。

2.1.5　太阳电池的应用的主要领域

(1)用户太阳能电源:①小型电源 10～100 W,用于边远无电地区,如高原、海岛、牧区、边防哨所等军民生活用电,如照明、电视、收录机等;②3～5 kW 家庭屋顶并网发电系统;③光伏水泵:解决无电地区的深水井饮用、灌溉。

(2)交通领域:如航标灯、交通/铁路信号灯、交通警示/标志灯、路灯、高空障碍灯、高速公路/铁路无线电话亭、无人值守道班供电等。

(3)通讯/通信领域:太阳能无人值守微波中继站、光缆维护站、广播/通信/寻呼电源系统;农村载波电话光伏系统、小型通信机、士兵 GPS 供电等。

(4)石油、海洋、气象领域:石油管道和水库闸门阴极保护太阳能电源系统、石油钻井平台生活及应急电源、海洋检测设备、气象/水文观测设备等。

(5)家庭灯具电源:如庭院灯、路灯、手提灯、野营灯、登山灯、垂钓灯、黑光灯、割胶灯、节能灯等。

（6）光伏电站：10 kW～50 MW独立光伏电站、风光（柴）互补电站、各种大型停车场充电站等。

（7）太阳能建筑：将太阳能发电与建筑材料相结合，使得未来的大型建筑实现电力自给，是未来一大发展方向。

（8）其他领域包括：①与汽车配套：太阳能汽车/电动车、电池充电设备、汽车空调、换气扇、冷饮箱等；②太阳能制氢加燃料电池的再生发电系统；③海水淡化设备供电；④卫星、航天器、空间太阳能电站等。

目前美国、欧洲各国特别是德国及日本、印度等都在大力发展太阳电池应用，开始实施的"十万屋顶"计划、"百万屋顶"计划等，极大地推动了光伏市场的发展，前途十分光明。

2.2 太阳能热利用

2.2.1 基本原理

太阳能热利用就是用太阳能集热器将太阳辐射能收集起来，通过与物质的相互作用转换成热能加以利用。按利用的温度不同分为太阳能低温（<100 ℃）利用、中温（100～500 ℃）利用和高温（>500 ℃）利用。太阳能热利用的关键部分是太阳能集热器，目前使用的太阳能集热器根据集热方式不同，分为聚光型集热器和非聚光型集热器，前者接收太阳辐射的面积和吸热体的面积相等，为了接收到较多的太阳能需要很大的集热面积，且集热介质的工作温度也较低；后者通过采用不同的聚焦器，如槽式聚焦器和塔式聚焦器等，将太阳辐射聚集到较小的集热面上，可获得较高的集热温度。

当太阳辐射 A_cI 投射到物体表面时，其中一部分（Q_a）进入表面后被材料吸收，一部分（Q_ρ）被表面反射，其余部分（Q_τ）透过材料，其计算公式如下：

$$Q = Q_a + Q_\rho + Q_\tau \tag{2-5}$$

式中，上述三项分别为材料对辐射能的吸收率 a、反射率 ρ 和透过率 τ。对于黑体，辐射被完全吸收 $a=1$，白体则完全反射 $\rho=1$，全透明体 $\tau=1$。实际常用的工程材料大部分介于半透明和不透明之间，不透明体如金属材料透过率为0。这些参数和太阳光的入射波长 λ 有关。

材料的吸收率与材料的消光系数 K_λ 成正比，辐射强度通过材料长度 L 被吸收后得到的强度 I_λ 由下式得出：

$$I_\lambda = I_{O\lambda}\exp(-K_\lambda L) \tag{2-6}$$

式中，$I_{O\lambda}$ 为波长为 λ 的入射光强度。

太阳能热利用的材料，根据用途的不同，要求对太阳能辐射的吸收、反射和透过性能也不同，以达到系统的最佳利用性能。太阳能集热器的关键部分是热吸材料。对于热吸收材料，要求吸收尽可能多的太阳辐射。对于覆盖材料，则要求尽量对可见光透明，对红外反射率高。系统最优性能的获得除了考虑材料对太阳辐射的选择性吸收、透过以外，还要考虑系统结构设计的优化（以获得对热量的最佳管理），对于太阳能集热器的讨论离开了具体的集热器结构是没有意义的，因此，下面将根据采用的典型的太阳能集热器结构展开相关介绍。

2.2.2 平板型集热器

在太阳能热利用系统中，集热器是接收太阳辐射并向其传热工质传递热量的非聚光型部件。其吸收太阳辐射的面积与采集太阳辐射的面积相等,能利用太阳的直射和漫射辐射。其中吸热体结构基本为平板形状。太阳能集热器应用比较普遍的是平板型集热器。

1. 基本结构和材料选择

典型的平板型结构如图 2-4 所示,它主要由集热板、隔热层、透明盖板和外壳组成。

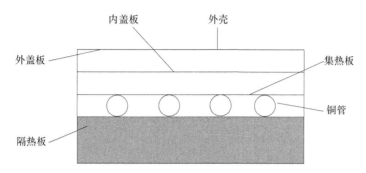

图 2-4 典型的平板型集热器结构

集热板的作用是吸收阳光,并把它转化热能通过流管传递给集热介质,它也是一种热交换器,其关键部件是平板吸热部件。平板吸热部件要求对阳光吸热率高,热辐射率低;结构设计合理;具有长期的耐候性和耐热性能,此外,还要求加工工艺简单,成本低廉等。集热板吸热层一般采用涂层材料,涂层材料分为选择性吸收和非选择性吸收涂层;非选择性吸收涂层是指其光学特性与辐射波长无关的吸收涂层;选择性吸收涂层则是指其光学特性随辐射波长不同有显著变化的吸收涂层。选择性吸收涂层具有较高的光谱吸收系数 a 和低的热辐射率;非选择性吸收涂层的热辐射率也较高。从集热器的发展趋势来看,为了提高集热器的效率,提高温度是一个重要途径,因此利用选择性吸收材料是一个发展方向。对于性能要求不高的集热器,一般采用非选择性涂层。非选择性吸收涂层对阳光的吸收率一般在 $0.95 \sim 0.98$,热辐射率为 $0.9 \sim 0.95$。非选择性吸收涂层利用金属氧化物材料的半导体性,如 CuO、Cr-Cr_2O_3 涂层,吸收能量大于其禁带宽度的太阳光,吸收涂层的表面性质和宽度也很重要,研究表明,适当降低涂层厚度能够降低涂层的热辐射率。

隔热层的作用是降低热损失,提高集热效率。要求材料具有较好的绝热性能和较低的导热系数。隔热层材料要求能够承受 $200\ ℃$ 的温度,可用作隔热层的材料包括玻璃纤维、石棉以及硬质泡沫塑料等。

透明盖板的作用是为了和集热板之间形成一定高度的空气夹层,减少集热板通过与环境的对流、向环境的辐射造成的热损失,保护集热板和其他部件不受环境的侵蚀;要求具有抗拒风、积雪、冰雹、沙石等外力和热应力等的较高的机械强度;对雨水不透过;耐环境腐蚀。

外壳的作用是为了保护集热板和隔热层不受环境的影响,同时作为各个部件集成的骨架,要求具有较高的力学强度、良好的水密封性、耐候性和耐腐蚀性。外壳材料包括框架和底板。

2. 平板集热器类型

按照传热介质的不同,平板集热器可以分为液体加热太阳能集热器和气体加热太阳能集热器,两者的主要区别在于吸热板材料和结构的不同以及与吸热板接触的导流管设计结构的差异。在设计集热器时需要考虑的关键参数是如何获得有效的传热、合理的压降、较少的结垢;降低液体介质传输路径的腐蚀、维修,增加其耐用性,降低成本。采用液体作为工作介质的加热集热器的结构有许多种,主要区别是液体到流管与吸热板间的连接方式的不同,也有采用非管式液体流道的结构。从有效传热考虑，热量从吸热板到导流管的间距应尽量小，两者间的导热性要好。气体加热太阳能集热器的传热气体通道可以在吸热板之下，也可以在其之上，从而增加一个传热面。实际上，采用简单的设计，使空气通过吸热板—盖板、吸热板—隔热层形成的简单通道在经济上是合算的。提高集热器效率的一个途径就是将盖板和吸热板之间抽真空，以及有效地抑制热传导。为了达到这个效果，需要真空度低于 10^{-4} mmHg，平板玻璃盖板不能承受这个真空度，而且采用平板结构也是很难维持这个真空的，所以，人们采用抽真空的管式设计。真空管集热器是由许多根玻璃真空集热管组成的。

　　常见的设计有三种：第一种是将小平板集热器放在抽真空的玻璃管中，传热介质通过与集热板接触的金属导管将热能传出；第二种是将涂有带选择性吸收的热流管放在真空玻璃管中，在玻璃管内壁热管的下方涂有反射层，将太阳光反射到加热管上。这两种设计其金属与玻璃的密封比较困难；第三种是全玻璃真空集热器。如图 2-5 所示，全玻璃真空集热器由内外两个同心玻璃管组成。两玻璃管间抽真空，内玻璃管外壁沉积选择性吸收涂层，外管为透明玻璃，内外管间底部用架子支撑住内管自由端。导热介质在内管经导管流入、流出。

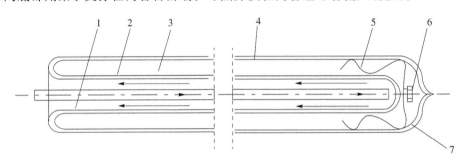

图 2-5　全玻璃真空集热管

1—内玻璃管；2—选择性吸收涂层；3—真空管；4—外玻璃管；

5—弹簧支架；6—消气剂；7—吸气涂层

2.2.3　聚光型集热器

1. 基本原理

　　聚光型太阳能集热器就是利用对太阳光线的反射将较大面积的太阳辐射聚集到较小面积的吸热层上，以提高对太阳能的接收。由于太阳相对于地面观测点有一个 32° 的角度，即太阳张角，对太阳的聚集会形成一个太阳像，而非一个点。聚光型太阳能集热器的关键部件是聚光镜，它的作用就是在吸热层形成一个太阳像。

　　表征聚光镜的重要参数是聚光比。有两个物理意义上的聚光比：几何聚光比或面积聚光比和通量聚光比。面积聚光比 C_a 定义如下：

$$C_a = \frac{A_A}{A_R} \tag{2-7}$$

式中，A_A 和 A_R 分别是聚光器开口面积和吸热层吸热面积。

　　通量聚光比是开口处的太阳光辐射与吸收层接收到的太阳辐射。对于太阳能热利用，面积聚光比较常用。从热力学分析可以得知，对于理想的聚光器，最大聚光比受接收半角 θ_c 的限制：

　　对于二维聚光器：

$$C_{max} = \frac{1}{\sin \theta_c} \tag{2-8}$$

对于三维聚光器：

$$C_{max} = \frac{1}{\sin^2 \theta_c} \tag{2-9}$$

由于太阳张角为 $32'(\theta_c = 16')$，因此对于二维聚光器最大聚光比 $C_{max} \approx 200$，对于三维聚光器 $C_{max} \approx 40\,000$。实际上，设计问题、镜面缺陷、对太阳的跟踪误差以及镜面集尘等原因造成接收角远大于太阳张角，使聚光比大大降低。此外，由于大气对太阳光的散射，造成相当大一部分太阳光线来自太阳盘以外的角度，不能被有效聚集。

具体聚光系统的选择是系统光学和热学性能的折中。吸收层面积应该要求尽量大，以接收最大量的太阳辐射，但是由于聚光集热器吸热层温度较高，热按照温度的 4 次方辐射损失，因只又希望吸热层表面尽量小，以减少热损失。聚光比也控制吸热层的操作温度。可以推导出，对于非选择性吸收层，最高温度是 1600 K。因此，为了降低热辐射损失，采用真空管集热器是一个好的选择。

2. 聚光集热器的类型

按照对入射太阳光的聚集方式，聚光器可以分为反射式和折射式。反射式聚光器通过一系列反射镜片将太阳辐射汇聚到热吸收面，而折射式则是将入射太阳光通过特殊的透镜汇聚到吸收面。反射式聚光器的典型代表是抛物线形聚光器，折射式主要是菲聂尔式透镜。此外，还有将透镜与反射结合的聚光方式。聚光集热器的聚光器部分可以设置太阳跟踪系统，调整其方向来获取最大的太阳辐射，也可以调整吸收器的位置，达到系统最优化集热效果。对于较大型的太阳集热系统，聚光器可能较大，这样，调整小得多的吸收器则容易一些。

（1）复合抛物线聚光器。聚光器的设计应该尽量使得它的聚光比接近热力学最大聚光比。理论上，能够到达这个热力学极限的聚光器是双抛物线复合聚光器（Compound Parabolic Concentrators，CPC）。如图 2-6 所示，CPC 由两个不同的抛物线形的放射器组成。左面的抛物线焦点在 A，它的轴线和聚光器的对称中轴面形成接收角 θ_c，这种集热器理论上可以达到热力学最大聚光比。

（2）抛物线形聚光器。较常用的系统是平面反射聚光系统的 $1/4 \sim 1/2$，其缺点是透镜的加工比平面反射镜片复杂。

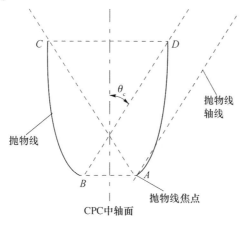

图 2-6 复合抛物线形聚光集热器原理

3. 聚光集热器材料

对于聚光集热器,材料的选择主要考虑以下几点:①反射面的反射率;②盖板材料的透射率;③吸热层的吸收率和反射率。作为反射面材料,由于表面的粗糙和起伏,没有一种材料能做到镜面的全反射。铝的总反射率为 85%～90%,银的总反射率在 90% 左右,可以作为最好的反射表面用于太阳能集热器。当然,如前所述,反射率随入射波长变化,因此一般需要对标准太阳光入射波长积分才能得到一个统一的反射。作为表面镜,铝表面可以通过自氧化而获得保护层;银的保护要困难些。作为盖板材料,与平板集热器类似,需要含铁低、透明的材料,玻璃是最好的选择。聚丙烯酸酯是制备菲聂尔棱镜的恰当材料。作为聚光集热器的吸收层(也是一种选择性涂层),铬黑(CrOx)(其吸收率约为 0.95,反射率≤0.1)是较好的选择。

4. 集热器的性能

(1) 平板型集热器的性能。集热器通过吸收太阳辐射,除了一部分被传热介质带出成为有用能量外,一部分通过集热器材料向环境辐射等损失,还有一部分储存在集热器内(图 2-7)。评价平板集热器性能的基本参数主要是有用能量收益和效率。

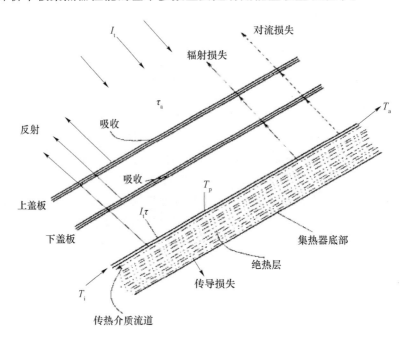

图 2-7 平板集热器的热吸收和损失

有用能量效益是单位时间内集热器通过传热介质传出的热量:

$$Q_u = A_c G C_p (T_{fo} - T_{fi}) = A_c [I_t \tau a - U_L (T_p - T_a)] \qquad (2\text{-}10)$$

式中,A_c 为集热器采光面积;G 为集热器单位面积的介质质量流量;C_p 为传热介质的定压比热容;T_{fo} 和 T_{fi} 分别为集热器出口和入口传热介质的温度;I_t 为集热器接收的太阳辐射能;U_L 为集热器总热损失系数;T_p 和 T_a 分别为吸热层上表面温度和环境温度。

集热器热损失主要包括底部、边缘热损失和顶部热损失。底部和边缘损失通过保温层和外壳以热传导方式传至外部环境。顶部通过吸热板和盖板玻璃之间对流和热辐射以及放射损失。集热效率是衡量集热器性能的一个重要参数,它是集热器有用能量收益与投射到集热器上太阳能量之比。由于太阳投射到集热器的能量随时间变化,因此有瞬间时效率和平均效率之说。瞬时效率是集热器在一天中某一瞬间的性能:

$$\eta = Q_u / A_c I \tag{2-11}$$

作为更重要的衡量集热器性能的参量，平均效率是一段时间，如一天或更长时间内集热器效率的平均值。一般测量 $15\sim20$ min 时间段的太阳辐射能，对应有用能量，可以得出平均集热器效率：

$$\eta = \sum Q_{u,i} I_i / A_c \sum I_i \tag{2-12}$$

（2）聚光集热器的性能和平板型集热器类似，聚光型集热器的性能主要以集热器效率和有用热能表征。聚光型集热器效率有以下两个定义：

①基于极热器开口入射太阳辐射的效率：

$$\eta = q_{out} / I \tag{2-13}$$

q_{out} 是传热介质带出的有用热量（等于 $q_{abs} - q_{loss}$）。由于集热器开口接收的太阳辐射和测量太阳辐射的仪器开口的不同，聚光型集热器接收的太阳辐射在测量的太阳全辐射 I 和直辐射 I_b 之间。如前文介绍，直接辐射受天气影响较大。因此，人们规定，对于跟踪太阳聚光型集热器，应采用直接辐射（η_b）；对固定聚光集热器，则采用全辐射（η），但如果这类聚光集热器可以调整倾斜度，则要用直接辐射。因此，需要标出测量的效率是基于全辐射还是直接辐射。

②基于吸热面上的入射太阳辐射所谓效率，即聚光集热器光学效率：

$$\eta_o = q_{abs} / I_{in} \tag{2-14}$$

它和基于集热器开口入射太阳辐射的效率的关系是：

$$\eta_b = \gamma_b \eta_o - q_{loss} / I_b$$
$$\gamma_b = I_{in} / I_b \tag{2-15}$$

此外，还有以传热流体介质平均温度及流体入口温度表征的集热器效率等。

聚光型集热器的热损失的途径主要是热辐射、对流和传导。对于非选择性吸热层，在较高温度下，辐射是热损失的主要途径。采用选择性涂层可以将辐射损失降低一个数量级。由于需要较小面积的吸热涂层，因此选择性涂层成本不会太高。通过吸热层周围的空气以对流和传导的方式也是不可忽略的，因此，采用真空吸热器结合选择性吸热涂层，如真空管是热利用上较好的方法。

2.2.4　太阳能热利用系统

太阳能热利用系统主要包括太阳能热水装置、太阳能干燥装置和太阳能采暖和制冷系统。太阳能热水装置是目前应用最广的太阳能热利用系统。

1. 太阳能热水装置

太阳能热水装置系统主要由集热箱、储水箱和提供冷水和热水的管道组成。按照水流动方式，又可以分为循环式、直流式和整体式。循环式太阳热水系统按水循环动力分为自然循环和强制循环两类（图 2-8）。自然循环式利用集热器与储水箱中水温的温差形成系统的热虹吸压头，使水在系统中循环，将集热器的有用收益传输至水箱得到储存；强制式循环系统则是依靠水泵使水在集热器与储水箱之间循环。在系统中设置，以集热器出口与水箱间的温差来控制水泵的运转，止回阀可防止夜间系统发生倒流造成热损失。

直流式系统包括平板集热器、储热水箱、补给水箱和连接管道组成的开放式热虹吸系统。与自然式系统不同的是补给冷水直接进入集热器。补给水箱的水位和集热器出水口热水管的最高位置一致。如果在集热器出口设置温度控制器，可以控制出口热水温度，以满足使用要求。整体式太阳热水器装置的特点是集热器和储水箱为一体。整体式热水结构简单，价格低廉，适合家用。

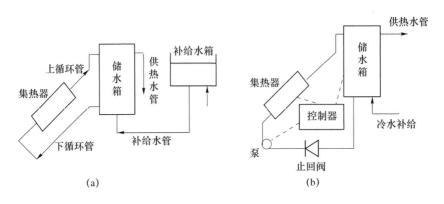

(a)自然循环式；(b)强制式循环系统

图 2-8　循环式太阳热水系统

2. 太阳能采暖

利用太阳能集热器在冬季采暖是太阳能热利用的一种重要形式。太阳能暖房系统利用太阳能作房间冬天暖房之用，在许多寒冷地区已使用多年。大多数太阳能暖房使用热水系统，也使用热空气系统。太阳能暖房系统是由太阳能收集器、热储存装置、辅助能源系统及室内暖房风扇系统所组成。将太阳辐射通过热导传，经收集器内的工作流体将热能储存，再供热至房间之间。辅助热源的主要安置方式有：①安置在储热装置内；②直接装设在房间内；③装设于储热装置及房间之间。当然也可以不用储热装置而直接将热能用到暖房的直接式暖房设计，或者将太阳能直接用于热电或光电方式发电，再加热房间，或透过冷暖房的热装置方式供作暖房使用。最常用的暖房系统为太阳能热水装置，其将热水通至储热装置之中(固体、液体或相变化的储热系统)，然后利用风扇将室内或室外空气驱动至此储热装置中吸热，再把此热空气传送至室内；或利用另一种液体流至储热装置中吸热，当热流体流至室内，再利用风扇吹送被加热空气至室内，从而达到暖房效果。太阳能集热器一般采用温度较低的平板型集热器。

太阳能暖房系统又可分为被动式太阳能供暖系统和主动式太阳能供暖系统。被动式太阳能供暖系统工作原理是：白天的中午直接依靠太阳辐射供暖，多余的热量为热容量大的建筑物本体(墙、天花板、地基)及由碎石填充的蓄热槽吸收；夜间通过自然对流放热使使室内保持一定的温度，达到采暖的目的。其构造简单，取材方便，造价便宜，无须维修，有自然的舒适感，适合发展中国家的广大农村。被动式太阳房形式多样，建筑技术简单，便宜，舒适。我国从 1977年开始就开展了不同形式太阳房的试验研究和推广工作，建立了几十座试验性太阳房。主动式太阳能供暖系统则需要采用太阳能集热器，配置储热箱、管道、风机及泵等设备收集、储存和输配太阳能，且系统中各个部分可控制，从而达到控制室内温度的目的。被动式太阳能供暖较简单，造价低廉。

采用不同的传热介质如水、防冻液或空气时，系统配置有所不同。采用防冻液需要在集热器和储热水箱间采用液—液热交换器；采用热风采暖，则需要水—空气式交换器。如果单纯靠太阳能集热器不能满足供热需求时，则需要增加辅助热源。实际上，供暖系统只需要在冬季使用，如果设计成全年都有效，则是浪费。因此，采用太阳能集热解决部分供暖，借助于辅助热源，以满足寒冷季节的供暖需求是比较经济的选择。

3. 太阳能干燥

自古以来，人们就广泛采用阳光下直接暴晒的方法来干燥各种农副产品。这种传统干燥方法,极易遭受灰尘和虫类的污染等,严重影响产品质量,干燥时间也长。为此,近年来世界各国对太阳能干燥进行了许多研究。其优点如下:

①节约燃料。采用吸热干燥的方法,煤蒸发 1 kg 的水分,约需 2430 kJ 的热量。因此,利用太阳能可节约大量燃料。

②缩短干燥时间。由于太阳能干燥的工作温度远高于自然干燥的温度,被干燥物品的水分蒸发大大加快;因此采用太阳能干燥,干燥的时间可以大大缩短。

③提高产品质量。由于采用专门的干燥室,干净、卫生,还能杀灭虫菌,所以既可提高产品质量,又可延长产品储存时间。

太阳能干燥方式大体上可分为两类:一类是"吸收式"太阳能干燥器,通过罩直接暴晒干燥物品;另一类是"对流式"太阳能干燥器,它是利用太阳能空气集热器将加热后的空气直接或间接用于待干燥物品的干燥。

4. 太阳能制冷

太阳能制冷是利用太阳辐射热作动力来驱动制冷装置工作,它是太阳能集热器收集热的一种利用形式。因此,不同的太阳能制冷系统的主要区别在于制冷循环的不同。其系统可分为三类:压缩式制冷系统、喷射式制冷系统和吸收式制冷系统,其中太阳能吸收式制冷系统用得最普遍。所谓压缩式太阳能制冷系统,实际上是利用太阳能热机驱动普通制冷系统中的压缩机和膨胀机制冷;太阳能喷射制冷系统则是先利用太阳能集热器将工作流体直接或间接加热,变成高温高压蒸汽,其后的过程和普通喷射式制冷无多大差别;太阳能吸收式制冷与普通吸收式制冷的区别在于它是利用太阳能集热器来直接或间接加热发生器中的溴化锂水溶液($LiBr-H_2O$)或氨水溶液 NH_3-H_2O。

由于水—溴化锂吸收式制冷对热源温度要求比较低,一般在 $90\sim100$ ℃即可,因此特别适合于采用太阳能。太阳能制冷系统比较复杂,一般包括集热器、热交换系统和制冷系统。整个制冷系统的效率受这些子系统效率的影响,因此一般不会很高。

5. 太阳炉

太阳炉实际上是太阳聚光器的一种特殊应用。它是利用太阳聚光器对太阳聚光产生高温,并用来加热融化材料,进行材料科学研究的一种方式。一般采用抛物线形太阳聚光器,对于不同几何形状(平面、圆柱、球形)的被加热式样(相当太阳热吸收器),可达到的温度和温度分布有所不同。

太阳炉分为直接入射型和定日镜型。直接入射型是将聚光器直接朝向太阳,定日镜型则是借助可转动的反射镜或者定日镜将太阳光反射到固定的聚光器上。太阳炉可以达到的温度受聚光比的控制。聚光器是太阳炉的必不可少的主要部件,通常都采用抛物面镜作聚光器。抛物线形太阳聚光器的聚光比受其开口宽度 D 和焦距 f,即口径比 $n(=D/f)$ 决定。开口大小 D 决定了反射的总太阳辐射能的多少,D 和口径比 n 决定了太阳成像的尺寸和强度。当 D 固定时,n 越大,抛物面镜越深。对于平面试样,采用 $n=2\sim3$,对于圆柱形或球形试样,取 $n>4$ 较好。太阳炉输出功率可以达到几十千瓦或上千千瓦,获得的高温可达 $3000\sim4000$ ℃。太阳炉能获得无污染的高温,可迅速实现加热和冷却,因此是一种非常理想的从事高温科学研究的工具。例如利用太阳炉熔化高熔点的金属;融化氧化物制取晶体;进行高温下物性的研究等。用太阳炉加热融化材料具有清洁无污染的优点。当然,比起一般的高温炉造价要高。

6. 太阳灶

太阳灶利用太阳能来烹调食物,在燃料缺乏地区有很大的现实意义。太阳灶本身必须具备以下条件：

　　(1) 太阳灶必须提供足够的能量和温度,能烹煮所需种类和数量的食物；

　　(2) 必须坚固耐用,能承受频繁的操作使用以及风和其他外来影响；

　　(3) 必须被社会所接收,适应人们的烹饪和饮食习惯；

　　(4) 应当制造方便,能利用当地的人力和物力；

　　(5) 价格上应具有竞争力。

　　太阳灶目前分为两大类:热箱式和聚光型。前者利用温室效应将太阳能不断积累起来形成一个热箱,结构简单,成本低廉,使用方便,但功率有限,箱温不高,只适合于蒸烤食物。后者利用聚光方法大大提高了太阳灶的温度,便于煮炒食物及烧开水等多种饮食作业,但制作复杂,成本较高。

7. 太阳热动力

　　太阳热动力发电通常由集热器、蓄热器、换热器及汽轮发电机组组成。根据系统中所采用的集热器的型式不同,可分为分散型和集中型两大类。前者是将抛物面聚光器配置成许多组,然后将其串联和并联起来,以满足所需的供热温度。后者也称塔式接收器系统,由平面镜、跟踪系统、支架等组成定日镜阵列,这些定日镜始终对准太阳,把入射光反射到位于场地中心附近的高塔顶端的接收器上。这是太阳能发电的主要研究方向,目前美、日、法、意、西班牙等国相继建立了千瓦级以上的试验装置。

　　太阳热动力系统是利用太阳能热能驱动汽轮机、斯特林发动机或者螺杆膨胀机等发电。从原理上讲,它和普通的热电厂的不同在于太阳能热发电系统有太阳集热系统、蓄热系统和热交换系统。太阳集热系统可以是平板型集热器,也可以是聚光型集热器。它们得到的传热工质度不同。传热工质可以是水、空气或者有机液体、无机盐、碱和金属钠,它们分别适用于不同的温度范围。传热工质通过温度变化、相变化(蒸发/冷凝)等过程来实现太热能到电能的转化。

　　太阳能热利用的领域还很多,如太阳能热分解制氢、太阳能游泳池、太阳能温室、太阳能育秧、太阳能养殖、太阳能养护混凝土预制件等。进入 21 世纪,随着技术的进步,太阳能热利用的前途将更为广阔。

2.3　太阳能光伏发电

2.3.1　太阳光伏基本原理

　　太阳能电池能量转换的基础是由半导体材料组成的 PN 结的光生伏特效应。当能量为 hv 的光子照射到禁带宽度为 Eg 的半导体材料上时,产生电子－空穴对,并受由掺杂的半导体材料组成的 PN 结电场的吸引,电子流入 N 区,空穴流入 P 区。如果将外电路短路,则在外电路中就有与入射光通量成正比的光流通过。

　　为了得到光生电流,要求半导体材料具有合适的禁带宽度。当入射光子能量大于半导体材料的禁带宽度(表 2-1) 时,才能产生光电子,而大于禁带宽度的光子的能量部分(hv－Eg)以热的形式损失。目前用于太阳能电池的半导体材料主要是晶体硅(包括单晶硅和多晶硅)、非晶硅薄膜和化合物,包括Ⅲ～Ⅵ族化合物(如 GaAs)、Ⅱ－Ⅵ族化合物(如 CdS/CdTe)等电池系列。在这些材料中,单晶硅和多晶硅太阳电池的用量最大。

表 2-1 主要半导体材料的禁带宽度

材料	Eg/eV	材料	Eg/eV
Si	1.4	Inp	1.2
Ge	0.7	GdTe	1.4
GaAs	1.4	Gds	2.6
Gu(InGa)Se	1.04	CIS	1.0

太阳电池的基本结构如图 2-9 所示。它由 P 掺杂和 N 掺杂的半导体材料组成电池核心。在 N 区表面沉积有减反射层。P 掺杂是在半导体基体材料中掺杂提供空穴的元素，如 B、Al、Ga、In；而 N 掺杂则是掺杂提供价电子的元素，如 Sb、As 或 P，减反射层的作用是降低电池表面对太阳的反射，提高电池对光的吸收。光生电流由表面电极和背电极引出。

描述太阳电池的特征参数包括：光谱响应、电池开路电压 V_{oc}，短路电流 I_{sc}，以及光电转换效率 η。太阳电池在入射光中每一种波长的光能作用下所收集到的光电流，与对应于入射到电池表面的该波长的光子数之比，称为太阳电池的光谱响应，也称为光谱灵敏度。它和电池的结构、材料性能、结深、表面光学特性等因素有关，也受环境温度、电池厚度和辐射损伤影响。

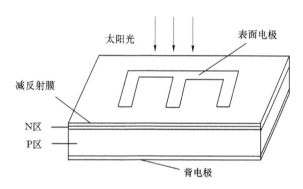

图 2-9 太阳电池的基本结构

开路电压（V_{oc}）是指当太阳光照射下外电路电阻为无穷大时测得的电池输出电压；短路电流（I_{sc}）指外电路负载电阻为 0 时太阳电池的输出电压。太阳电池输出电流和电压随着外电路负载的变化而变化。

在理想情况下，电池的电流—电压特性（图 2-10）为：

$$I_d = I_0 \exp(qV_d/nkT-1) \qquad (2-16)$$

式中，I_d 和 V_d 分别为二极管电流和电压；I_0 为无光照下二极管饱和电流；q 为电子电荷；n 为导带电子浓度。

转换效率 η 是在外电路中连接最佳负载电阻时，得到的最大能量转换效率。在最佳外电路电阻下，电池输出电流、电压对应电池最大输出功率 $P_{max} = I_{max}V_{max}$。电池的填充因子 FF 为：

$$FF = P_{max}/V_{oc}I_{sc} \qquad (2-17)$$

因此，太阳电池的光电转换效率为：

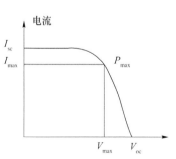

图 2-10 太阳能电池
电流—电压特性

$$\eta = P_{\text{max}}/P_{\text{in}} = \text{FF} \times V_{\text{oc}} I_{\text{sc}}/P_{\text{in}} \tag{2-18}$$

式中，P_{in} 为入射太阳光能量。

2.3.2　太阳电池的制造和测定方法

　　太阳电池主要包括硅太阳电池、带状晶体硅太阳电池、硅薄膜太阳电池、Ⅲ～Ⅴ族化合物半导体太阳电池、Ⅱ～Ⅵ族半导体化合物太阳电池以及其他太阳电池，如无机太阳电池、有机太阳电池和光化学太阳电池。即使是晶体硅太阳电池，也有不同的结构，对应的太阳电池的制造方法也有所不同。目前实际应用的太阳电池主要是硅晶体，包括单晶硅和多晶硅。太阳电池的研究目标之一是降低成本，因此，采用薄膜太阳电池是太阳电池发展的一个方向。

　　晶体硅太阳电池的典型的制造工艺如图 2-11 所示。硅片作为太阳电池的基本材料，要求由具有较高纯度的单晶硅材料通过切割得到，并且要考虑它的导电类型、电阻率、晶向以及缺陷等。一般采用 P 型掺杂、厚度在 $200 \sim 400~\mu\text{m}$ 的硅片。对切割的硅片需要进行预处理，即腐蚀、清洗，一般采用浓硫酸初步清洗，然后再经酸或者碱溶液腐蚀，最后用高纯去离子清洗。清洗后的硅片需要经过扩散制成 PN 结。扩散在控制气氛的高温扩散炉内进行。经扩散得到的硅片需要在保护正面扩散层下经腐蚀除去背面的扩散层。之后就是通过真空蒸镀上下电极，一般是先蒸镀一层厚度为 $30 \sim 100~\mu\text{m}$ 的 Al，然后再蒸镀一层厚度 $2 \sim 5~\mu\text{m}$ 的 Ag 膜。采用具有一定形状的金属掩膜可以得到具有栅线状的上电极，已获得最大光吸收面积。还要在电极表面钎焊一层锡－铝－银合金焊料，以便电池后续组装。下一步是经过腐蚀去掉扩散过程中和钎焊过程中硅片四周表面的扩散层和粘附上的金属，以利于消除电池局部短路问题，在制备了上下电极之后，接着在上电极表面通过真空蒸镀一层减反膜，一般是二氧化硅或二氧化钛。

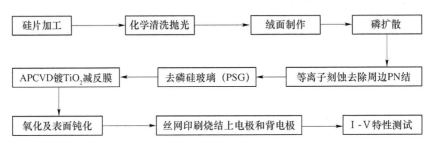

图 2-11　硅太阳电池制造工艺流程

　　薄膜太阳电池的种类主要包括晶体硅薄膜太阳电池、非晶硅薄膜、Cu(InGa)Se 薄膜、CdTe 薄膜太阳电池等。虽然这些太阳电池的关键材料都是半导体薄膜，但不同半导体材料薄膜电池结构却各有特色，因此，电池的制造工艺和技术各不相同。对它们的研究和规模化应用也分别处于不同的发展水平。归结起来，薄膜太阳电池的制备都广泛采用薄膜制备技术，包括物理气相沉积、化学气相沉积、CVD。液相沉积技术也有利用和研究。

　　通过上述过程，一个太阳电池就制备好了。但是，作为成品入库前需要进行电池输出特性的检测，即电池的输出电流—电压特性曲线。通过这个检测可以获得电池的短路电流、开路电压、最大输出功率以及串联电阻等。在实际使用时，要把单片电池经串联、并联并密封在透明的外壳中，组装成太阳电池组件。

　　太阳电池的检测包括电池输出电流—电压特性和电池光谱响应测试。太阳电池输出特性检测首先需要一个太阳光源。由地面接收的太阳光谱和强度受地理位置、气候条件以及时间等许多因素的影响,因此很难得到完全重复一致的太阳光源。这样,对于地面使用的太阳电池。首先需要规定一个普遍接收并可行的标准太阳光谱,即总太阳辐射,包括直射和散射,相应于 AM1.5,在与地面成 $37°$ 的倾斜面上辐照度为 $1000\ W/m^2$,地面的反射率为 0.2,气相条件为:水含量为 1.42 cm;臭氧含量为 0.34 cm;混浊度为 0.27(太阳光波长 $0.5\ \mu m$)。

实际检测的光源可以是自然光或者模拟太阳光。室外太阳光下测定要求测试周围空旷,无遮光,反射光及散光的任何物体,气候和阳光条件要求天气晴朗,太阳周围无云;阳光总辐照度不低于标准辐照度的 80%,散射光的比例不大于总辐射的 25%,还有其他诸如安装的要求等。采用模拟太阳光源可以获得相对较为稳定,符合标准太阳光谱的光源.模拟太阳光要和 AM1.5 的标准太阳光谱一至,如果上述检测条件和标准条件不一致,可以利用标准太阳电池,通过适当换算得出标准条件下的电池输出特性。针对晶体硅太阳电池,这些换算主要是温度的校正。对于航天用太阳电池,除了采用 AM_0 作为标准太阳光谱以外,还要考虑太阳电池在太空中受宇宙射线辐射等因素。

2.3.3　太阳电池光伏发电系统

太阳电池发电系统根据应用不同而有所不同,如图 2-12 所示,主要包括太阳电池组件、蓄电池、控制器、负载。控制器用于太阳能电池的充放电控制,它能防止对蓄电池的过充、过放电。为了避免在阴雨天和晚上太阳电池不发电时或出现短路故障时,蓄电池组向太阳电池组放电,还需要防反冲二极管,它串联在太阳电池方阵电路中,起到太阳电池—蓄电池单向导通作用,蓄电池组是用来储存太阳电池组件接收太阳光照时发出的电能并向负载供电。逆变器是把太阳电池发出的直流电转换成交流电的一种设备。

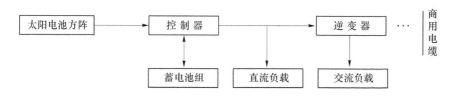

图 2-12　太阳电池发电系统

根据太阳电池发电系统应用的不同,可分为独立发电系统和并网发电系统。前者是独立的,不和其他发电系统发生任何关系的闭合系统提供电能,如远离电网的地区和设备;后者则和其他并网发电系统一样,将太阳能发电向整个电力系统供电。因此,上述系统中的各个组成部分会有所不同。如直接向直流负载供电,则可省去逆变器。对于联网供电,需要和高压商用电网连接界面,包括联网控制。对于太阳电池发电系统,需要进行发电检测,主要是蓄电池电压和充放电流。检测设备可以集成到控制器上。

1. 太阳能电池方阵

太阳能电池单体是光电转换的最小单元,尺寸一般为 $4\sim100\ cm^2$。太阳能电池单体的工作电压约为 0.5 V,工作电流为 $20\sim25\ mA/cm^2$,一般不能单独作为电源使用。将太阳能电池单体进行串并联封装后,就成为太阳能电池组件,其功率一般为几瓦至几十瓦,是可以单独作为电源使用的最小单元。太阳能电池组件再经过串并联组合安装在支架上,就构成了太阳能电池方阵,可以满足负载所要求的输出功率(图 2-13)。

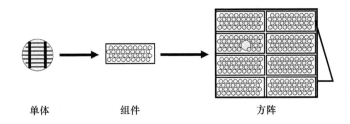

图 2-13　太阳能电池单体、组件和方阵

（1）硅太阳能电池单体

常用的太阳能电池主要是硅太阳能电池。晶体硅太阳能电池由一个晶体硅片组成，在晶体硅片的上表面紧密排列着金属栅线，下表面是金属层。硅片本身是 P 型硅，表面扩散层是 N 区，在这两个区的连接处就是所谓的 PN 结。PN 结形成一个电场。太阳能电池的顶部被一层抗反射膜所覆盖，以便减少太阳能的反射损失。

太阳能电池的工作原理如下：

光是由光子组成，而光子是包含有一定能量的微粒，能量的大小由光的波长决定，光被晶体硅吸收后，在 PN 结中产生一对对正负电荷，由于在 PN 结区域的正负电荷被分离，因而可以产生一个外电流场，电流从晶体硅片电池的底端经过负载流至电池的顶端。这就是"光生伏打效应"。

将一个负载连接在太阳能电池的上下两表面间时，将有电流流过该负载，于是太阳能电池就产生了电流；太阳能电池吸收的光子越多，产生的电流也就越大。光子的能量由波长决定，低于基能量的光子不能产生自由电子，一个高于基能量的光子将仅产生一个自由电子，多余的能量将使电池发热，伴随电能损失的影响将使太阳能电池的效率下降。

（2）硅太阳能电池种类

目前世界上有 3 种已经商品化的硅太阳能电池：单晶硅太阳能电池、多晶硅太阳能电池和非晶硅太阳能电池。对于单晶硅太阳能电池，由于所使用的单晶硅材料与半导体工业所使用的材料具有相同的品质，使单晶硅的使用成本比较昂贵。多晶硅太阳能电池的晶体方向的无规则性，意味着正负电荷对并不能全部被 PN 结电场所分离，因为电荷对在晶体与晶体之间的边界上可能由于晶体的不规则而损失，所以多晶硅太阳能电池的效率一般要比单晶硅太阳能电池低。多晶硅太阳能电池用铸造的方法生产，所以它的成本比单晶硅太阳能电池低。非晶硅太阳能电池属于薄膜电池，造价低廉，但光电转换效率比较低，稳定性也不如晶体硅太阳能电池，目前多数用于弱光性电源，如手表、计算器等。

一般产品化单晶硅太阳电池的光电转换效率为 13%～15%；

产品化多晶硅太阳电池的光电转换效率为 11%～13%；

产品化非晶硅太阳电池的光电转换效率为 5%～8%。

（3）太阳能电池组件

一个太阳能电池只能产生大约 0.5 V 电压，远低于实际应用所需要的电压。为了满足实际应用的需要，需把太阳能电池连接成组件。太阳能电池组件包含一定数量的太阳能电池，这些太阳能电池通过导线连接。在一个组件上，太阳能电池的标准数量是 36 片（10 cm×10 cm），这意味着一个太阳能电池组件大约能产生 17 V 的电压，正好能为一个额定电压为 12 V 的蓄电池进行有效充电。

　　通过导线连接的太阳能电池被密封成的物理单元被称为太阳能电池组件,具有一定的防腐、防风、防雹、防雨等的能力,广泛应用于各个领域和系统。当应用领域需要较高的电压和电流而单个组件不能满足要求时,可把多个组件组成太阳能电池方阵,以获得所需要的电压和电流。

　　太阳能电池的可靠性在很大程度上取决于其防腐、防风、防雹、防雨等的能力。其潜在的质量问题是边沿的密封以及组件背面的接线盒。

　　这种组件的前面是玻璃板,背面是一层合金薄片。合金薄片的主要功能是防潮、防污。太阳能电池也是被镶嵌在一层聚合物中。在这种太阳能电池组件中,电池与接线盒之间可直接用导线连接。

　　组件的电气特性主要是指电流—电压输出特性,也称为 V-I 特性曲线,如图 2-14 所示。V-I 特性曲线可根据图 2-14 所示的电路装置进行测量。V-I 特性曲线显示了通过太阳能电池组件传送的电流 I_m 与电压 V_m 在特定的太阳辐照度下的关系。如果太阳能电池组件电路短路即 $V=0$,此时的电流称为短路电流 I_{sc};如果电路开路即 $I=0$,此时的电压称为开路电压 V_{oc}。太阳能电池组件的输出功率等于流经该组件的电流与电压的乘积,即 $P=VI$。

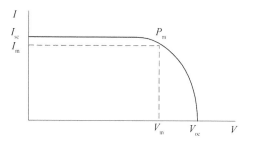

图 2-14　太阳能电池的电流—电压特性曲线
I—电流;I_{sc}—短路电流;I_m—最大工作电流;
V—电压;V_{oc}—开路电压;V_m—最大工作电压

　　当太阳能电池组件的电压上升时,例如,通过增加负载的电阻值或组件的电压从零(短路条件下)开始增加时,组件的输出功率亦从 0 开始增加;当电压达到一定值时,功率可达到最大,这时当阻值继续增加时,功率将跃过最大点,并逐渐减少至零,即电压达到开路电压 V_{oc}。太阳能电池的内阻呈现出强烈的非线性。在组件的输出功率达到最大点,称为最大功率点;该点所对应的电压,称为最大功率点电压 V_m(又称为最大工作电压);该点所对应的电流,称为最大功率点电流 I_m(又称为最大工作电流);该点的功率称为最大功率 P_m。

　　随着太阳能电池温度的增加,开路电压减少,大约每升高 1 ℃,每片电池的电压减少 5 mV,相当于在最大功率点的典型温度系数为 $-0.4\%/℃$。也就是说,如果太阳能电池温度每升高 1 ℃,则最大功率减少 0.4%。所以,太阳直射的夏天,尽管太阳辐射量比较大,如果通风不好,导致太阳电池温升过高,也可能不会输出很大功率。

　　由于太阳能电池组件的输出功率取决于太阳辐照度、太阳能光谱的分布和太阳能电池的温度,因此太阳能电池组件的测量在标准条件下(STC)进行,测量条件被欧洲委员会定义为101 号标准,其条件如下:

光谱辐照度	1000 W/m²
大气质量系数	AM1.5
太阳电池温度	25 ℃

　　在该条件下,太阳能电池组件所输出的最大功率被称为峰值功率,表示为 PW(Peak Watt)。在很多情况下,组件的峰值功率通常用太阳模拟仪测定并和国际认证机构的标准化的太阳能电池进行比较。

　　通过户外测量太阳能电池组件的峰值功率是很困难的,因为太阳能电池组件所接收到的太阳光的实际光谱取决于大气条件及太阳的位置;此外,在测量的过程中,太阳能电池的温度也是不断变化的。在户外测量的误差很容易达到10%或更大。

如果太阳电池组件被其他物体(如鸟粪、树荫等)长时间遮挡时,被遮挡的太阳能电池组件此时将会严重发热,这就是"热斑效应"。这种效应对太阳能电池会造成很严重的破坏作用。有光照的电池所产生的部分能量或所有的能量,都可能被遮蔽的电池所消耗。为了防止太阳能电池由于热斑效应而被破坏,需要在太阳能电池组件的正负极间并联一个旁通二极管,以避免光照组件所产生的能量被遮蔽的组件所消耗。

连接盒是一个很重要的元件:它保护电池与外界的交界面及各组件内部连接的导线和其他系统元件。它包含一个接线盒和1个或2个旁通二极管。

2. 光伏电源充放电控制器

(1) 控制器的功能

①高压(HVD)断开和恢复功能:控制器应具有输入高压断开和恢复连接的功能。

②欠压(LVG)告警和恢复功能:当蓄电池电压降到欠压告警点时,控制器应能自动发出声光告警信号。

③低压(LVD)断开和恢复功能:这种功能可防止蓄电池过放电。通过一种继电器或电子开关连结负载,可在某给定低压点自动切断负载。当电压升到安全运行范围时,负载将自动重新接入或要求手动重新接入。有时,采用低压报警代替自动切断。

④保护功能:

● 防止任何负载短路的电路保护;

● 防止充电控制器内部短路的电路保护;

● 防止夜间蓄电池通过太阳电池组件反向放电保护;

● 防止负载、太阳电池组件或蓄电池极性反接的电路保护;

● 在多雷区防止由于雷击引起的击穿保护。

⑤温度补偿功能:当蓄电池温度低于25 ℃时,蓄电池应要求较高的充电电压,以便完成充电过程。相反,高于该温度蓄电池要求充电电压较低。通常铅酸蓄电池的温度补偿系数为每单位-5 mV/℃。

(2) 控制器的基本技术参数

①太阳电池输入路数:1～12路。

②最大充电电流。

③最大放电电流。

④控制器最大自身耗电不得超过其额定充电电流的1%。

⑤通过控制器的电压降不得超过系统额定电压的5%。

⑥输入/输出开关器件:继电器或 MOSFET 模块。

⑦箱体结构:台式、壁挂式、柜式。

⑧工作温度范围:-15～$+55$ ℃。

⑨环境湿度:90%。

(3) 控制器的分类

光伏充电控制器基本上可分为五种类型:并联型、串联型、脉宽调制型、智能型和最大功率跟踪型。

①并联型控制器:当蓄电池充满时,利用电子部件把光伏阵列的输出分流到内部并联电阻

器或功率模块上去,然后以热的形式消耗掉。因为这种方式消耗热能,所以一般用于小型、低功率系统,例如,电压在 12 V、20 A 以内的系统。这类控制器很可靠,没有如继电器之类的机械部件。

②串联型控制器:利用机械继电器控制充电过程,并在夜间切断光伏阵列。它一般用于较高功率系统,继电器的容量决定充电控制器的功率等级。比较容易制造连续通电电流在 45 A 以上的串联控制器。

③脉宽调制型控制器:它以 PWM 脉冲方式开关光伏阵列的输入。当蓄电池趋向充满时,脉冲的频率和时间缩短。按照美国桑地亚国家实验室的研究,这种充电过程形成较完整的充电状态,它能延长光伏系统中蓄电池的总循环寿命。

④智能型控制器:采用带 CPU 的单片机(如 Intel 公司的 MCS51 系列或 Microchip 公司 PIC 系列)对光伏电源系统的运行参数进行高速实时采集,并按照一定的控制规律由软件程序对单路或多路光伏阵列进行切离/接通控制。对中、大型光伏电源系统,还可通过单片机的 RS232 接口配合 MODEM(调制解调器)进行远距离控制。

⑤最大功率跟踪型控制器:将太阳电池的电压 U 和电流 I 检测后相乘得到功率 P,然后判断太阳电池此时的输出功率是否达到最大,若不在最大功率点运行,则调整脉宽,调制输出占空比 D,改变充电电流,再次进行实时采样,并做出是否改变占空比的判断,通过这样寻优过程可保证太阳电池始终运行在最大功率点,以充分利用太阳电池方阵的输出能量。同时采用 PWM 调制方式,使充电电流成为脉冲电流,以减少蓄电池的极化,提高充电效率。

(4) 控制器的基本电路和工作原理

① 单路并联型充放电控制器(图 2-15)

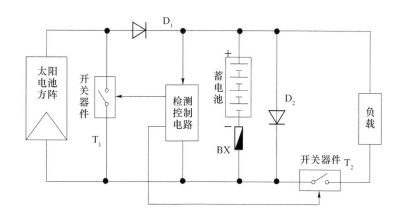

图 2-15 单路并联型充放电控制器

并联型充放电控制器充电回路中的开关器件 T_1 是并联在太阳电池方阵的输出端,当蓄电池电压大于"充满切离电压"时,开关器件 T_1 导通,同时二极管 D_1 截止,则太阳电池方阵的输出电流直接通过 T_1 短路泄放,不再对蓄电池进行充电,从而保证蓄电池不会出现过充电,起到"过充电保护"作用。

D_1 为防"反充电二极管",只有当太阳电池方阵输出电压大于蓄电池电压时,D_1 才能导通,反之 D_1 截止,从而保证夜晚或阴雨天气时不会出现蓄电池向太阳电池方阵反向充电,起到"放反向充电保护"作用。

开关器件 T_2 为蓄电池放电开关,当负载电流大于额定电流出现过载或负载短路时,T_2 关断,起到"输出过载保护"和"输出短路保护"作用。同时,当蓄电池电压小于"过放电压"时,T_2 也关断,进行"过放电保护"。

D_2 为"防反接二极管",当蓄电池极性接反时,D_2 导通使蓄电池通过 D_2 短路放电,产生很大电流快速将保险丝 BX 烧断,起到"防蓄电池反接保护"作用。检测控制电路随时对蓄电池电压进行检测,当电压大于"充满切离电压"时,使 T_1 导通进行"过充电保护";当电压小于"过放电压"时,使 T_2 关断进行"过放电保护"。

②串联型充放电控制器(图 2-16)

串联型充放电控制器和并联型充放电控制器电路结构相似,唯一的区别在于开关器件 T_1 的接法不同,并联型 T_1 并联在太阳电池方阵输出端,而串联型 T_1 是串联在充电回路中。当蓄电池电压大于"充满切离电压"时,T_1 关断,使太阳电池不再对蓄电池进行充电,起到"过充电保护"作用。

其他元件的作用和串联型充放电控制器相同,这里不再赘述。

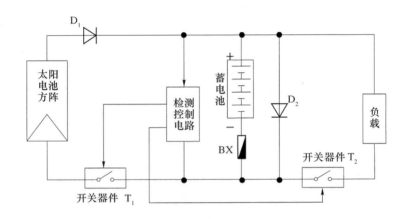

图 2-16 串联型充放电控制器

③检测控制电路的组成(图 2-17)与工作原理

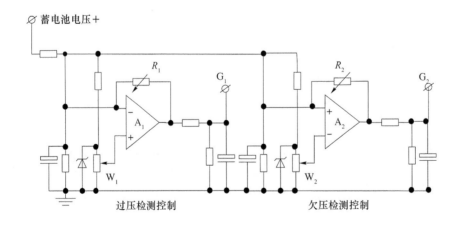

图 2-17 检测控制电路的组成

检测控制电路包括过压检测控制和欠压检测控制两部分。

检测控制电路是由带回差控制的运算放大器组成。A_1 为过压检测控制电路，A_1 的同相输入端由 W_1 提供对应"过压切离"的基准电压，而反相输入端接被测蓄电池，当蓄电池电压大于"过压切离电压"时，A_1 输出端 G_1 为低电平，关断开关器件 T_1，切断充电回路，起到过压保护作用。当过压保护后蓄电池电压又下降至小于"过压恢复电压"时，A_1 的反相输入电位小于同相输入电位，则其输出端 G_1 由低电平跳变至高电平，开关器件 T_1 由关断变导通，重新接通充电回路。"过压切离门限"和"过压恢复门限"由 W_1 和 R_1 配合调整。

A_2 为欠压检测控制电路，其反相端接由 W_2 提供的欠压基准电压，同相端接蓄电池电压（与过压检测控制电路相反），当蓄电池电压小于"欠压门限电平"时，A_2 输出端 G_2 为低电平，开关器件 T_2 关断，切断控制器的输出回路，实现"欠压保护"。欠压保护后，随着电池电压的升高，当电压又高于"欠压恢复门限"时，开关器件 T_2 重新导通，恢复对负载供电。"欠压保护门限"和"欠压恢复门限"由 W_2 和 R_2 配合调整。

（5）小型单路充放电控制器产品实例

①功能及特点

太阳能电源自动控制器是控制太阳能电池给蓄电池充电、蓄电池给负载供电的盒式控制器。它采用双路太阳能电池对蓄电池充电，充电电流随蓄电池的充满逐路断开，而随着蓄电池的放电又逐路接通恢复充电。它同时对蓄电池的放电进行切断和恢复使用的控制，这既符合蓄电池的理想充放电特性，又提高了太阳能电池的利用率和充电效率。

此设备具有防反充保护；防负载短路保护；防负载、太阳电池组件或蓄电池极性反接保护和防雷击保护的功能。

②主要技术指标

系统电压：DC 12 V

太阳能电池额定充电电流：5 A；

蓄电池标称电压：12 V；

蓄电池充满电压：14.8 V；

充满恢复电压：13.5 V；

蓄电池过放电压：10.8 V；

过放恢复电压：13 V；

输出电压：10.8～14.8 V；

额定输出电流：5 A。

③ 控制器电路工作原理

● 蓄电池充满检测及充满恢复电路

A3 和 A4 为控制板充满检测电路，当蓄电池电压高于 14.8 V 时，经运算放大器电平比较后使 U_2C-8 和 U_2D-14 先后由低电平上跳至高电平，发出蓄电池充满切离信号 M 和 N；经 T1—T4 驱动电磁继电器 J1—J2 动作，使继电器 J1—J2 的常闭接点 Z1—Z2 断开，切断两路太阳电池方阵对蓄电池的充电回路；直到蓄电池电压低于 26.3 V 时经运算放大器电平比较后使 U_2C-8 和 U_2D-14 先后由高电平下跳至低电平，发出蓄电池充满恢复信号 m 和 n，接通两路太阳电池充电回路又重新恢复对蓄电池进行充电。

● 蓄电池欠压检测及告警电路

U_2B 为控制板欠压检测电路，当蓄电池电压低于 21.5 V 时，U_2B-7 输出由低电平上跳至高电平，发出蓄电池欠压信号 L，经 T5 推动后使 LED3 发光二极管点亮，发出欠压告警信号，同时继电器 J3 的常闭接点 Z3 动作,断开蓄电池到负载的放电回路;直到蓄电池电压高于 26.8 V 解除欠压告警信号 L,LED3 熄灭,同时接通继电器 J3 的常闭接点 Z3 ,恢复负载放电回路的接通。

④安装及操作使用

● 用导线将四副连接插头分别与两路太阳电池、蓄电池和负载相连接。注意正极接红线,负极接黑线。

● 将四副插头、插座正确连接,顺序为:先接蓄电池,再接太阳电池,最后接负载。

⑤故障排除指导

● 当蓄电池电压在正常范围内而控制器没有输出,应检查更换控制器侧面的保险(5 A)。

● 当设备遭到雷击时,可打开盒盖,更换电路板上的两只蓝色(或黄色)的压敏电阻。换好后可继续使用。

● 如果出现充满指示灯频繁地点亮熄灭,这种情况大多是由于蓄电池出现故障,可换用一块新的蓄电池重新开机。

3. 蓄电池组

蓄电池组是光伏电站的储能装置,由它将太阳能电池方阵从太阳辐射能转换来的直流电转换为化学能储存起来,以供负载应用。

光伏电站中与太阳能电池方阵配用的蓄电池组通常是在半浮充电状态下长期工作,它的电能量比用电负荷所需要的电能量要大,因此,多数时间是处于浅放电状态。当冬季和连阴天由于太阳辐射能减少,而出现太阳能电池方阵充电不足的情况时,可启动光伏电站备用电源——柴油发电机组给蓄电池组补充充电,以保持蓄电池组始终处于浅放电状态。固定式铅酸蓄电池性能优良、质量稳定、容量较大、价格较低,是我国光伏电站目前选用的主要储能装置。

太阳能电池发电系统对所用蓄电池组的基本要求是:①自放电率低;②使用寿命长;③ 深放电能力强;④充电效率高;⑤少维护或免维护;⑥工作温度范围宽;⑦价格低廉。

目前我国与太阳能电池发电系统配套使用的蓄电池主要是铅酸蓄电池和镉镍蓄电池。配套 200 Ah 以上的铅酸蓄电池,一般选用固定式或工业密封免维护铅酸蓄电池;配套 200 Ah 以下的铅酸蓄电池,一般选用小型密封免维护铅酸蓄电池。

(1)铅酸蓄电池的结构及工作原理

① 铅酸蓄电池的结构

铅酸蓄电池主要由正极板组、负极板组、隔板、容器、电解液及附件等部分组成。极板组是由单片极板组合而成,单片极板又由基板(又称极栅)和活性物质构成。铅酸蓄电池的正负极板常用铅锑合金制成,正极的活性物是二氧化铅,负极的活性物质是海绵状纯铅。

极板按其构造和活性物质形成方法分为涂膏式和化成式。涂膏式极板在同容量时比化成式极板体积小、重量轻、制造简便、价格低廉,因而使用普遍;缺点是在充放电时活性物质容易脱落,因而寿命较短。化成式极板的优点是结构坚实,在放电过程中活性物质脱落较少,因此寿命长;缺点是笨重,制造时间长,成本高。隔板位于两极板之间,防止正负极板接触而造成短路。材料有木质、塑料、硬橡胶、玻璃丝等,现大多采用微孔聚氯乙烯塑料。

电解液是用蒸馏水稀释纯浓硫酸而成。其比重视电池的使用方式和极板种类而定,一般在 1.200～1.300(25 ℃)之间(充电后)。

容器通常为玻璃容器、衬铅木槽、硬橡胶槽或塑料槽等。

②铅酸蓄电池的工作原理

蓄电池是通过充电将电能转换为化学能储存起来,使用时再将化学能转换为电能释放出来的化学电源装置。它是用两个分离的电极浸在电解质中而成的,由还原物质构成的电极为负极,由氧化态物质构成的电极为正极。当外电路接近两极时,氧化还原反应就在电极上进行,电极上的活性物质就分别被氧化还原了,从而释放出电能,这一过程称为放电过程。放电之后,若有反方向电流流入电池时,就可以使两极活性物质回复到原来的化学状态。这种可重复使用的电池,称为二次电池或蓄电池。如果电池反应的可逆变性差,那么放电之后就不能再用充电方法使其恢复初始状态,这种电池称为原电池。

电池中的电解质通常是电离度大的物质,一般是酸和碱的水溶液,但也有用氨盐、熔融盐或离子导电性好的固体物质作为有效的电池电解液的。以酸性溶液(常用硫酸溶液)作为电解质的蓄电池,称为酸性蓄电池。铅酸蓄电池视使用场地,又可分为固定式和移动式两大类。铅酸蓄电池单体的标称电压为 2 V。实际上,电池的端电压随充电和放电的过程而变化。

铅酸蓄电池在充电终止后,端电压很快下降至 2.3 V 左右。放电终止电压为 1.7～1.8 V。若再继续放电,电压急剧下降,将影响电池的寿命。铅酸蓄电池的使用温度范围为 −40～+40 ℃。铅酸蓄电池的安时效率为 85%～90%,瓦时效率为 70%,它们随放电率和温度而改变。

凡需要较大功率并有充电设备可以使电池长期循环使用的地方,均可采用蓄电池。铅酸蓄电池价格较廉,原材料易得,但维护手续多,而且能量低。碱性蓄电池,维护容易,寿命较长,结构坚固,不易损坏,但价格昂贵,制造工艺复杂。从技术经济性综合考虑,目前光伏电站应以主要采用铅酸蓄电池作为储能装置为宜。

(2) 蓄电池的电压、容量和型号

①蓄电池的电压

蓄电池每单格的标称电压为 2 V,实际电压随充放电的情况而变化。充电结束时,电压为 2.5～2.7 V,以后慢慢地降至 2.05 V 左右的稳定状态。

如用蓄电池做电源,开始放电时电压很快降至 2 V 左右,以后缓慢下降,保持在 1.9～2.0 V 之间。当放电接近结束时,电压很快降到 1.7 V;当电压低于 1.7 V 时,便不应再放电,否则要损坏极板。停止使用后,蓄电池电压自己能回升到 1.98 V。

②蓄电池的容量

铅酸蓄电池的容量是指电池蓄电的能力,通常以充足电后的蓄电池放电至端电压到达规定放电终了电压时电池所放出的总电量来表示。在放电电流为定值时,电池的容量用放电电流和时间的乘积来表示,单位是安培小时,简称安时。

蓄电池的“标称容量”是在蓄电池出厂时规定的该蓄电池在一定的放电电流及一定的电解液温度下单格电池的电压降到规定值时所能提供的电量。

蓄电池的放电电流常用放电时间的长短来表示(即放电速度),称为“放电率”,如 30 小时率、20 小时率、10 小时等。其中以 20 小时率为正常放电率。所谓 20 小时放电率,表示用一定的电流放电,20 小时可以放出的额定容量。通常额定容量用字母“C”表示。因而 C20 表示 20 小时放电率,C30 表示 30 小时放电率。

③蓄电池的型号

铅酸蓄电池的型号由三个部分组成:第一部分表示串联的单体电池个数;第二部分用汉语拼音字母表示的电池类型和特征;第三部分表示 20 小时率干荷式(C20)的额定容

量。例如,"6-A-60"型蓄电池,表示 6 个单格(即 12 V)的干荷电式铅酸蓄电池,标称容量为 60 安时。

(3) 电解液的配制

电解液的主要成分是蒸馏水和化学纯硫酸。硫酸是一种剧烈的脱水剂,若不小心,溅到身上会严重腐蚀人的衣服和皮肤,因此配制电解液时必须严格按照操作规程进行。

①配制电解液的容器及常用工具

配制电解液的容器必须用耐酸耐高温的瓷、陶或玻璃容器,也可用衬铅的木桶或塑料槽。除此之外,任何金属容器都不能使用。搅拌电解液时只能用塑料棒或玻璃棒,不可用金属棒搅拌。为了准确地测试出电解液的各项数据,还需如下几种专用工具。

● 电液比重计

电液比重计是测量电解液浓度的一种仪器。它由橡皮球(1)、玻璃管(2)、密度计(3)和橡皮插头(4)构成,如图 2-18 所示。

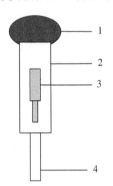

图 2-18 电液比重计

使用电液比重计时,先把橡皮球压扁排出空气,将橡皮管头插入电解液中,慢慢放松橡皮球将电解液吸入玻璃管内。吸入的电解液以能使管内的密度计浮起为准。测量电解液的浓度时,温度计应与电解液面相互垂直,观察者的眼睛与液面平齐,并注意不要使密度计贴在玻璃管壁上;观察读数时,应当略去由于液面张力使表面扭曲而产生的读数误差。

常用带胶球密度计的测量范围在 1.100～1.300,准确度可达 1‰。

● 温度计

一般有水银温度计和酒精温度计两种。区分这两种温度计的方法,是观察温度计底部球状容器内液体的颜色,酒精温度计的颜色是红色,水银温度计的颜色是银白色。由于在使用酒精温度计时一旦温度计破损酒精溶液将对蓄电池板栅有强烈的腐蚀作用,所以一般常用水银温度计来测电解液的温度。

● 电瓶电压表(高率放电叉)

电瓶电压表也称高率放电叉,是用来测量蓄电池单格电压的仪表。

当接上高率放电电阻丝时,电瓶电压表可用来测量蓄电池的闭路电压(即工作电压)。卸下高率放电电阻丝,可作为普通电压表使用,用来测量蓄电池的开路电压。

②配制电解液的注意事项

配制电解液必须注意安全,严格按操作规程进行,应注意以下事项:

● 要用无色透明的化学纯硫酸,严禁使用含杂质较多的工业用硫酸。

● 应用纯净的蒸馏水,严禁使用含有有害杂质的河水、井水和自来水。

● 应在清洁耐酸的陶瓷或耐酸的塑料容器中配制,避免使用不耐温的玻璃容器,以免被硫酸和水混合时产生的高温炸裂。

● 配制人员一定要做好安全防护工作。要戴胶皮手套,穿胶靴及耐酸工作服,并戴防护镜。若不小心,将电解液溅到身上,要及时用碱水或自来水冲洗。

● 配制前按所需电解液的比重先粗略算出蒸馏水与硫酸的比例。配制时必须将硫酸缓慢倒入水中,并用玻璃棒搅动,千万不能用铁棒和任何金属棒搅拌,千万不要将水倒入硫酸中,以免强烈的化学反应飞溅伤人。

● 新配制的电解液温度高,不能马上灌注电池,必须待稳定降至 30 ℃时倒入蓄电池中。

● 灌注蓄电池的电解液,其比重调在 1.27±0.01。

● 由于电解液的比重会随温度的变化而变化(温度每上升 1 ℃,电解液比重减小0.0007),所以测量比重时应根据实际温度进行修正(表 2-2、表 2-3)。

表 2-2 电解液与蒸馏水的配比

电解浓密度	体积之比		重量之比	
	浓硫酸	蒸馏水	浓硫酸	蒸馏水
1.180	1	5.6	1	1.0
1.200	1	4.5	1	1.6
1.210	1	4.3	1	2.5
1.220	1	4.1	1	2.3
1.240	1	3.7	1	2.1
1.250	1	3.4	1	2.0
1.260	1	3.2	1	1.9
1.270	1	3.1	1	1.8
1.280	1	1.8	1	1.7
1.290	1	2.7	1	1.6
1.400	1	1.9	1	1.0

表 2-3 电解液在不同温度下对比重计读数的修正数值

电解液温度(℃)	比重修正数值	电解液温度(℃)	比重修正数值	电解液温度(℃)	比重修正数值
+45	+0.0175	+10	−0.0070	−25	−0.0315
+40	+0.0140	+5	−0.0105	−30	−0.0350
+35	+0.0105	+0	−0.0140	−35	−0.0385
+30	+0.0070	−5	−0.0175	−40	−0.0420
+25	+0.0035	−10	−0.0210	−45	−0.0455
+20	0	−15	−0.0245	−50	−0.0495
+15	−0.0035	−20	−0.0280		

(4)电池的安装

① 蓄电池与控制器的连接

连接蓄电池,一定要注意按照控制器的使用说明书的要求连接,而且电压一定要符合要求。若蓄电池的电压低于要求值时,应将多块蓄电池串联起来,使它们的电压达到要求。

② 安装蓄电池的注意事项

● 加完电解液的蓄电池应将加液孔盖拧紧,防止有杂质掉入电池内部。胶塞上的通气孔必须保持畅通。

● 各接线夹头和蓄电池极柱必须保持紧密接触。连接导线接好后,需在各连接点涂上一层薄凡士林油膜,以防接点锈蚀。

● 蓄电池应放在室内通风良好、不受阳光直射的地方。距离热源不得少于 2 m。室内温度应经常保持在 10～25 ℃之间。

● 蓄电池与地面之间应采取绝缘措施,例如,垫置木板或其他绝缘物,以免因电池与地面短路而放电。

- 放置蓄电池的位置应选择在离太阳能电池方阵较近的地方。连接导线应尽量缩短；导线线径不可太细。这样可以减少不必要的线路损耗。
- 酸性蓄电池和碱性蓄电池不允许安置在同一房间内。
- 对安置蓄电池较多的蓄电池室，冬天不允许采用明火保温，应用火墙来提高室内温度。

（5）蓄电池的充电

蓄电池在太阳能电池系统中的充电方式主要采用"半浮充方式"进行。这种充电方法是指太阳能电池方阵全部时间都同蓄电池组并联浮充供电，白天浮充电运行，晚上只放电不充电。

①半浮充电的特点

白天，当太阳能电池方阵的电势高于蓄电池的电势时，负载由太阳能电池方阵供电，多余的电能充入蓄电池，蓄电池处于浮充电状态。

当太阳能电池方阵不发电或电动势小于蓄电池电势时，全部输出功率都由蓄电池组供电，由于阻断二极管的作用，蓄电池不会通过太阳能电池方阵放电。

②充电注意事项

- 干荷式蓄电池加电解液后静置 20～30 分钟即可使用。若有充电设备，应先进行 4～5 小时的补充充电，这样可充分发挥出蓄电池的工作效率。
- 无充电设备时，在开始工作后，4～5 天不要启动用电设备，用太阳能电池方阵对蓄电池进行初充电，待蓄电池冒出剧烈气泡时方可起用用电设备。
- 充电时误把蓄电池的正、负极接反，如蓄电池尚未受到严重损坏，应立即将电极调换，并采用小电流对蓄电池充电，直至测得电液比重和电压均恢复正常后方可启用。
- 蓄电池亏电情况的判断和补充充电。

③造成使用中的蓄电池亏电的原因

- 在太阳能资源较差的地方，由于太阳能电池方阵不能保证设备供电的要求而使蓄电池充电不足。
- 每年的冬季或连续几天无日照的情况下，用电设备照常使用而造成蓄电池亏电。
- 用电器的耗能匹配超过太阳能电池方阵的有效输出能量。
- 几块电池串联使用时，其中一块电池由于过载而导致整个电池组亏电。
- 长时间使用一块电池中的几个单格而导致整块电池亏电。

④判断蓄电池是否亏电的方法

- 观察到照明灯泡发红、电视图像缩小、控制器上电压表指示低于额定电压。
- 用电液比重计量得电液比重减小。蓄电池每放电 25%，比重降低 0.04（表 2-4）。
- 用放电叉测量电流放电时的电压值，在 5 秒内保持的电压值即为该单格电池在大负荷放电时的端电压。使用放电叉时，每次不得超过 20 秒。

⑤补充充电方法

当发现蓄电池处于亏电状态时，应立即采取措施对蓄电池进行补充充电。有条件的地方，补充充电可用充电机充电，不能用充电机充电时，也可用太阳能电池方阵进行补充充电。

使用太阳能电池方阵进行补充充电的具体做法是：在有太阳的情况下关闭所有有用电器，用太阳能电池方阵对蓄电池充电。根据功率的大小，一般连续充电 3～7 天基本可将电池充满。蓄电池充满电的标志，是电解液的比重和电池电压均恢复正常；电池注液口有剧烈气泡产生。待电池恢复正常后，方可启用用电设备。

表 2-4　蓄电池不同储(充)放电程度与电解液比重、负荷放电差

容量放出程度	充足电时	放出25% 储存75% (电解液比重降低0.04)	放出50% 储存50% (电解液比重降低0.08)	放出75% 储存25% (电解液比重降低0.12)	放出100% 储存0% (电解液比重降低0.16)
电解液的 相应比重 (20℃时)	1.30 1.29 1.28 1.27 1.26 1.25	1.26 1.25 1.24 1.23 1.22 1.21	1.22 1.21 1.20 1.19 1.18 1.17	1.18 1.17 1.16 1.15 1.14 1.13	1.14 1.13 1.12 1.11 1.10 1.09
负荷放电差指示	1.7~1.8 V	1.6~1.7 V	1.5~1.6 V	1.4~1.5 V	1.3~1.4 V

(6) 固定型铅酸蓄电池的管理和维护

① 日常的检查和维护

● 值班人员或蓄电池工要定期进行外部检查,一般每班或每天检查一次。

检查内容:a.室内温度、通风和照明;b.玻璃缸和玻璃盖的完整性;c.电解液液面的高度,有无漏出缸外;d.典型电池的比重和电压,温度是否正常;e.母线与极板等的连接是否完好,有无腐蚀,有无凡士林油;f.室内的清洁情况,门窗是否严密,墙壁有无剥落;g.浮充电流值是否适当;h.各种工具仪表及保安工具是否完整。

● 蓄电池专责技术人员或电站负责人会同蓄电池工每月进行一次详细检查。

检查内容:a.每个电池的电压、比重和温度;b.每个电池的液面高度;c.极板有无弯曲、硫化和短路;d.沉淀物的厚度;e.隔板、隔棒是否完整;f.蓄电池绝缘是否良好;g.进行充、放电过程情况,有无过充电、过放电或充电不足等情况;h.蓄电池运行记录簿是否完整,记录是否及时正确。

● 日常维护工作的主要项目:a.清扫灰尘,保持室内清洁;b.及时检修不合格的落后电池;c.清除漏出的电解液;d.定期给连接端子涂凡士林;e.定期进行充电放电;f.调整电解液液面高度和比重。

② 检查蓄电池是否完好的标准

● 运行正常,供电可靠。a.蓄电池组能满足正常供电的需要;b.室温不得低于0℃,不得超过30℃,电解液温度不得超过35℃;c.各蓄电池电压、比重应接近相同,无明显落后的电池。

● 构件无损,质量符合要求。a.外壳完整,盖板齐全,无裂纹缺损;b.台架牢固,绝缘支柱良好;c.导线连接可靠,无明显腐蚀;d.建筑符合要求,通风系统良好,室内整洁无尘。

● 主体完整,附件齐全。a.极板无弯曲、断裂、短路和生盐;b.电解液质量符合要求,液面高度超出极板10~15 mm;c.沉淀物无异状、无脱落,沉淀物和极板之间距离在10 mm以上;d.具有温度计、比重计、电压表和劳保用品等。

● 技术资料齐全准确,应具有:a.制造厂说明书;b.每个蓄电池的充、放电记录;c.蓄电池维修记录。

③管理维护工作的注意事项

● 蓄电池室的门窗应严密,防止尘土入内;要保持室内清洁,清扫时要严禁将水洒入蓄电池;应保护室内干燥,通风良好,光线充足,但不应使日光直射蓄电池上。

● 室内要严禁烟火,尤其在蓄电池处于充电状态时,不得将任何火焰或有火花发生的器械带入室内。

● 蓄电池盖,除工作需要外,不应挪开,以免杂物落入电解液内,尤其不要使金属物落入蓄电池内。

● 在调配电解液时,应将硫酸徐徐注入蒸馏水内,用玻璃棒搅拌均匀,严禁将水注入硫酸内,以免发生剧烈爆炸。

● 维护蓄电池时,要防止触电,防止蓄电池短路或断路,清扫时应用绝缘工具。

● 维护人员应戴防护眼睛和护身的防护用具。当有溶液落到身上时,应立即用50%苏打水擦洗,再用清水清洗。

④蓄电池正常巡视的检查项目

● 电解液的高度应高于极板 10～20 mm。

● 蓄电池外壳应完整、不倾斜,表面应清洁,电解液应不漏出壳外。木隔板、铅卡子应完整、不脱落。

● 测定蓄电池电解液的比重、液温及电池的电压。

● 电流、电压正常,无过充、过放电现象。

● 极板颜色正常,无断裂、弯曲、短路及生盐等情况。

● 各接头连接应紧固、无腐蚀,并涂有凡士林。

● 室内无强烈气味,通风及附属设备完好。

● 测量工具、备品备件及防护用具完整良好。

4. 直流—交流逆变器

(1) 逆变器的功能

逆变器是电力电子技术的一个重要应用方面。电力电子技术是电力、电子、自动控制、计算机及半导体等多种技术相互渗透与有机结合的综合技术。

众所周知,整流器的功能是将 50 Hz 的交流电整流成为直流电。而逆变器与整流器恰好相反,它的功能是将直流电转换为交流电。这种对应于整流的逆向过程,被称为"逆变"。太阳能电池在阳光照射下产生直流电,然而以直流电形式供电的系统有很大的局限性。例如,日光灯、电视机、电冰箱、电风扇等均不能直接用直流电源供电,绝大多数动力机械也是如此。此外,当供电系统需要升高电压或降低电压时,交流系统只需加一个变压器即可,而在直流系统中升降压技术与装置则要复杂得多。因此,除特殊用户外,在光伏发电系统中都需要配备逆变器。逆变器还具备有自动调压或手动调压功能,可改善光伏发电系统的供电质量。综上所述,逆变器已成为光伏发电系统中不可缺少的重要配套设备。

目前我国光伏发电系统主要是直流系统,即将太阳电池发出的电能给蓄电池充电,而蓄电池直接给负载供电,如我国西北地区使用较多的太阳能户用照明系统以及远离电网的微波站供电系统均为直流系统。此类系统结构简单,成本低廉,但由于负载直流电压的不同(如 12 V、24 V、48 V 等),很难实现系统的标准化和兼容性,特别是民用电力,由于大多为交流负载,以直流电力供电的光伏电源很难作为商品进入市场。另外,光伏发电最终将实现并网运行,这就必须采用交流系统。随着我国光伏发电市场的日趋成熟,今后交流光伏发电系统必将成为光伏发电的主流。

（2）光伏发电系统对逆变器的技术要求

采用交流电力输出的光伏发电系统，由光伏阵列、充放电控制器、蓄电池和逆变器四部分组成，而逆变器是其中关键部件。光伏发电系统对逆变器的技术要求如下：

①要求具有较高的逆变效率。由于目前太阳电池的价格偏高，为了最大限度地利用太阳电池，提高系统效率，必须设法提高逆变器的效率。

②要求具有较高的可靠性。目前光伏发电系统主要用于边远地区，许多电站无人值守和维护，这就要求逆变器具有合理的电路结构，严格的元器件筛选，并要求逆变器具备各种保护功能，如输入直流极性接反保护，交流输出短路保护，过热、过载保护等。

③要求直流输入电压有较宽的适应范围。由于太阳电池的端电压随负载和日照强度而变化，蓄电池虽然对太阳电池的电压具有钳位作用，但由于蓄电池的电压随蓄电池剩余容量和内阻的变化而波动，特别是当蓄电池老化时其端电压的变化范围很大，如 12 V 蓄电池，其端电压可在 10～16 V 之间变化，这就要求逆变器必须在较大的直流输入电压范围内保证正常工作，并保证交流输出电压的稳定。

④在中、大容量的光伏发电系统中，逆变器的输出应为失真度较小的正弦波。这是由于在中、大容量系统中，若采用方波供电，则输出将含有较多的谐波分量，高次谐波将产生附加损耗，许多光伏发电系统的负载为通信或仪表设备，这些设备对供电品质有较高的要求。另外，当中、大容量的光伏发电系统并网运行时，为避免对公共电网的电力污染，也要求逆变器输出失真度满足要求的正弦波形。

（3）逆变器的主要技术性能指标

①额定输出电压。在规定的输入直流电压允许的波动范围内，它表示逆变器应能输出的额定电压值。对输出额定电压值的稳定精度有如下规定：

● 在稳态运行时，电压波动范围应有一个限定，例如，其偏差不超过额定值的 ±3％ 或 ±5％。

● 在负载突变（额定负载的 0％、50％、100％）或有其他干扰因素影响动态情况下，其输出电压偏差不应超过额定值的 ±8％ 或 ±10％。

②逆变器应具有足够的额定输出容量和过载能力。逆变器的选用，首先要考虑具有足够的额定容量，以满足最大负荷下设备对电功率的需求。额定输出容量表征逆变器向负载供电的能力。额定输出容量值高的逆变器可带更多的用电负载。但当逆变器的负载不是纯阻性时，也就是输出功率因数小于 1 时，逆变器的负载能力将小于所给出的额定输出容量值。

③输出电压稳定度。在独立光伏发电系统中均以蓄电池为储能设备。当标称电压为 12 V 的蓄电池处于浮充电状态时，端电压可达 13.5 V，短时间过充状态可达 15 V。蓄电池带负荷放电终了时端电压可降至 10.5 V 或更低。蓄电池端电压的起伏可达标称电压的 30％ 左右。这就要求逆变器具有较好的调压性能，才能保证光伏发电系统以稳定的交流电压供电。

输出电压稳定度表征逆变器输出电压的稳压能力。多数逆变器产品给出的是输入直流电压在允许波动范围内该逆变器输出电压的偏差百分数，通常称为电压调整率。高性能的逆变器应同时给出当负载由 0％→100％ 变化时，该逆变器输出电压的偏差百分数，通常称为负载调整率。性能良好的逆变器的电压调整率应≤±3％，负载调整率应≤±6％。

④输出电压的波形失真度。当逆变器输出电压为正弦波时，应规定允许的最大波形失真度（或谐波含量）。通常以输出电压的总波形失真度表示，其值不应超过 5％。

⑤额定输出频率。逆变器输出交流电压的频率应是一个相对稳定的值,通常为工频 50 Hz。正常工作条件下其偏差应在±1％以内。

⑥负载功率因数。负载功率因数表征逆变器带感性负载或容性负载的能力。在正弦波条件下,负载功率因数为 0.7～0.9(滞后),额定值为 0.9。

⑦额定输出电流(或额定输出容量)。它表示在规定的负载功率因数范围内,逆变器的额定输出电流。有些逆变器产品给出的是额定输出容量,其单位以 VA 或 kVA 表示。逆变器的额定容量是当输出功率因数为 1(即纯阻性负载)时,额定输出电压与额定输出电流的乘积。

⑧额定逆变输出效率。整机逆变效率高是光伏发电用逆变器区别于通用型逆变器的一个显著特点。10 kW 级的通用型逆变器实际效率只有 70％～80％,将其用于光伏发电系统时将带来总发电量 20％～30％的电能损耗。光伏发电系统专用逆变器,在设计中应特别注意减少自身功率损耗,提高整机效率。这是提高光伏发电系统技术经济指标的一项重要措施。在整机效率方面对光伏发电专用逆变器的要求是:千瓦级以下逆变器额定负荷效率≥80％,低负荷效率≥65％;10 kW 级逆变器额定负荷效率≥85％,低负荷效率≥70％。

逆变器的效率值表征自身功率损耗的大小,通常以百分数表示。容量较大的逆变器还应给出满负荷效率值和低负荷效率值。千瓦级以下的逆变器效率应为 80％～85％,10 kW 级的逆变器效率应为 85％～90％。逆变器效率的高低对光伏发电系统提高有效发电量和降低发电成本有着重要影响。

⑨保护功能。光伏发电系统正常运行过程中,因负载故障、人员误操作及外界干扰等原因而引起的供电系统过流或短路,是完全可能的。逆变器对外部电路的过电流及短路现象最为敏感,是光伏发电系统中的薄弱环节。因此,在选用逆变器时,必须要求具有良好的对过电流及短路的自我保护功能。这是目前提高光伏发电系统可靠性的关键所在。

● 过电压保护:对于没有电压稳定措施的逆变器,应有输出过电压的防护措施,以使负载免受输出过电压的损害。

● 过电流保护:逆变器的过电流保护,应能保证在负载发生短路或电流超过允许值时及时动作,使其免受浪涌电流的损伤。

⑩起动特性。它表征逆变器带负载起动的能力和动态工作时的性能。逆变器应保证在额定负载下可靠起动。高性能的逆变器可做到连续多次满负荷起动而不损坏功率器件。小型逆变器为了自身安全,有时采用软起动或限流起动。

⑪噪声。电力电子设备中的变压器、滤波电感、电磁开关及风扇等部件均会产生噪声。逆变器正常运行时,其噪声应不超过 65 dB。

(4) 逆变器的分类和电路结构

有关逆变器分类的原则很多,例如,根据逆变器输出交流电压的相数,可分为单相逆变器和三相逆变器;根据输出波形的不同,可分为方波逆变器和正弦波逆变器;根据逆变器使用的半导体器件类型不同,可分为晶体管逆变器、MOSFET 模块及可关断晶闸管逆变器等;根据功率转换电路,又可分为推挽电路、桥式电路和高频升压电路逆变器等。为了便于光伏电站选用逆变器,这里对方波逆变器、正弦波逆变器和几种功率转换电路作进一步简要说明。

①方波逆变器

方波逆变器输出的交流电压波形为 50 Hz 方波。此类逆变器所使用的逆变线路也不完全相同,但共同的特点是线路比较简单,使用的功率开关管数量少。设计功率一般在几十瓦至几百瓦之间。方波逆变器的优点是:价格便宜,维修简单。缺点是:由于方波电压中含有大量高次谐波,在以变压器为负载的用电器中将产生附加损耗,对收音机和某些通信设备也有干扰。此外,这类逆变器中有的调压范围不够宽,有的保护功能不够完善,噪声也比较大。

②正弦波逆变器

这类逆变器输出的交流电压波形为正弦波,正弦波逆变器的优点是:输出波形好,失真度低,对通信设备无干扰,噪声也很低。此外,保护功能齐全,对电感型和电容型负载适应性强。缺点是:线路相对复杂,对维修技术要求高,价格较贵。早期的正弦波逆变器多采用分立电子元件或小规模集成电路组成模拟式波形产生电路,直接用模拟 50 Hz 正弦波切割几千赫兹至几十千赫兹的三角波产生一个 SPWM 正弦脉宽调制的高频脉冲波形,经功率转换电路、升压变压器和 LC 正弦化滤波器得到 220 V/50 Hz 单相正弦交流电压输出。但是这种模拟式正弦波逆变器电路结构复杂,电子元件数量多,整机工作可靠性低。随着大规模集成微电子技术的发展,专用 SPWM 波形产生芯片(如 HEF4752、SA838 等)和智能 CPU 芯片(如 INTEL 8051、PIC16C73、INTEL80C196 MC 等)逐渐取代小规模分立元件电路,组成数字式 SPWM 波形逆变器,使正弦波逆变器的技术性能和工作可靠性得到很大提高,已成为当前中、大型正弦波逆变器的优选方案。

③几种功率转换电路的比较

逆变器的功率转换电路一般有推挽逆变电路、全桥逆变电路和高频升压逆变电路三种,其主电路分别如图 2-19、图 2-20 和图 2-21 所示。

如图 2-19 所示的推挽电路,将升压变压器的中心抽头接于正电源,两只功率管交替工作,输出得到交流电输出。由于功率晶体管共地连接,驱动及控制电路简单,另外由于变压器具有一定的漏感,可限制短路电流,因而提高了电路的可靠性。其缺点是变压器利用率低,带动感性负载的能力较差。

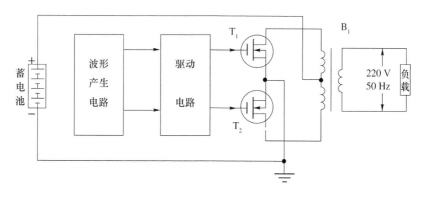

图 2-19　推挽式逆变器的电路原理

如图 2-20 所示的全桥逆变电路克服了推挽电路的缺点,功率开关管 T_1、T_4 和 T_2、T_3 反相,T_1 和 T_2 相位互差 $180°$,调节 T_1 和 T_2 的输出脉冲宽度,输出交流电压的有效值即随之改变。由于该电路具有能使 T_3 和 T_4 共同导通的功能,因而具有续流回路,即使对感性负载,输出电压波形也不会产生畸变。该电路的缺点是上、下桥臂的功率晶体管不共地,因此必须采用专门驱动电路或采用隔离电源。另外,为防止上、下桥臂发生共态导通,在 T_1、T_3 及 T_2、T_4 之间必须设计先关断后导通电路,即必须设置死区时间,其电路结构较复杂。

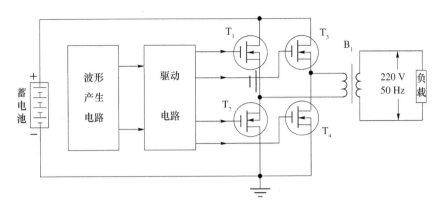

图 2-20　全桥式逆变器的电路原理

图 2-21 为高频升压电路,由于推挽电路和全桥电路的输出都必须加升压变压器,而工频升压变压器体积大,效率低,价格也较贵,随着电力电子技术和微电子技术的发展,采用高频升压变换技术实现逆变,可实现高功率密度逆变。这种逆变电路的前级升压电路采用推挽结构 $(T_1、T_2)$,但工作频率均在 20 kHz 以上,升压变压器 B_1 采用高频磁心材料,因而体积小、重量轻,高频逆变后经过高频变压器变成高频交流电,又经高频整流滤波电路得到高压直流电(一般均在 250 V 以上),再通过工频全桥逆变电路 $(T_3、T_4、T_5、T_6)$ 实现逆变。采用该电路结构,使逆变电路功率密度大大提高,逆变器的空载损耗也相应降低,效率得到提高。该电路的缺点是电路复杂,可靠性比推挽电路和全桥逆变电路偏低。

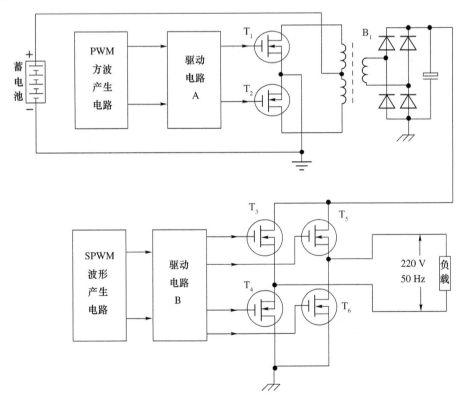

图 2-21　高频升压式逆变器的电路原理

（5）逆变器的波形产生电路

①方波输出的逆变器波形产生电路

方波输出的逆变器目前多采用如 SG3525A、TL494 等专用脉宽调制集成电路来产生占空比可变的 PWM 脉宽调制波形，并采用功率场效应管作为开关功率元件。由于 SG3525 具有直接驱功率场效应管的能力，并具有内部基准源和运算放大器和欠压保护功能，因此其控制性能更好。

- SG3525A 双端输出式 SPWM 脉宽调制器专用芯片如图 2-22 所示。

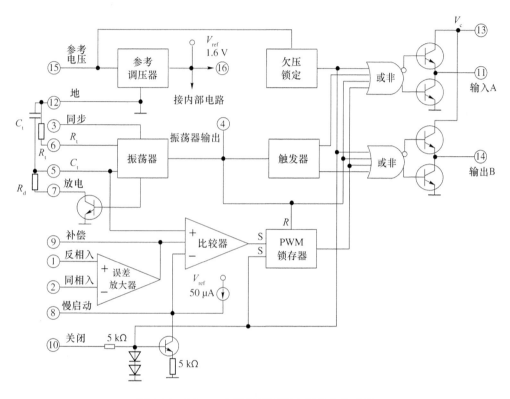

图 2-22　SG3525A 脉宽调制器专用芯片的功能

◆ 振荡器及可调的死区时间：

振荡器的时标电容 C_t 单独设有放电电路，电容 C_t 通过外接电阻 R_d 至引脚7，改变 R_d 就可以改变 C_t 的放电时间，也改变了死区时间 T_d。

振荡器的振荡频率由下式确定：

$$f = \frac{1}{C_t \times (0.7R_t + 3R_d)}$$

◆ 慢启动电路：

慢启动电路是由外接电容 C_m，并由内部 50 μA 恒流源充电达到 50% 输出占空比的时间是：

$$T_m = \frac{2.5}{50 \times 10^{-6}} \times C_m$$

◆ 输出限流和关断保护电路：

SG3525A 的 10 脚为关闭保护端。当 10 脚电位 V10＝0 时，芯片正常工作；当 V10＞

0.7 V时,芯片将进行限流操作;当 V10＞1.4 V 时,将关断输出。

◆ 图腾柱式输出级:当 Vc(13 脚)和 Vi(15 脚)接＋12～15 V 时,可使输出更快地关断,用以驱动功率 MOSFET。在状态转换过程中,由于晶体管存在开闭滞后,使流出和吸收间出现重叠导通,在重叠处产生一个电流尖脉冲,其持续时间一般不会超过 100 ns。为此应在 Vc(13 脚)和地之间接一个 0.1 μf 的电容将它滤掉。

◆ SG3525A 推荐工作条件:
电源电压(16 脚):8～35 V ;
集电极电压(13 脚):4.5～35 V;
吸收/流出负载电流:0～100 A ;
参考负载电流:0～20 A ;
振荡器频率范围:100 Hz～400 kHz;
振荡器定时电阻:2～150 kΩ;
振荡器定时电容:0.001～0.1 μF;
死区时间电阻范围:0～500 Ω。

● TL494 集成脉宽调制器如图 2-23 所示。

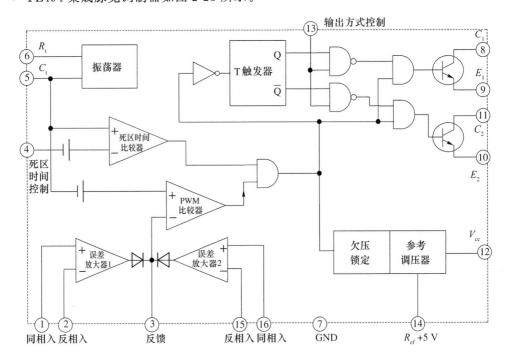

图 2-23　TL494 PWM 脉宽调制控制器的内部结构

②正弦波逆变器的波形产生

正弦波输出的逆变器,其控制电路可采用微处理器控制,如 Intel 公司生产的 80C196MC、Microchip 公司生产的 PIC16C73 等,这些单片机均具有多路 PWM 发生。

● PWM 正弦波脉宽调制技术:

SPWM 的控制策略:迄今为止,已有多种不同的 SPWM 控制策略被提出,如自然采样法、规则采样法、△调制法、滞环电流控制法和指定次谐波消除法等。

一般来说,模拟电路大多采用自然采样法,即将正弦参考波与三角载波接在一个比较器的两个输入端,比较器的输出即为产生的 SPWM 信号。信号的开关时刻由两个波形的交点确定。用此种方法可方便地产生高频 SPWM 信号,其优点是信号精确,电路简单;缺点是脉冲稳定性差,抗干扰能力差。

用微机软件实时产生 SPWM 信号是一种既方便又经济可靠的方法,它的稳定性及抗干扰能力均明显优于相应模拟控制电路。此外用微机软件具有多种优良性能,而用模拟电路很难实现的复杂的 SPWM 控制策略。目前使用微机产生 SPWM 信号最常用的控制策略是规则采样法。与自然采样法相比,规则采样法用电平按正弦规律变化的阶梯波代替了正弦波作为参考信号。这种改进大大减轻了计算 PWM 脉宽的工作量,使通过实时运算产生 PWM 波成为可能。现在很多系统均采用规则采样法,通过查表或查表与运算相结合,实时产生需要的 PWM 脉冲。

由于受微机字长、运算速度等因素的影响,目前用微机产生 PWM 调制信号大多只能应用于控制精度不高、载波频率较低的场合。在高载波频率下产生 PWM 信号,计算机就显得力不从心。如目前在软开关逆变器中开关频率一般均在 20 kHz 以上,这时 PWM 信号的载波周期小于 50 μs,而在一个载波周期内 PWM 脉冲又分为三个间隔,这样每一个间隔就显得非常短。采用目前广泛应用的 51 系列或 98 系列单片机,执行一条指令的最短时间为 1 μs 或 2 μs。在这样短的时间内通过实时运算完成产生 PWM 波,显得非常勉强。即使是采用纯查表法,在这样短的时间内,微机要完成响应定时器中断、给定时器送新的时间常数、送出 PWM 脉冲,也仍然是手忙脚乱。这时,微机除了生成 PWM 脉冲外,基本上已很难再做其他事情。因此在实现高频 PWM 技术时,有的文献介绍用双单片机,一片单片机专用于产生 PWM 信号(这对于单片机的资源显然是一种浪费),另一片单片机温差实时监测与控制任务。有的则只好用独立的模拟电路或数字模拟混合电路构成 PWM 信号发生器。

◆ 自然采样法:

直接用正弦波曲线和等腰三角波曲线相交点作为管子的开关点。

由于这种方法在一个三角波上的两个相交点与三角波的中心线不对称,所以难以用计算机进行实时控制与模拟。虽然也可以用查表法产生 SPWM 波形,但将占用大量的内存空间。

◆ 规则采样法:

这种方法的着眼点是设法得到一系列等间距的 SPWM 脉冲,使各个脉冲对三角载波的中心线对称,从而便于用计算机进行实时波形产生。

◆ 正负三角波的富氏级数展开式:

$$U_c = \frac{8}{\pi^2} C \left(\frac{1}{1^2} \sin 1\omega t - \frac{1}{3^2} 3\omega t + \frac{1}{5^2} 5\omega t - \cdots \right)$$

式中:$\omega = 2\pi f_c$。f_c 为载波频率(20～100 kHz)。

◆ 正弦波的数学表达式如下:

$$U_s = 1 \times \sin \omega t$$
$$\omega = 2\pi f_s$$

式中:f_s 为输出频率(50 Hz)。

● SPWM 脉宽调制波形的产生:

如果需要输出正弦电压波形,可用一个正弦波(调制信号 f_s)切割一个等腰三角波(载波信号 f_c),当正弦波幅度 U_s 大于三角波幅度 U_c 时,SPWM 输出为高电平"1",当正弦波幅度 U_s 小于三角波幅度 U_c 时,SPWM 输出为高电平"0"。SPWM 输出为一两侧窄中间宽的等幅不等宽的脉冲序列,但各脉冲的中心线间是等距的,且脉宽和正弦曲线下的积分面积成正比,即宽度按正弦规律变化,故称为 SPWM 脉宽调制。对于正弦波的负半周,可以用倒相技术或负值三角波来进行调制。

◆ 载波比:

$$N = \frac{F_c}{F_s} = \frac{\text{三角波的频率}}{\text{正弦波的频率}}$$

当取 $N = 3$ 的整倍数($3,9,15,21,27,33\cdots$)时,可保证逆变器输出波形的正、负半周始终保持完全对称,并能严格保持三相输出波形间具有 $120°$ 的对称关系。

◆ 调制度:

$$M = \frac{U_{s \cdot m}}{U_{c \cdot m}} = \frac{\text{正弦参考波的幅值}}{\text{三角载波的幅值}}$$

● 单极性 SPWM 脉宽调制波形如图 2-24 所示。

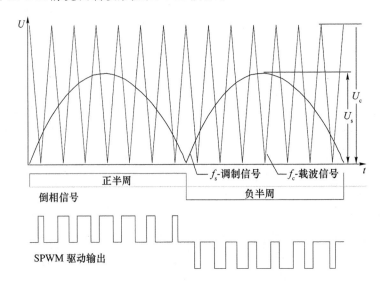

图 2-24　单极性 SPWM 脉宽调制波形(自然采样法)

③双极性 SPWM 脉宽调制波形如图 2-25 所示。

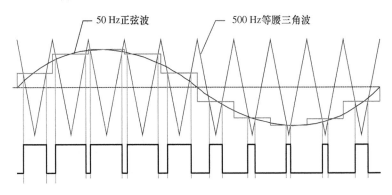

图 2-25　双极性 SPWM 脉宽调制波形(规则采样法)

(6)逆变器功率器件的选择

逆变器的主功率元件的选择至关重要,目前使用较多的功率元件有达林顿功率晶体管

(GTR)、功率场效应管(MOSFET)、绝缘栅晶体管(IGBT)和可关断晶闸管(GTO)等。在小容量低压系统中,使用较多的器件为 MOSFET,因为 MOSFET 具有较低的通态压降和较高的开关频率;在高压中容量系统中,一般均采用 IGBT 模块,这是因为 MOSFET 随着电压的升高其通态电阻也随之增大,而 IGBT 在中容量系统中占有较大的优势;而在特大容量(100 kVA 以上)系统中,一般均采用 GTO 作为功率元件。

①功率器件的分类

● GTR 电力晶体管(Giant Transistor)

GTR 功率晶体管即双极型晶体管(Bipolar Transistor),所谓双极型,是指其电流由电子和空穴两种载流子形成的,一般采用达林顿复合结构。它的优点是:高电流密度和低饱和电压。它的缺点即导通电阻大,且随温度的升高而增大。

● 功率场效应模块(Metal Oxide Semiconductor Field Effect Tyansistor,MOSFET)其优点如下:

◆ 开关速度快:功率 MOSFET 又称 VDMOS,是一种多子导电器件,参加导电的是多数载流子,没有少子存储现象,所以无固有存储时间,其开关速度仅取决于极间寄生电容,故开关时间极短(为 50～100 ns),因而具有更高的工作频率(可达 100 kHz 以上)。

● 驱动功率小:功率 MOSFET 是一种电压型控制器件,即通断均由栅极电压控制。完全开通一个功率 MOSFET 仅需要 10～20 mμs 库仑的电荷,例如一个 1 A、10 mμs 宽的方波脉冲,完全开通一个功率 MOSFET 仅需要 10 mμs 秒的时间。另外还需注意的是,在特定的下降时间内关断器件无须负栅脉冲。由于栅极与器件主体是电隔离的,因此功率增益高,所需要的驱动功率很小,驱动电路简单。

◆ 安全工作区域(SOA)宽:功率 MOSFET 无二次击穿现象,因此其 SOA 较同功率的 GTR 双极性晶体管大,且更稳定耐用,工作可靠性高。

◆ 过载能力强:功率 MOSFET 开启电压(阈值电压)一般为 2～6 V,因此具有很高的噪声容限和抗干扰能力。

◆ 并联容易:功率 MOSFET 的通态电阻具有正稳定系数(即通态电阻随结温升高而增加),因而在多管并联时易于均流,对扩大整机容量有利。

◆ 功率 MOSFET 具有较好的线性,且对温度不敏感。因此开环增益高,放大器级数相对可减少。

◆ 器件参数一致性较好,批量生产离散率低。

◆ 功率 MOSFET 的缺点:导通电阻大,且随温度升高而增大。

② 功率 MOSFET 的主要参数特性

● 漏源击穿电压(V) $V_{(BR)DSS}$:是在 $U_{GS}=0$ 时漏极和源极所能承受的最大电压,它是结温的正温度系数函数。

● 漏极额定电流 I_D:I_D 是流过漏极的最大的连续电流,它主要受器件工作温度的限制。一般生产厂家给出的漏极额定电流是器件外壳温度 $T_c=25$ ℃时的值,所以在选择器件时要考虑充分的裕度,防止在器件温度升高时漏极额定电流降低而损坏器件。

● 通态电阻 $R_{DS(ON)}$:它是功率 MOSFET 导通时漏源电压与漏极电流的比率,它直接决定漏极电流。当功率 MOSFET 导通时,漏极电流流过通态电阻产生耗散功率,通态电阻值越大,耗散功率越大,越容易损坏器件。另外,通态电阻与栅极驱动电压 U_{GS} 有关,U_{GS} 越高,$R_{DS(ON)}$ 越小,而且栅源电压过低,抗干扰能力差,容易误关断;但过高的栅极电压会延缓开通和关断的充放电时间,即影响器件的开关特性。所以综合考虑,一般取 $U_{GS}=12\sim15$ V。

手册中给出的 $R_{DS(ON)}$ 是指器件温度为 25 ℃时的数值,实际上器件温度每升高 1 ℃,$R_{DS(ON)}$ 将增大 0.7%,为正温度系数。

● 最大耗散功率 P_D(W):是器件所能承受的最大发热功率(器件温度为 25 ℃时)。

● 热阻 $R_{\theta jc}$(℃/W):是结温和外壳温度差值相对于漏极电流所产生的热功率的比率。其中:θ 表示温度,j 表示结温,c 表示外壳。

● 输入电容(包括栅漏极间电容 C_{GD} 和栅源极间电容 C_{GS}):在驱动 MOSFET 中输入电容是一个非常重要的参数,必须通过对其充放电才能开关 MOSFET,所以驱动电路的输出阻抗将严重影响 MOSFET 的开关速度。输出阻抗越小,驱动电路对输入电容的充放电速度就越快,开关速度也就越快。温度对输入电容几乎没有影响,所以温度对器件开关速度影响很小。栅漏极间电容 C_{GD} 是跨接在输出和输入回路之间,所以称为米勒电容。

● 栅极驱动电压 U_{GS}:如果栅源电压超过 20 V,即使电流被限于很小值,栅源之间的硅氧化层仍很容易被击穿,这是器件损坏的最常见原因之一,因此,应该注意使栅源电压不得超过额定值。还应始终记住,即使所加栅极电压保持低于栅-源间最大额定电压,栅极连续的寄生电感和栅极电容耦合也会产生使氧化层损坏的振荡电压。通过栅漏自身电容,还可把漏极电路瞬变造成的过电压耦合过来。鉴于上述原因,应在栅-源间跨接一个齐纳稳压二极管,以对栅极电压提供可靠的嵌位。通常还采用一个小电阻或铁氧体来抑制不希望的振荡。

● MOSFET 的截止,不需要像双极晶体管那样,对驱动电路进行精心设计(如在栅极加负压)。因为 MOSFET 是多数载流子半导体器件,只要把加在栅极-源极之间的电压一撤销(即降到 0),它马上就会截止。

● 在工艺设计中,应尽量减小与 MOSFET 各管脚连线的长度,特别是栅极连线的长度。如果实在无法减小其长度,可以用铁氧体小磁环或一个小电阻和 MOSFET 的栅极串接起来,这两个元件尽量靠近 MOSFET 的栅极。最好在栅极和源极之间再接一个 10 kΩ 的电阻,以防栅极回路不慎断开而烧毁 MOSFET。

◆ 功率 MOSFET 内含一个与沟道平行的反向二极管,又称体二极管。这个二极管的反向恢复时间长达几微秒到几十微秒,其高频开关特性远不如功率 MOSFET 本身,使之在高频下的某些场合成了累赘。

③ IGBT(Isolated Gate Bipolar Transistor)绝缘门极双极型晶体管

通态电阻 $R_{DS(ON)}$ 大是 MOSFET 的一大缺点,如在其漂移区中注入少子,引入大注入效应,产生电导调制,使其特征阻抗大幅度下降,这就是 IGBT。在同等耐压条件下,IGBT 的导通电阻只有 MOSFET 的 1/30~1/10,电流密度提高了 10~20 倍。但是引入了少子效应,形成两种载流子同时运行,使工作频率下降了许多。IGBT 是 MOSFET 和 GTR 双极性晶体管的折中器件,结构上和 MOSFET 很相似,但其工作原理更接近 GTR,所以 IGBT 相当一个 N 沟道 MOSFET 驱动的 PNP 晶体管。特点:它将 MOSFET 和 GTR 的优点集于一身,既具有 MOSFET 输入阻抗高、速度快、热稳定性好和驱动电路简单的优点,又有 GTR 通态电压低、耐压高的优点。

2.4 太阳能其他应用

除了上述太阳能热利用和太阳能发电,还有其他许多利用太阳能的途径和方式,实际上地球上的主要自然现象如风、海水潮汐等都或多或少与太阳能有关,这里不打算把风能、潮汐能等的利用归结到太阳能,主要简单介绍下几个方面的应用。

2.4.1 太阳池

太阳池是利用对太阳辐射的吸收储能的一种方式。太阳池一般是深度约 1 m 的盐水水池。水池的底部是黑色,池中的盐水从表面到池底浓度逐渐升高。太阳辐射进入池表面的部分沿池的深度被盐水不同程度吸收,剩余部分透过盐水,被黑色池底吸收。通过维持水池中盐浓度随深度的逐渐增大而使得盐水密度逐渐升高,池底部吸热造成的去膨胀不会带来严重的水扰动,从而可以大大地降低热在水池中的对流损失,由于水的热导率低,这时可以把水看作绝热层,这样,池底的热量就会逐渐积累,造成池底温度的升高,可达 90 ℃以上。再通过热交换器,可以将池底热能导出利用。由于盐浓度梯度的存在,盐会在池中由下向上扩散。但这个过程是很缓慢的。研究表明,如果池深 1 m,底部盐浓度达到饱和,则底部和顶部的盐浓度差减少到初始的一半,大约需要一年的时间。可以采用定期向池底部注入浓缩盐水,用清水清洗池表面,以维持盐水的浓度梯度。太阳池的池水可以利用海水,经浓缩可以得到不同盐浓度的盐水,产生的热能可以用来制盐。太阳池也可以用来建筑供热。总之,太阳池可能是一种用太阳能提供中小规模热能的简便、经济方式。

2.4.2 海水淡化

利用太阳能海水淡化是利用太阳能蒸发海水中的水,并凝结得到淡水。海水淡化的基本原理如图 2-26 所示,太阳光通过透明盖板照射到装有海水的池中,池底是黑色的吸热层,底部有绝热层,黑色吸热层吸收太阳辐射后升温,并加热海水产生水蒸气,产生的水蒸气凝结聚集在透明盖板的内侧,并顺着盖板朝下流动进入积水沟。淡水通过积水沟引出。太阳能蒸馏海水淡化的系统以直接盆式蒸馏系统基本原理基础上,人们还发展了一些其他的太阳能蒸馏海水的淡化系统,如多极蒸馏系统等。

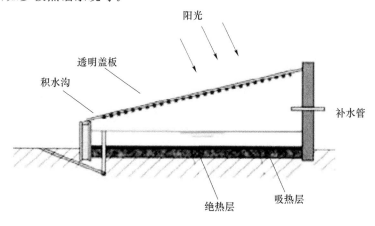

图 2-26 太阳能海水淡化原理

地球上的水资源中海水占了 97％，随着人口的增加和大工业的发展，城市用水日益紧张。为了解决该问题，海水淡化越来越受重视。

太阳能海水淡化装置中最简单的是池式太阳能蒸馏器。它由装满海水的水盘和覆盖在其上的玻璃或透明塑料盖板组成。水盘表面涂黑，底部绝热。盖板成屋顶式，向两侧倾斜。太阳辐射通过透明盖板，被水盘中的海水吸收，蒸发成蒸汽，上升的蒸汽与较冷的盖板接触后被凝结成水，顺着倾斜盖板流到集水沟中，再注入集水槽。这是一种直接蒸馏器，直接利用太阳能加热海水并使之蒸发。其结构虽简单，但产水效率不高。

还有另一类多效太阳能蒸馏器，是一种间接太阳能蒸馏器，主要吸收太阳能的集热器和海水蒸发器组成，并利用集热器中的热水将蒸发器中的海水加热蒸发，能连续制取淡水。

第3章 生物质能源

3.1 概 述

3.1.1 生物质

生物质(biomass)直接或间接来自于植物。广义地讲,生物质是一切直接或间接利用绿色植物进行光合作用而形成的有机物质,它包括世界上所有的动物、植物和微生物,以及由这些生物产生的排泄物和代谢物。狭义地说,生物质是指来源于草本植物、树木和农作物等的有机物质。

地球上生物质资源相当丰富,世界上生物质资源不仅数量庞大,而且种类繁多,形态多样。按原料的化学性质主要分为糖类、淀粉和木质纤维素物质。按原料来划分,主要包括以下几类:①农业生产废弃物:主要为作物秸秆等;②薪柴、枝杈柴和柴草;③农林加工废弃物,木屑、谷壳、果壳等;④人畜粪便和生活有机垃圾等;⑤工业而有机废弃物、有机废水和废渣;⑥能源植物,包括作为能源用途的农作物、林木和水生植物等。

3.1.2 生物质能

生物质能是以化学能形式蕴藏在生物质中的能量形式,是绿色植物通过叶绿素将太阳能转化为化学能而储存在生物质内部的能量。

$$CO_2 + H_2O + 太阳能 \xrightarrow{叶绿素} (CH_2O) + O_2 \qquad (3-1)$$

每个叶绿素都是一个神奇的化工厂,它以太阳光作为动力,把 CO_2 和水合成为有机物,它的合成机理至今仍未被人们搞清楚。

生物质能具有以下特点:①生物质利用过程中二氧化碳的零排放特性;②生物质是一种清洁的低碳燃料,其含硫和含氮都较低,同时灰分含量也很小,燃烧后 SO_x、NO_x 和灰尘排放量比化石燃料小得多,是一种清洁的燃料;③生物质资源分布广,产量大,转化方式多种多样;④生物质单位质量热值较低,而且一般生物中水分含量大而影响了生物的燃烧和热烈解特性;⑤生物质的分布比较分散,收集运输和预处理的成本较高;⑥可再生性;⑥单位体积原料储能量小;⑦提取工艺复杂;⑧单位体积原料储能量小;⑨商品化程度低。

3.1.3 生物质的组成与结构

生物质作为有机燃料,是多种复杂的高分子有机化合物组成的复合体,主要含有纤维素、半纤维素、木质素、淀粉、蛋白质、脂质等。

纤维素是由许多 ß-D-葡萄糖基通过 1,4 位苷键连接起来的线形高分子化合物,其分子式为$(C_6H_{10}O_5)_n$(n 为聚合度),天然纤维素的平均聚合度很高,一般从几千到几十万。它是白色物质,不溶于水,无还原性。水解一般需要浓酸或烯酸在加压下进行水解可得纤维四糖、纤维三糖、纤维二糖,最终产物是 D-葡萄糖。

半纤维素是由多糖单元组成的一类多糖,其主链上由木聚糖、半乳聚糖或甘露糖组成,在其支链上带有阿拉伯糖或半乳糖。大量存在于植物的木质化部分,如秸秆、种皮、坚果壳及玉米穗等,其含量依植物种类、部位和老幼程度而有所不同,半纤维素前驱物是糖核苷酸。

木质素是植物界中仅次于纤维素的最丰富的有机高聚物,广泛分布于具有维管束的羊齿植物以上的高等植物中,是裸子植物和被子植物所特有的化学成分。木质素是一类有甲苯丙烷单元,通过醚键和低碳链接的复杂的无定形高聚物,它和半纤维素一起作为细胞间质填充在细胞壁的微细纤维之间,加固木化组织的细胞细胞壁,也存在于细胞间层,把相邻的细胞黏结在一起。通过生物合成的大量研究工作及示踪碳 14C 进行的试验,证明木质素的先体是松柏醇、芥子醇和对香豆醇。

淀粉是 D-葡萄糖分子的聚合而成的化合物,通式为$(C_6H_{10}O_5)_n$,它在细胞中以颗粒状态存在,通常为白色颗粒状粉末,按其结构可分为胶淀粉和糖淀粉,胶淀粉又称为淀粉精在淀粉颗粒外围,约占淀粉的 80%,为支链淀粉,由 1000 个以上的 D-葡萄糖以 α-1,4 键连接,并带有 α-1,6 键连接的支链,分子质量为 5 万～10 万,在热水中膨胀成黏胶状。糖淀粉又称为淀粉糖,位于淀粉粒的中央,约占淀粉的 20%,糖淀粉为直链淀粉,由约 300 个 D-葡萄糖以 α-1,4 键连接而成,分子质量为 1 万～5 万,可溶于热水。

蛋白质是构成细胞质的重要物质,约占细胞总干重的 60% 以上,蛋白质是由多种氨基酸组成。分子量很大,由几千到百万以上,氨基酸主要由 C、H、O 三种元素组成,另外还有 N 和 S。构成蛋白质的氨基酸有 20 多种,细胞中的储存蛋白质以多种形式存在与细胞壁中成固体状态,生理活性较稳定,可以分为结构晶的和无定形的。

脂类是不溶于水而溶于非极性溶剂的一大类有机化合物。脂类主要的化学元素是 C、H 和 O,有的脂类还含有 P 和 N。脂类分为中性脂肪、磷脂、类固醇和萜类等。油脂是细胞中含能量最高而体积最小的储藏物质,在常温下为液态的称为油,固态的称为脂。植物种子会储存脂肪于子叶或胚乳中以供自身使用,是植物油的主要来源。

3.1.4　生物质转化利用技术

生物质的转化利用途径主要包括物理转化、化学转化、生物转化等,可以转化为二次能源,分别为热能或电力、固体燃料、液体燃料和气体燃料等。

生物质的物理转化是指生物质的固化,将生物质粉碎至一定的平均粒径,不添加黏结剂,在高压条件下,挤压成一定形状。物理转化解决了生物质能形状各异、堆积密度小且较松散,运输和储存使用不方便问题,提高了生物质的使用效率。

生物质化学转化主要包括直接燃烧、液化、气化、热解、酯交换等。

利用生物质原料生产热能的传统办法是直接燃烧。在燃烧过程中产生的能量可被用来产生电能或供热。芬兰 1970 年开始开发流化床锅炉技术,现在这项技术已经成熟,并成为燃烧供电工艺的基本技术。欧美一些国家基本都使用热电联产技术来解决燃烧物质原料用于单一供电或供热在经济上不合算的问题。

生物质的热解是在无条件下加热或在缺氧条件下不完全燃烧,最终转化成高能量密度的气体、液体和固体产物。由于液态产品容易运输和储存，国际上近来很重视这类技术。最近国外又开发了快速热解技术，液化油产率以于物质计，可得70%以上，该法是一种很有开发前景的生物质应用技术。

生物质的气化是以氧气(空气、富氧或纯氧)、水蒸气或氢气作为气化剂，在高温下通过热化学反应将生物质的可燃部分转化为可燃气(主要为一氧化碳、氢气和甲烷以及富氢化合物的混合物，还含有少量的二氧化碳和氢气)。通过气化，原先的固体生物质能被转化为更便于使用的气体燃料，可用来供热、加热水蒸气或直接供给燃气机以产生电能，并且能量转换效率比固态生物质的直接燃烧有较大的提高。

生物质的液化是一个在高温高压条件下进行的热化学过程，其目的在于将生物质转化成高热值的液体产物。生物质液化的实质即是将固态大分子有机聚合物转化为液态小分子有机物质。根据化学加工过程的不同技术路线，液化又可以分为直接液化和间接液化，直接液化通常是把固体生物质在高压和一定温度下与氢气发生加成反应(加氢)；间接液化是指将生物质气化得到的合成气(CO+H_2)，经催化合成为液体燃料(甲醇或二甲醚等)。

生物柴油是指将动植物油脂与甲醇或乙醇等低碳醇在催化剂或者超临界甲醇状态下进行酯交换反应生成的脂肪酸甲醇(生物柴油)，并获得副产物甘油。生物柴油可以单纯使用以代替柴油，又可以一定的比例与柴油混合使用。除了为公共交通车、卡车等柴油机车提供替代燃料外，又可为海洋运输业、采矿业、发电厂等具有非移动式内燃机行业提供燃料。

生物质的生物转化是利用生物化学过程将生物质原料转变为气态和液态燃料的过程，通常分为发酵生产乙醇工艺和厌氧消化技术。

乙醇发酵工艺依据原料不同分为两类：一类是富含糖类作物发酵转化为乙醇，另一类是以含纤维素的生物质原料经酸解或酶水解转化为可发酵糖，再经发酵生产乙醇。厌氧消化技术是指富含碳水化合物、蛋白质和脂肪的生物质在厌氧条件下，依靠厌氧微生物的协同作用转化成甲烷、二氧化碳、氢及其他产物的过程。一般最后的产物含有50%～80%的甲烷，热值可高达20 MJ/m^3，是一种优良的气体燃料。

3.2 生物质燃烧

3.2.1 生物质燃烧及特点

生物质的直接燃烧是最简单的热化学转化工艺。生物质在空气中燃烧是利用不同的过程设备将储存在生物质中的化学能转化为热能、机械能或电能。生物质燃烧产生的热气体温度在800～1000℃。由于生物质燃料特性与化石燃料不同，从而导致了生物质在燃烧过程中的燃烧机理、反应速度以及燃烧产物的成分与化石燃料相比也都存在较大差别，表现出不同于化石燃料的燃烧特性。主要体现为：①含碳量较少，含固定碳少；②含氢量稍多，挥发分明显较多；③含氧量多；④密度小；⑤含硫量低。

3.2.2 生物质燃烧原理

生物质的燃烧过程是燃料和空气间的传热、传质过程。燃烧时燃料必须有足够温度的热量供给和适当的空气供给。生物质中可燃部分主要是木质素，最后转变为碳。生物质直接燃烧反应是一个复杂的物理、化学过程，是发生在碳化表面和氧化剂(氧气)之间的气固两相反应。

生物质燃料燃烧机理属于静态渗透式扩散燃烧。第一,生物质燃料表面可燃挥发物燃烧,进行可燃气体和氧气的放热化学反应,形成火焰;第二,除了生物质燃料表面部分可分为挥发物燃烧外,成型燃料表层部分的碳处于过渡燃烧区,形成较长火焰;第三,生物质燃料表面仍有较少的挥发分燃烧,更主要的是燃烧向成型燃料更深层渗透。焦炭的扩散燃烧,燃烧产物 CO_2、CO 及其他气体向外扩散,进行中 CO 不断与 O_2 结合成 CO_2,成型燃料表层生成薄灰壳,外层包围着火焰;第四,生物质燃料进一步向更深层发展,在层内主要进行碳燃烧(即 $C+O_2 \rightarrow CO$),在球表面进行一氧化碳的燃烧(即 $CO+O_2 \rightarrow CO_2$),形成比较厚的灰壳,由于生物质的燃尽和热膨胀,灰层中呈现微孔组织或空隙通道甚至裂缝,较少的短火焰包围着成型块;第五,燃尽壳不断加厚,可燃物基本燃尽,在没有强烈干扰的情况下,形成整体的灰球,灰球表面几乎看不出火焰,灰球会变暗红色,至此完成了生物质燃料的整个燃烧过程。

3.2.3　生物质燃烧技术

1. 生物质直接燃烧

生物质的直接燃烧技术即将生物质如木材直接送入燃烧室内燃烧,燃烧产生的能量主要用于发电或集中供热。利用生物质直接燃料,只需对原料进行简单的处理,可减少项目投资,同时,燃烧产生的灰可用作肥料。英国 Fibrowatt 电站的三台额定负荷为 12.7 MW、13.5 MW 和 38.5 MW 的锅炉,每年直接燃用 750 000 t 的家禽粪,发电量足够 100 000 个家庭使用,并且禽粪经燃烧后重量减轻 10%,便于运输,作为一种肥料在英国、中东及远东地区销售。但直接燃烧生物质特别是木材,产生的颗粒排放物对人体的健康有影响。此外,由于生物质中含有大量的水分(有时高达 60%~70%),汽化潜热的形式被烟气带走排入大气,燃烧效率相当低,浪费了大量的能量。因此,从 20 世纪 40 年代开始了生物质的成型技术研究开发:在 20 世纪 50 年代,日本研制出棒状燃料成型机及相关的燃烧设备;在 1976 年,美国开发了生物质颗粒及成型燃料设备;西欧一些国家在 70 年代已有了冲压式成型机、颗粒成型机及配套的燃料设备;亚洲一些国家在 80 年代已建立了不少生物质固化、碳化专业生产厂,并研制出相关的燃料设备。日本、美国及欧洲一些国家生物质成型燃料燃烧设备已经定型,并形成了产业化,在加热、供暖、干燥、发电等领域推广应用。

我国从 20 世纪 80 年代引进开发了螺旋推进式秸秆成型机,近几年形成了一定的生产规模,在国内已经形成了产业化。但国产成型加工设备在引进及设计制造过程中,都不同程度地存在着技术及工艺方面的问题,有待于深入研究、探索、试验、开发。尽管生物质成型设备还存在着一定的问题,但生物质成型燃料有许多独特优点:便于储存、运输,使用方便、卫生,燃烧效率高,是清洁能源,有利于环保。因此,生物质成型燃料在我国一些地区已进行批量生产,并形成研究、生产、开发的良好势头。

2. 生物质和煤的混合燃料

对于生物质来说,近期有前景的应用是现有电厂利用木材或农作物的残余物与煤的混合燃料。利用此技术,除了显而易见的废物利用的好处外,另一个好处是燃煤电厂可降低 NO_x 的排放。因为木材的含氮量比煤少,并且木材中的水分使燃烧过程冷却,减少了 NO_x 的热形成。在煤中混入生物质(如木材),会对炉内燃烧的稳定和给料及制粉系统有一定的影响。许多电厂的运行经验证明,在煤中混入少了木材(1%~8%)没有任何运行问题;当木材的混入量上升至 15% 时,需对燃烧器和给料系统进行一定程度的改造。

3. 生物质的汽化燃烧

生物质燃料要广泛、经济地应用于动力电厂,其应用技术必须能在中等规模的电站提供较高的热效率和相对低的投资费用,生物质气化技术使人们向这一目标迈进。生物质气化是在高温条件下,利用部分氧化法,使有机物转化成可燃气体的过程。产生的气体可直接作为燃料,用于发动机、锅炉、民用等。研究的用途是利用气化发电和合成甲醇以及产生蒸汽。与煤气化不同,生物质气化不需要苛刻的温度和压力条件,这是因为生物质有较高的反应能力。目前,被广泛使用都没生物质气化装置是常压循环流化床(ACFB)和增压循环流化床(PCFB)。

3.2.4 生物质燃烧直接热发电

生物质转化为电力主要有直接燃烧后用蒸汽进行发电和生物质气化发电两种。生物质直接燃烧发电的技术已进入推广应用阶段,从环境效益的角度考虑,生物质气化发电是更洁净的利用方式,它几乎不排放任何有害气体,小规模的生物质气化发电比较适合生物质的分散利用,投资较少,发电成本也低,适于发展中国家应用。大规模的生物质气化发电一般采用生物质联合循环发电(IGCC)技术,适合于大规模开发利用生物质资源,能源效率高,是今后生物质工业化应用的主要方式,目前已进入工业示范阶段。

直接燃烧发电的过程是生物质与过量空气在锅炉中燃烧,产生的热烟气和锅炉的热交换部件换热,产生的高温高压蒸汽在蒸汽轮机中膨胀做功发出电能。从21世纪起,丹麦、奥地利等欧洲国家开始对生物质能源发电技术进行开发和研究。经过多年的努力,已研制出用于木屑、秸秆、谷壳等发电的锅炉。丹麦在生物质直接燃发电方面成绩显著,1988年建设了第一座秸秆生物质发电厂,目前,丹麦已建立了130家秸秆发电厂,使生物质成为了丹麦重要的能源。2002年,丹麦能源消费约2800万吨标准煤,其中可再生能源为350万吨标准煤,占能源消费的12%,在可再生能源中生物质所占比例为81%,近10年来,丹麦新建设的热电联产项目都是以生物质为燃料,同时,还将过去许多燃煤供热厂改为了燃烧生物质的热电联产项目。奥地利成功地推行了建立燃烧木材剩余物的区域供电站的计划。生物质能在总能耗中的比例由原来的3%增到目前的25%,已拥有装机容量为1~2 MV的区域供热站90座。瑞典也正在实施利用生物质进行热电联产的计划,使生物质能在转化为高品位的同时满足供热的需求,以大大提高其转换效率,德国和意大利对生物质固体颗粒技术和直燃发电也非常重视,在生物质热电联产应用方面也很普遍,如德国2002年能源消费总量约5亿吨标准煤,其中可再生能源1500万吨标准煤,约占能源消费总量的3%。可再生能源消费中生物质能占68.5%,主要为区域热电联产和生物液体燃料。意大利2002年能源消费总量约为2.5亿吨标准煤,其中可再生能源约1300万吨标准煤,占能源消费总量的5%。在可再生能源消费中生物质能占24%,主要是固体废弃物发电和生物液体燃料。

目前,我国的生物质发电技术的最大装机容量与国外相比,还有很大差距。在现有条件下利用现有技术,研究开发经济上可行、效率较高的生物质气化发电系统是发展我国今后能否有效利用生物质的关键。

3.2.5 生物质与煤的混合燃烧

生物质与煤混合燃烧是一种综合利用生物质能和煤炭资源,并同时降低污染排放的新型燃烧方式。我国生物质能占一次能源总量的33%,是仅次于煤的第二大能源。同时,我国又是一个燃煤污染排放很严重的发展中国家,因此发展生物质与煤混烧这种既能减轻污染又能利用再生能源的廉价技术是非常适合我国国情的。在大型燃煤电厂,将生物质与矿物燃料混合燃烧,不仅为生物质与矿物燃料的优化提供了机会,而且许多现存设备不需要太大的改动,使整个投资费用降低。

生物质和煤混合燃烧过程主要包括水分蒸发、前期生物质及挥发分的燃烧和后期煤的燃烧等。单一生物质燃烧主要集中于燃烧前期;单一煤燃烧主要集中于燃烧后期。在生物质与煤混烧的情况下,燃烧过程明显地分成两个燃烧阶段,随着煤的混合比重加大,燃烧过程逐渐集中于燃烧后期。生物质的挥发分初期温度要远低于煤的挥发分初期温度,使得着火燃烧提前。在煤中掺入生物质后,可以改善煤的着火性能。在煤和生物质混烧时,最大燃烧速率有前移的趋势,同时可以获得更好的燃尽特性。生物质的发热量低,在燃烧的过程中发热比较均匀,单一煤燃烧放热几乎全部集中于燃烧后期。在煤中加入生物质后,可以改善燃烧放热的分布状况,对于燃烧前期的放热有增进作用,可以提高生物质的利用率。

目前,生物质燃烧技术研究主要集中在高效燃烧、热电联产、过程控制、烟气净化、减少排放量与提高效率等技术领域。在热电联产领域,出现了热、电、冷联产,以热电厂为热源,采用溴化锂吸收式制冷技术提供冷水进行空调制冷,可以节省空调制冷的用电量;热、电、气联产则是以循环流化床分离出来的 $800 \sim 900\ ℃$ 的灰分作为干馏炉中的热源,用干馏炉中的新燃料析出挥发分生产干馏气。流化床技术仍然是生物质高效燃烧技术的主要研究方向,特别是我国为生物质资源丰富的国家,开发研究高效的燃烧炉,提高使用热效率,就显得尤为重要。

3.3　生物质气化

3.3.1　生物质气化及其特点

生物质气化是以生物质为原料,以氧气(空气、富氧或纯氧)、水蒸气或氢气等作为气化剂(或称为气化介质),在高温条件下通过热化学反应将生物质中可以燃烧的部分转化为可燃气的过程。生物质气化时产生的气体,主要有效成分为 CO、H_2、CH_4、CO_2 等。生物质气化有如下的特点:①材料来源广泛;②可规模化生产;③通过改变生物质原料的形态来提高能量转化效率,获得高品位能源,改变传统方式利用率低的状况,同时还可进行工业型生产气体或液体燃料,直接供用户使用;④具有废物利用、减少污染、使用方便等优点;⑤可实现生物质燃烧的碳循环,推动可持续发展。

3.3.2　生物质气化原理

生物质气化过程,包括生物质炭与氧的氧化反应,碳与二氧化碳、水等的还原反应和生物质的热分解反应,它可以分为四个区域:

(1)干燥层。生物质进入气化器顶部,被加热至 $200 \sim 300\ ℃$,原料中水分首先蒸发,产物为干原料和水蒸气。

(2)热解层。生物质向下移动进入热解层,挥发分从生物质中大量析出,在 $500 \sim 600\ ℃$ 时基本完成,只剩下木炭。

(3)氧化层。热解的剩余物木炭与被引入的空气发生反应,并释放出大量的热以支持其他区域进行反应。该层反应速率较快,温度达 $1\,000 \sim 1\,200\ ℃$,挥发分参与燃烧后进一步降解。

（4）还原层。还原层中没有氧气存在，氧化层中的燃烧产物及水蒸气与还原层中的木炭发生还原反应，生成 H_2 和 CO 等。这些气体和挥发分形成了可燃气体，完成了固体生物质向气体燃烧转化的过程。因为还原反应为吸热反应，所以还原层的温度降低到 $700\sim900\ ℃$，所需的能量由氧化层提供，反应速率较慢，还原层的高度超过氧化层。

3.3.3 生物质气化工艺

在生物质气化过程中，原料在限量供应的空气或氧气及高温条件下，被转化成燃料气。

气化过程可分为三个阶段：首先物料被干燥失去水分，然后热解形成小分子热解产物（气态）、焦油及焦炭，最后生物质热解产物在高温下进一步生成气态烃类产物、氢气等可燃物质，固体碳则通过一系列氧化还原反应生成 CO。气化介质可用空气，也可用纯氧。在流化床反应器中通常用水蒸气作载气。生物质气化主要分以下几种：

（1）空气气化。以空气作为气化介质的生物质气化是所有气化技术中最简单的一种，根据气流可加入生物质的流向不同，可以分为上吸式（气流与固体物质逆流）、下吸式（气流与固体物顺流）及流化床不同形式。空气气化一般在常压和 $700\sim1000\ ℃$ 下进行，由于空气中氮气的存在，使产生的燃料气体热值较低，仅在 $1300\sim1750\ kcal/m^3$。

（2）氧气气化。与空气气化比较，用氧气作为生物质的气化介质，由于产生的气体不被氮气稀释，故能产生中等热值的气体，其热值是 $2600\sim4350\ kcal/m^3$。该工艺也比较成熟，但氧气气化成本较高。

（3）蒸汽气化。用蒸汽作为气化剂，并采用适当的催化剂，可获得高含量的甲烷与合成甲醇的气体以及较少量的焦油和水溶性有机物。

（4）干馏气化。属于热解的一种特例，是指在缺氧或少量供氧的情况下，生物质进行干馏的过程。主要产物醋酸、甲醇、木焦油、木炭和可燃气等。可燃气主要成分是 CO、H_2、CH_4、CO_2、C_2H_4 等。

（5）蒸汽—空气气化。主要用来克服空气气化产物热值低的缺点。蒸汽—空气气化比单独使用空气或蒸汽为气化剂时要优越。因为减少空气的供给量，并生成更多的氢气和碳氢化合物，提高了燃气热值。

（6）氢气气化。以氢气作为气化剂，主要反应是氢气与固定碳及水蒸气生成甲烷的过程，此反应可燃气的热值为 $22.3\sim26\ MJ/m^3$，属于高热值燃气。但是反应的条件极为严格，需要在高温下进行，所以一般不采用这种方式。

3.3.4 生物质气化发电技术

生物质气化发电技术是把生物质转化为可燃气，再利用可燃气推动燃气发电设备进行发电。它既能解决生物质难于燃用而且分布分散的缺点，又可以充分发挥燃气发电技术设备紧凑而且污染少的优点，所以气化发电是生物能最有效最洁净的利用方法之一。

气化发电过程包括三个方面：一是生物质气化；二是气体净化；三是燃气发电。生物质气化发电技术具有三个方面的特点：一是技术有充分的灵活性；二是具有较好的洁净性；三是经济性。生物质气化发电系统从发电规模可分为小规模、中等规模和大规模三种。小规模生物质气化发电系统适合于生物质的分散利用，具有投资小和发电成本低等特点，已经进入商业化示范阶段。大规模生物质气化发电系统适合于生物质的大规模利用，发电效率高，已进入示范和研究阶段，是今后生物质气化发电主要发展方向。生物质气化发电技术按燃气发电方式可分为内燃机发电系统、燃气轮机发电系统和燃气－蒸汽联合循环发电系统。图3-1为生物质整体气化联合循环（BIGCC）工艺，是大规模生物质气化发电系统重点研究方向。整体气化联合循环由空气制氧、气化炉、燃气净化、燃气轮机、余热回收和汽轮机等组成。

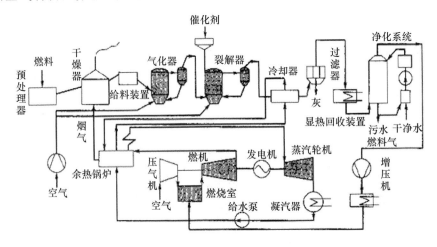

图 3-1　整体气化联合循环工艺流程

3.4　生物质热解技术

3.4.1　生物质热解及其特点

生物质热解指生物质在无空气等氧化环境情形下发生的不完全热降解生成炭、可冷凝液体和气体产物的过程，可得到炭、液体和气体产物。根据反应温度和加热速率的不同，将生物质热解工艺分成慢速热解、常规热解、快速热解。慢速热解主要用来生成木炭，低温和长期的慢速热解使得炭产量最大可达30%，约占50%的总能量；中等温度及中等反应速率的常规热解可制成相同比例的气体、液体和固体产品；快速热解是在传统热解技术上发展起来的一种技术，相对于传统热解，它采用超高加热速率、超短产物停留时间及适中的热解温度，使生物质中的有机高聚物分子在隔绝空气的条件下迅速锻炼为短链分子，使焦炭和产气降到最低限度，从而最大限度地获得液体产品。

3.4.2　生物质热解原理

在生物质热解反应过程中，会发生化学变化和物理变化，前者包括一系列复杂的化学反应；后者包括热量传递。从反应进程来分析生物质的热解过程大致可分为三个阶段。①预热解阶段：温度上升至120～200℃时，即使加热很长时间原料重量也只有少量减少，主要是H_2O、CO 和 CO_2 受热释放所致，外观无明显变化，但物质内部结构发生重排反应，如脱水、断键、自由基出现、碳基、羧基生成和过氧化氢基团形成等；②固体分解阶段：温度为300～600℃，各种复杂的物理、化学反应在此阶段发生，木材中的纤维素、木质素和半纤维素在该过程先通过解聚作用分解成单体或单体衍生物，然后通过各种自由基反应和重排反应进一步降解成各种产物；③焦炭分解阶段：焦炭中的C—H、C—O键进一步断裂，焦炭质量以缓慢的速率下降并趋于稳定，导致残留固体中碳素的富集。

3.4.3　生物质热解工艺

生物质热解液化技术的一般工艺流程由物料的干燥、粉碎、热解、产物炭和炭的分离、气态生物油的冷却和生物油的收集等几个部分组成,如图 3-2 所示。

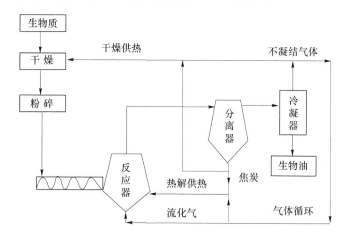

图 3-2　生物质快速热解工艺流程

（1）原料干燥和粉碎。生物油中的水分会影响油的性能,而天然生物质原料中含有较多的自由水,为了避免将自由水分带入产物,物料要求干燥到水分含量低于 10%（质量分数）。另外,原料尺寸也是重要的影响因素,通常对原料需要进行粉碎处理。

（2）热裂解。反应器是热解的主要装置,适合于快速热解的反应器形式是多种多样的,但反应器都应该具备加热速率快、反应温度中等和气体停留时间短的特点。

（3）焦炭和灰的分离。在生物质热解制油工艺中,一些细小的焦炭颗粒不可避免地随携带的气体进入生物油液体当中,影响生物油的品质。而灰分离是影响生物质热解液体产物速率的重要因素,它将大大催化挥发分的二次分解。

（4）液体生物油的收集。在较大规模系统中,采用与冷液体接触的方式进行冷凝收集,通常可收集到大部分液体产物,但进一步收集则需依靠静电捕捉等处理微小颗粒的技术。

3.4.4　生物质热解产物及应用

生物热解产物主要由生物油、不可凝结气体和炭组成。

生物油是由分子量大且含氧量高的复杂有机化合物的混合物所组成,几乎包括所有种类的含氧有机物,如醚、酯、酮、酚醇及有机酸等。生物油是一种用途极为广泛的新型可再生液体清洁能源产品,在一定程度上可替代石油直接用作燃油燃料,也可对其进一步催化、提纯,制成高质量的汽油和柴油产品,供各种运载工具使用;生物油中含有大量的化学品,从生物油中提取化学产品具有很明显的经济效益。

此外,由生物质热解得到不可凝结气体,热值较高。它可以用作生物质热解反应的部分能量来源,如热解原料烘干或用作反应器内部的惰性硫化气体和载气。木炭疏松多孔,具有良好的表面特征;炭分低,具有良好的燃料特征;低容重;含硫量低;易研磨。因此产生的木炭可加工成活性炭用于化工和冶炼,改进工艺后,也可用于燃料加热反应器。

3.5　生物质直接液化

3.5.1　生物质直接液化及其特点

液化是指通过化学方式将生物质转换成液体产品的过程,主要有间接液化两类和直接液化。间接液化是把生物质气化成气体后,再进一步合成为液体产品;直接液化是将生物质与一定量溶剂混合放在高压釜中,抽真空或通入保护气体,在适当温度和压力下将生物质转化为燃料或化学品的技术。直接液化是一个在高温高压条件下进行的热化学过程,其目的在于将生物质转化成高热值的液体产物。生物质液化的实质即是将固体的大分子有机聚合物转化为液体的小分子有机物质,其过程主要由三个阶段构成:首先,破坏生物质的宏观结构,使其分解为大分子化合物;其次,将大分子链状有机物解聚,使之能被反应介质溶解;最后,在高温高压作用下经水解或溶剂溶解以获得液态小飞子有机物。

3.5.2　生物质直接液化工艺

将生物质转化为液体燃料,需要加氢、裂解和脱灰过程。生物质直接液化工艺流程如图 3-3 所示。生物质原料中得水分一般较高,含水率可高达 50%。在液化过程中水分会挤占反应空间,需将木材的含水率降到 4%,且便于粉碎处理。将木屑干燥和粉碎后,初次启动时与溶剂混合,正常运行后与循环相混合。木屑与由混合而成的泥浆非常浓稠,且压力较高,故采用高压送料器至反应器。反应器中工作条件优化后,压力为 28 MPa,温度为 371 ℃,催化剂浓度为 20% 的 Na_2CO_3 溶液,CO 通过压缩机压缩至 38 MPa 输送至反应器。反应的产物为气体和液体,离开反应器的气体被迅速冷却为轻油、水及不冷凝的气体。液体产物包括油、水、未反应的木屑和其他杂质,可通过离心分离机将固体杂质分离开,得到的液体产物一部分可用作循环油使用,其他(液化油)作为产品。

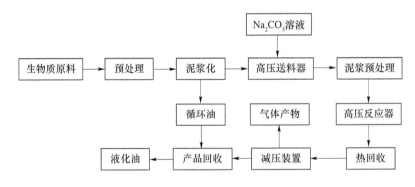

图 3-3　生物质直接液化工艺流程

3.5.3　生物质直接液化产物及应用

液化产物的应用本质生物材料液化产物除了作为能源材料外,由于酚类液化产物还有苯酚官能团,因此可用作胶黏剂和涂料树脂,日本的小野扩帮等人成功地开发了基于苯酚和间苯二酚液化产物的胶黏剂,其胶合性能相当于同类商业产品,同时他们正在研发环氧树脂增强的酚类液化产品,可利用乙二醇或聚乙烯基乙二醇木材液化产物生产可生物降解材料(如聚氨酯);木材液化后得到的糊状物与环氧氯丙烷反应,可以制得缩水甘油醚型树脂,向其中加入固化剂(如胺或酸酐),即可成为环氧树脂胶黏剂。据报道,日本森林综合研究所于1991年开始对速生树种进行可溶化处理,开发功能型树脂的研究,经苯酚化的液化反应物添加甲醛水使之木脂化,再添加硬化剂、填充剂等制成胶黏剂,其性能能达到或超过日本JIS标准。但目前由于各方面的原因,木材液化产物还没得到充分利用,其产业化还存在很多问题。

此外,还可利用液化产物制备发泡型或成型模压制品,可利用乙二醇或聚乙烯基乙二醇木材液化产物生产可生物降解塑料(如聚氨酯)。研究者采用两段工艺制备酚化木材/甲醛共缩聚线型树脂,该制备工艺能将液化后所剩余的苯酚全部转化成高分子树脂,极大地提高了该液化技术的使用价值,也大大地提高了酚化木材树脂的热流动性及其模压产品的力学性能。

3.6 生物燃料乙醇

3.6.1 生物燃料乙醇的特点

乙醇(Ethanol),俗称酒精,可用玉米、甘蔗、小麦、薯类、糖蜜等原料,经发酵、蒸馏而制成。燃料乙醇是通过对乙醇进一步脱水(使其含水量达99.6%以上)再加上适量变性剂而制成的。经适当加工,燃料乙醇可以制成乙醇汽油、乙醇柴油、乙醇润滑油等用途广泛的工业燃料。生物燃料乙醇在燃烧过程中所排放的二氧化碳和含硫气体均低于汽油燃料所产生的对应排放物,由于它的燃料比普通汽油更安全,使用10%燃料乙醇的乙醇汽油,可使汽车尾气中一氧化碳、碳氢化合物排放量分别下降30.8%和13.4%,二氧化碳的排放量减少3.9%。作为增氧剂,使燃料更充分,节能环保,抗爆性能好。燃料乙醇还可以替代甲基叔丁基醚(MTBE)、乙基叔丁基醚,避免对地下水的污染。而且,燃料乙醇燃料所排放的二氧化碳和作为原料的生物源生长所消耗的二氧化碳在数量上基本持平,这对减少大气污染及抑制"温室效应"意义重大,但使用燃料乙醇对水含量要求严格。

3.6.2 淀粉质原料制备生物燃料乙醇

淀粉质原料酒精发酵是以含淀粉的农副产品为原料,利用α-淀粉酶和糖化酶将淀粉转化为葡萄糖,再利用酵母菌产生的酒化酶等将糖转化为酒精和二氧化碳的生物化学过程。以薯干、米、玉米、高粱等淀粉质原料生产酒精的生产流程如图3-4所示。

为了将原料中得淀粉充分释放出来,增加淀粉向糖的转化,对原料进行处理是十分必要的。原料处理过程包括:原料除杂、原料粉碎、原料的水热处理和醪液的糖化。淀粉质原料通过水热处理,成为溶解状态的淀粉、糊精和低聚糖等,但不能直接被酵母菌利用生成酒精,必须加入一定数量的糖化酶,使溶解的淀粉、糊精和低聚糖等转化为能被酵母菌利用的可发酵糖,然后酵母再利用可发酵糖发酵乙醇。

3.6.3 乙醇发酵工艺

乙醇发酵工艺有间歇发酵、半连续发酵和连续发酵。

间歇发酵也称单罐发酵,发酵的全过程在一个发酵罐里完成。按糖化醪添加方式的不同可分为连续添加法、一次加满法、分次添加法、主发酵醪分割法。

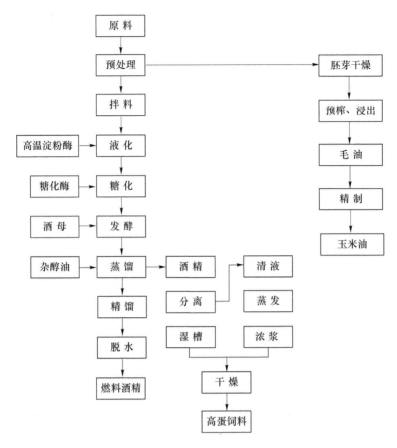

图 3-4　淀粉质原料酒精生产流程

半连续式发酵是主发酵阶段采用连续发酵,后发酵阶段采用间歇发酵的方法。按糖化醪的添加方式不同,半连续发酵法分为下述两种方法:①将发酵罐连接起来,使前几只发酵罐始终保持连续主发酵状态,从第 3 只或第 4 只罐的流出的发酵醪液顺次加满其他发酵罐,完成后发酵。应用此方法可省去大量酒母,缩短发酵时间,但是必须注意消毒杀菌,防止杂菌污染。②将若干发酵罐组成一个组,每只发酵罐之间用溢流管相连接,生产时先制备发酵罐体积 1/3 的酒母,加入第 1 只发酵罐中,并在保持主发酵状态的前提下添加糖化醪,满罐后醪液通过溢流管流入第 2 只发酵罐,当充满 1/3 体积时,醪化糖改为添加第 2 只发酵罐,满罐后醪液通过溢流管添加到第 3 只发酵罐……如此下去,直至末罐。发酵成熟醪以首罐至末罐顺次蒸馏。此方法可省去大量酒母,缩短发酵时间,但每次新发酵周期开始时要制备新的酒母。

连续式发酵是微生物(酵母)培养和发酵过程在同一组罐内进行的,每个罐本身的各种参数基本保持不变,但是罐与罐之间按一定的规律形成一个梯度。酒精连续发酵有利于提高淀粉的利用率,有利于提高设备的利用率,有利于生产过程自动化,是酒精发酵的发展方向。

3.6.4　纤维质原料制备生物燃料乙醇

纤维素是地球上丰富的可再生的资源,每年仅陆生植物就可以产生纤维素约 500 亿吨,占地球生物总量的 60%～80%。我国的纤维素原材料非常丰富,仅农作物秸秆、皮壳、茎,每年产量就高达 7 亿多吨,其中玉米秸(35％)、小麦秸(21％)和稻草(19％)是我国三大秸秆,林业副产品、城市垃圾和工业废物数量也很可观。我国大部分地区依靠秸秆和林副产品作燃料,或将秸秆在田间直接焚烧,不仅破坏了生态,污染了环境,而且由于秸秆燃烧的能量利用率低,造成资源严重浪费。

纤维质原料生产酒精工艺包括预处理、水解糖化、乙醇发酵、分离提取等(图 3-5)。

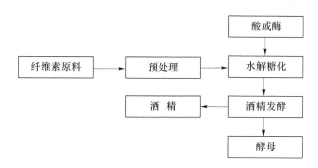

图 3-5　纤维素制酒精工艺流程

原料预处理包括物理法、化学法、生物法等,其目的是破坏木质纤维原料的网状结构,脱除木质素,释放纤维素和半纤维素,以有利于后续的水解糖化过程。

纤维素的糖化有酸法糖化和酶法糖化,其中酸法糖化包括浓酸水解法和稀酸水解法。

浓硫酸法糖化率高,但采用了大量硫酸,需要回收重复利用,且浓酸对水解反应器的腐蚀是一个重要问题。近年来,在浓酸水解反应器中利用加衬耐酸的高分子材料或陶瓷材料解决了浓酸对设备的腐蚀问题。利用阴离子交换膜透析回收硫酸,浓缩后重复使用。该法操作稳定,适于大规模生产,但投资大,耗电量高,膜易被污染。

稀酸水解工艺较简单,也较为成熟。稀酸水解工艺采用两步法:第一步,稀酸水解在较低的温度下进行,半纤维素被水解为五碳糖;第二步,酸水解是在较高的温度下进行,加酸水解残留固体(主要为纤维素结晶结构)得到葡萄糖。稀酸水解工艺糖的产率较低,而且在水解过程中会生成对发酵有害的物质。

纤维素的酶法糖化是利用纤维素酶水解糖化纤维素,纤维素酶是一个由多功能酶组成的酶系,有很多种酶可以催化水解纤维素生成葡萄糖,主要包括内切葡聚糖酶(又称为 ED)、纤维二糖水解酶(又称为 CHB)和 β－葡糖糖苷酶(GL),这三种酶协同作用催化水解纤维素使其糖化。纤维素分子是具有异体结构的聚合物,酶解速度较淀粉类物质慢,并且对纤维素酶有很强的吸附作用,致使酶解糖化工艺中酶的消耗量大。

纤维素发酵生成酒精有直接发酵法、混合菌种发酵法、SSF 法(连续糖化发酵法)、固定化细胞发酵法等。直接发酵法的特点是基于纤维分解细菌直接发酵纤维素生产乙醇,不需要经过酸解或酶解前处理。该工艺设备简单,成本低廉,但乙醇产量不高,会产生有机酸等副产品。间接发酵法是先用纤维素酶水解纤维素,酶解后的糖液作为发酵碳源,此法中乙醇产物的形成受末端产物、低浓度细胞以及基质的抑制,需要改良生产工艺来减少抑制作用,固定化细胞发酵法能使发酵器内细胞浓度提高,细胞可连续使用,使最终发酵液的乙醇浓度得以提高。固定化细胞发酵法的发展方向是混合固定细胞发酵,如酵母与纤维二糖一起固定化,将纤维二糖基质转化为乙醇,此法是纤维素生产乙醇的重要手段。

3.6.5 生物燃料乙醇的作用

近10年来,巴西是世界上年产燃料酒精最多的国家,也是世界上唯一不使用纯汽油作汽车燃料的国家。2003年巴西每年就有至少250万辆车由含水酒精驱动,1550万辆车由22%变性酒精驱动,全国共有25 000家出售含水酒精的加油站,其燃料酒精总产量超过了全国汽油消耗总量的1/3,平均替代原油20万桶/天,累计节约近18亿美元。全国法定的车用燃料酒精浓度为20%～24%。在巴西的加油站里含水酒精的售价已经降为汽油的60%～70%。美国也是世界上年产燃料酒精最多的国家之一,但是与巴西不同的是,美国使用的燃料酒精大多数是汽油中添加10%无水酒精的变性酒精(E10)。欧共体国家乙醇产量在2003年为175万吨左右,乙醇汽油使用量在100万吨以上。

我国石油年消费以大约13%的速度增长,而能源产量只能满足国内需求的70%,是世界仅次于美国的石油进口国,2003年进口原油9112万吨,2004年已经超过1亿吨,至2020年要实现GDP翻两番的目标,我们要支付巨大的"能源账单"。因此,我国非常重视燃料酒精的生产。在国家"十五"规划期间,2003年改造和建成了年生产能力为102万吨的四个大型燃料酒精生产项目:吉林燃料乙醇有限责任公司30万吨/年(一期)、河南天冠集团30万吨/年、安徽丰原生物化学股份有限公司32万吨/年、黑龙江华润酒精有限公司10万吨/年。E10使用总量已达到1000万吨以上,约占全国汽油消费量的1/4。目前国家的"十一五"规划刚出台不久,也再次强调了发展燃料酒精工业的国家规划。

3.7 生物柴油

3.7.1 生物柴油及其特点

生物柴油,广义上讲,包括所有用生物质原料的替代燃料,狭义的生物柴油又称燃料甲酯、生物甲酯或酯化油脂,即脂肪酸甲酯的混合物,主要是通过以不饱和脂肪酸与低碳醇经转酯化反应获得的,它与柴油分子碳数相近,其原料来源广泛,各种食用油及餐饮废油、屠宰场剩余的动物脂肪甚至一些油籽和树种,都含有丰富的脂肪酸甘油酯类,适宜作为生物柴油的来源。生物柴油具有如下特点:①可再生、生物可分解、毒性低,悬浮微粒降低30%,CO降低50%,黑烟降低80%,醛类化合物降低30%,SO_x降低100%,碳氢化合物降低95%;②较好的润滑性能,可降低喷油泵、发动机缸和连杆的磨损率,延长寿命;③有较好的发动机低温启动性能,无添加剂时冷凝点达－20℃,有较好润滑性;④可生物降解,对土壤和水的污染较少;⑤闪点高,储存、使用、运输都非常安全;⑥来源广泛,具有可再生性;⑦与石化柴油以任意比例互溶,混合燃料状态稳定;生物柴油在冷滤点、闪点、燃烧功效、含硫量、含氧量、燃烧耗氧量及对水源等环境的友好程度上优于普通柴油。

3.7.2 化学法转酯化制备生物柴油

酯交换是指利用动植物油脂与甲醇或乙醇在催化剂存在下,发生酯化反应制成脂酸甲(乙)酯。以甲醇为例,其主要反应如下:

$$
\begin{array}{c}
CH_2COOR_1 \\
| \\
CHCOOR_2 \\
| \\
CH_2COOR_3
\end{array}
+ 3CH_3OH \rightleftharpoons
\begin{array}{c}
R_1COOCH_3 \\
R_2COOCH_3 \\
R_3COOCH_3
\end{array}
+
\begin{array}{c}
CH_2OH \\
| \\
CHOH \\
| \\
CH_2OH
\end{array}
$$

化学法酯交换制备生物柴油包括均相化学催化法和非均相催化法。

均相催化法包括碱催化法和酸催化法,采用催化剂一般为 $NaOH$、KOH、H_2SO_4、HCl 等。碱催化法在国外已被广泛应用,碱法虽然可在低温下获得较高产率,但它对原料游离脂肪酸和水的含量却有较高要求,在反应过程中,游离脂肪酸会与碱发生皂化反应产生乳化现象;而所含水分则能引起酯化水解,进而发生皂化反应,同时它也能减弱催化剂活性。所以游离脂肪酸、水和碱催化剂发生反应产生乳化结果会使甘油相和甲酯相变得难以分离,从而使反应后处理过程变得烦琐。为此,工业上一般要对原料进行脱水、脱酸处理,或预酯化处理,然后分别以酸和碱催化剂分两步完成反应。以酸催化剂备生物柴油,游离脂肪酸会在该条件下发生酯化反应。因此该法特别适用于油料中酸量较大的情况,尤其是餐饮业废油等。但工业上酸催化法受到关注程度却远小于碱催化剂,主要是因为酸催化法需要更长反应周期。

传统碱催化法存在废液多、副反应多和乳化现象严重等问题,为此,许多学者致力于非均相催化剂研究。该类催化剂包括金属催化剂,如 ZnO、$ZnCO_3$、$MgCO_3$、K_2CO_3、$CaCO_3$、CH_3COOCa、CH_3COOBa、$Na/NaOH/\gamma\text{-}Al_2O_3$、沸石催化剂、硫酸锡、氧化锆及钨酸锆等固体超强酸作催化剂等。采用固体催化剂不仅可以加快反应速率,还具有寿命长、比表面积大、不受皂化反应影响和易于从产物中分离等优点。

3.7.3　生物酶催化法生产生物柴油

针对化学法合成生物柴油的缺点,人们开始研究用生物酶法合成生物柴油,即用动物油脂和低碳醇通过脂肪酶进行转酯化反应,制备相应的脂肪酸。甲酯及乙酯与传统的化学法相比,脂肪酶催化酯化与甲醇解作用更温和、更有效,不仅可以少用甲醇(只用理论量甲醇,是化学催化的 $1/6 \sim 1/4$),而且可以简化工序(省去蒸发回收过量甲醇和水洗、干燥),反应条件温和,明显降低能源消耗,减少废水,而且易于回收甘油,提高生物柴油的收率。用于催化合成生物柴油的脂肪酶主要是酵母脂肪酶、根霉脂肪酶、毛霉脂肪酶、猪胰脂肪酶等。但由于脂肪酶的价格昂贵,成本较高,限制酶作为催化剂在工业规模生产无柴油中的应用,为此,研究者也试图寻找降低脂肪酶成本的方法,如采用脂肪酶固化技术,以提高脂肪酶的稳定性并使其能重复利用,或利用整个能产生脂肪酶的全细胞作为生物催化剂。在工艺方面,研究者也来发了新的工艺路线以提高脂肪酶的重复利用率等。

3.7.4　超临界法制备生物柴油

用植物油与超临界甲醇反应制备生物柴油的原理与化学法相同,都是基于酯交换反应,但在临界状态下,甲醇与油脂成为均相,均相反应的速率常数较大,所以反应时间短。另外,由于反应中不使用催化剂,故反应后续分离工艺较简单,不排放废碱液,目前受到广泛关注。

在临界条件下,游离酯脂肪(FFA)的酯化反应防止皂的产生,且水的影响并不明显。这是因为油脂在 200 ℃以上会迅速发生水解,生成游离脂肪酸、单甘油酯、二甘油酯等。而游离脂肪酸在水与甲醇共同形成微酸性体系中具有较高活性,故能和甲醇发生酯化反应,且不影响酯交换反应的继续进行。但过量水不仅会稀释甲醇的浓度,而且会降低反应速率,并能使水解生成一部分饱和脂肪酸不能被酯化而造成最后生物柴油产品酸值偏高。研究发现,植物油中的 FFA,包括软脂酸、硬脂酸、油酸、亚油酸和亚麻酸等,在超临界条件下都能与甲酸反应生成相应的甲酸。对于饱和脂肪酸,400～450 ℃是较理想的温度;而对于不饱和酸,与有其相应的甲酸在高温下发生热解反应,因此在 350 ℃下反应效果较好。超临界法反应不需要催化剂,反应快,不产生皂化反应,因此简化了产品的纯化过程,但临界法设备投入较大。

3.7.5　生物柴油的应用

目前,生物柴油在柴油机上应用的技术已非常成熟,世界上有几个国家和地区生产销售生物柴油。目前,发达国家已大规模生产柴油的原料有大豆(美国)、油菜籽(欧共体国家)、棕榈油(东南亚国家)。现已对 40 种不同植物油在内燃机上进行了短期评价试验,包括豆油、花生油、棉籽油、菜花籽油、油菜籽油、棕榈油和蓖麻籽油。日本、爱尔兰等国家用植物油下脚料及食用回收油做原料生产物柴油,成本较石化柴油低。

目前德国是世界上最大的生物柴油生产国和销售国,其生物柴油发展之迅速远远超出人们的预测。1998 年生物柴油产能还只有 5 万吨,2003 年已增至 100 多万吨。而 2005 年年底的数据表明已超过 150 万吨,占整个欧洲 15 国总生产能力一半以上。

美国为了扩大大豆的销售和保护环境,十多年来一直致力于使用大豆油为原料发展生物柴油产业。2002 年,美国参议院提出包括生物柴油在内的能源减税计划,生物柴油享受与乙醇燃料同样的减税政策;要求所有军队机构和联邦政府车队、州政府车队等以及一些城市公交车使用生物柴油。2002 年生产能力达到 22×10^4 吨。2011 年生产 115×10^4 吨,2016 年到 330×10^4 吨。美国同时以大豆油生产的生物柴油为原料,开发可降解的高附加值精细化工产品,如润滑剂、洗涤剂、溶剂等,已形成产业。

日本政府正在组织有关科研机构与能源公司合作开发超临界酯交换技术生产生物柴油,该国在 2004 年年底利用废物食用油生产生物柴油的能力已达到 40×10^4 吨/年。巴西 2002 年重新启动生物柴油计划,采用蓖麻油为原料,建成了 2.4×10^4 吨/年的生物柴油厂,2005 年生物柴油在矿物柴油中的掺和重量比已达到 5%,并计划在 2020 年达到 20%。韩国引进了德国的生产技术,以进口菜籽油为原料于 2002 年建成 10×10^4 吨/年的生物油生产装置,2005 年年底一套 10×10^4 吨/年的生产装置已经基本建成。菲律宾政府已宣布,与美国合作开发椰子油生产生物柴油的技术。

我国生物柴油产业首先是民营企业展开,海南正和生物能源公司、川古杉油脂化工公司、福建卓越新能源发展公司等都建成了 $1 \times 10^4 \sim 2 \times 10^4$ 吨/年生产装置,主要以餐饮业废油为原料。海南正和生物能源公司还以黄连木树果油为原料,并建成有约 10 万亩原料种植基地。江西巨邦化学公司进口美国转基因大豆油和国产菜籽油生产生物油,已建成 10×10^4 吨/年生产装置,2006 年投入生产。四川大学生命科学学院正在建设以麻风树果油原料的 2×10^4 吨/年的生物装置。生物柴油产业虽然得到较快发展,但当前大力发展生物柴油的主要问题是其生产成本较高,缺乏竞争力。综合考虑当前生物柴油生产的发展趋势以及我国的国情,降低其生产成本可从以下几个方面着手:①降低原料成本;②降低生产成本;③国家的政策支持。

3.8 沼气技术

3.8.1 沼气的成分与性质

沼气是由有机物(粪便、杂草、作物、秸秆、污泥、废水、垃圾等)在适宜的温度、适度、酸碱度和厌氧的情况下,经过微生物发酵分解通过作用产生的一种可燃性气体。沼气是一种混合气体,沼气的主要成分是 CH_4 和 CO_2,还有少量的 H_2、N_2、CO、H_2S 和 NH_4 等。在沼气的组成中,可燃成分包括甲烷、硫化氢、一氧化碳和重烃等气体;不可燃成分包括二氧化碳、氮和氨等。通常情况下,沼气中含有 CH_4 55%～70%,其次是 CO_2,含量为 28%～44%,硫化氢平均含量为 0.034%,其他轻体含量较少。

沼气最主要的性质是可燃性,沼气的主要成分是甲烷,甲烷是一种无色、无味、无毒的气体,分子式 CH_4,分子量为 16.04,在 0 ℃、101 325 Pa(1 个标准大气压)标准状态下,甲烷对空气的相对密度为 0.554 8,沼气约为 0.94;甲烷的热值为 35.9 MJ/m³,沼气的热值为 20～25 MJ/m³。沼气能够作为燃料,是因为它所含的大量甲烷气体可以燃烧。甲烷完全燃烧时,火焰是淡蓝色,放出大量热能。

化学反应式:$CH_4 + 2O_2 \longrightarrow CO_2 + 2H_2O + 212.8$ (kcal)

1 m³ 甲烷完全燃烧可放出 5500～6500 kcal 热量,3～4 头猪的粪便所产沼气就可保证一家五口一日的炊事用气。人和其他牲畜的粪便都是生产沼气的好原料。

一般沼气含少量的硫化氢,在燃烧前带有臭鸡蛋味和烂蒜味。沼气燃烧时放出大量热量,热值为 21 520 kJ/m³,约相当于 1.45 m³ 煤气或 0.69 m³ 天然气的热值。因此,沼气是一种燃烧值很高、很有应用的发展前景的可再生能源。

3.8.2 沼气发酵微生物学原理

沼气发酵微生物学是阐明沼气发酵过程中微生物学原理,微生物种类及其生理生化特性和作用,各种微生物种群间的相互关系和沼气发酵微生物的分离培养的科学。它是沼气发酵工艺学的理论基础,沼气技术必须以沼气发酵微生物为核心,研究各种沼气工艺条件,使沼气技术在不久的将来在农村和城镇推广应用与发展。

沼气发酵的理论有二阶段理论、三阶段理论、四阶段理论。二阶段理论认为沼气发酵分为产酸阶段和产气阶段;三阶段理论把沼气发酵分为三个阶段,即水解发酵、产氢产乙酸、产甲烷阶段段;四阶段理论比较复杂,在此就不再叙述了。

微生物沼气发酵时微生物种类繁多,多为不产甲烷群落和产甲烷群落,不产甲烷微生物群落是一种兼氧性厌氧菌,具有水解和发酵大分子的有机物而产生酸的功能,在满足自身生长繁殖需要的同时,为产甲烷微生物提供营养物质和能量。产甲烷微生物群落通常称为甲烷细菌,属一类特殊细菌。甲烷细胞的细胞壁结构没有典型的肽聚糖骨架,其生长不受青霉霉素的抑制。在厌氧的条件下,甲烷细菌不可利用不产甲烷微生物的中间产物和最终代谢产物作为营养物质与能源而生长繁殖,并最终产生甲烷和二氧化碳等。

沼气发酵过程比较复杂,现以最简单的二阶段理论为例介绍沼气发酵过程,沼气发酵过程一般包括两个阶段,即产酸阶段和产气阶段。

沼气池中的大分子有机物,在一定的温度、水分、酸碱度和密闭条件下,首先被不产甲烷的微生物菌群之间的基质分解菌所分泌的胞外酶,水解成小分子物质,如蛋白质水解复合氨基酸,脂肪水解成丙三醇和脂肪酸,多糖分解成单糖类等。这些小分子物质进入不甲烷微生物菌群中的挥发酸生成菌细胞,通过发酵作用被转化成为乙酸等挥发性酸类和二氧化氮。由于不产生甲烷微生物的中间产物和代谢产物都是酸性物质,使沼气池液体呈酸性,故称酸性发酵期,即产酸阶段。甲烷细菌将不产生甲烷微生物产生的中间产物和最终代谢物分解转化成甲烷、二氧化碳和氨。由于不产生大量的甲烷气体,故这一阶段称为甲烷发酵和产气阶段。在产气阶段产生的甲烷和二氧化碳都能挥发而排出池外,而氨以强碱性的亚硝酸氨形式留在沼池中,中和了产酸阶段的酸性,创造了甲烷的稳定的碱性环境。因此,在这一阶段又称碱性发酵期。

由于完成沼气发酵的最后一道"工序"是甲烷细菌,故它们的种类、数量和活性常决定着沼气的产量。为了提高沼气发酵的产气速度和产气量,必须在原料、水分、温度、酸碱度以及沼气的密封性能等方面,为甲烷发酵微生物特别是甲烷细菌创造一个适宜的环境。同时,还要通过间断性的搅拌,使沼气池中各种成分均匀分布。这样,有利于微生物生长繁殖和其活性的充分发挥,提高发酵的效率。

3.8.3 沼气的发酵过程

沼气发酵的整个过程可分为三个阶段。

1. 第一阶段:液化阶段

在这个阶段,各种固态有机物质通常不能进入微生物体内;但在微生物分泌的脆外酶(大多是水解酶)的作用下,可被水解为分子量较小的可溶性有机物质。

多糖分解为可溶性单糖,蛋白质分解成肽或氨基酸,脂肪分解为甘油和脂肪酸,这些可溶性物质就可以进入微生物体内,被微生物所利用。

2. 第二阶段:酸化阶段

进入微生物体内的可溶性物质,在各种脆内酶的作用下,进一步分解代谢,生产出各种挥发性脂肪酸,其中主要是乙酸(CH_3COOH),同时也有氨和二氧化碳及少量其他产物。

3. 第三阶段:产甲烷阶段

在这个阶段中,产甲烷菌把一些简单的有机物如乙酸、甲酸、氢和二氧化碳等转换成甲烷。

在上述三个阶段中,主要有两种细菌在起作用:

一是不产甲烷菌。它主要包括一些好氧菌、兼性厌氧菌和厌氧菌。通常称之为发酵细菌、产氢和产乙酸细菌。它们的主要作用是将复杂的有机物质降解为简单的小分子有机物,供产甲烷菌将其转化成沼气的基质。不产甲烷菌可分为纤维素分解菌、半纤维素分解菌、淀粉分解菌、脂肪分解菌和蛋白质分解菌。

二是产甲烷菌。根据它们的形态可分为杆状菌、球状菌、螺旋状菌和八叠球菌四大类。

产甲烷菌有如下四大特点:

①严格的厌氧,对氧气和氧化剂非常敏感;

②要求中性偏碱的环境条件;

③菌体倍增的时间长;

④只能利用比较简单的有机化合物作为基质。

几乎所有的甲烷菌都能利用 H_2 和 CO_2 代谢产生 CH_4。也有人把沼气发酵分为两个阶段,即不产甲烷阶段和产甲烷阶段。

3.8.4 沼气发酵的特点

沼气发酵有以下四大特点：

①沼气微生物自身耗能少。在相同基质条件下，厌氧消化所释放的能量仅为耗氧消化所释放能量的 $1/30\sim1/20$。对于基质来说，则有大约 90% 的 COD（化学需氧量）被转化为沼气。由于沼气微生物自身生长繁殖较慢，生成的污泥量较少；同时，基质的分解速度较慢，滞留的时间较长，因而，沼气的发酵容器要求较大。

②沼气发酵能够处理高浓度的有机废物。在好氧条件下，一般只能处理 COD 含量在 1000 mg/L 以下的有机废水。而在厌氧条件下，可处理废水 COD 含量在 10 000 mg/L 以上的有机废水。例如，酒糟废液中 COD 含量通常在 3 万～5 万毫克/升，它可以不加稀释直接进行沼气发酵。

③能处理的废物种类多。沼气除了可以处理人、畜粪便，各种农作物秸秆等有机废物外，还可以处理城市工厂的有机废物。如豆制品厂、合成脂肪酸厂、酒厂、食品厂等的有机废水。

但是，沼气发酵只能去除 90% 以下的有机物，要达到国家排放标准，沼气发酵后的废液仍需进行好氧处理。

④沼气发酵受温度影响较大。沼气发酵时，温度高，则处理能力强，产气率就高；反之，产气率就低。沼气发酵时，不同的温度有与其相适应的发酵菌群。

3.8.5 沼气发酵工艺

（1）按发酵温度分为如下三种：

常温发酵（自然温度发酵）；

中温发酵（发酵温度在 30～35 ℃）；

高温发酵（发酵温度在 45～55 ℃）；

（2）按进料分式分为如下三种：

连续发酵工艺；

半连续发酵工艺；

批量发酵工艺；

（3）按沼气发酵阶段分为两种：

①一步沼气发酵工艺（一步法）。它的特点是沼气发酵的全过程均在同一个发酵条件的沼气池中进行。我国广大农村的家用沼气池就属这一类。

②两步发酵工艺（两步法）。按照沼气发酵过程分为产酸和产甲烷两个阶段，根据不同的条件，将沼气发酵中产酸和产甲烷的过程分别在两个装置中进行，给予最适条件。"上一步"的产物给"下一步"进料，以实现沼气发酵全过程的最优化，因此它的产气率高，甲烷含量也高。

3.8.6 沼气的功能和效应

1. 能源功能和效应

由于沼气发酵能产生可燃气体甲烷，能够满足人们的生活生产用能，可用于做饭、取暖、照明、引虫灭虫等多种用途，具有良好的能源功能和效益。

2. 环境卫生功能和效应

沼气能够净化农村环境，创造卫生健康的生活环境。沼气池可灭蝇灭蛆，杀菌灭活，减少家畜家禽粪便四溢,减少臭味,防止疾病传播,防止环境污染。特别是对现在广泛传播的禽流感、SAS 等传染性疾病具有很好地预防功能。

3. 生态功能和效应

沼气池的建成和使用可使农村家庭实现良性生态循环链。

如人畜粪便和农作物秸秆等进入沼气池,经发酵后,沼肥下地,为农作物提供优质生态肥料,农作物成熟后,供人们使用。这样不断循环,既没有污染,又可以向社会提供无污染绿色食品,还提高了各种资源的利用率。

4. 经济功能和效益

沼气具有如下多种经济功能:

①沼气可以供应热源,如增温、照明、生活、灭虫等;

②沼肥可以为农作物提供优质肥料,可以用于养鱼、养猪等;

③沼渣可以种植食用菌,养虫,作为优质肥料等;

④与大棚结合种植蔬菜、花草,养殖水产、畜产等具有较高的利用价值。

5. 社会功能和效应

①为社会提供丰富、优质的农产品;

②既能推动农业发展,又能引导农民增收;

③解放农村妇女劳动力,优化农村劳动力结构;

④促进农村精神文明建设。

3.8.7 大中型沼气工程

1. 大中型沼气池分类

(1) 国外一般按容量大小将厌氧消化池(沼气池)划分为三类,如表 3-1 所示。

表 3-1 国外的沼气池分类

池型	容积
小型池	$1000 \sim 2500$ m³
中型池	$2500 \sim 5000$ m³
大型池	$5000 \sim 10\,000$ m³

(2) 中国则按厌氧消化装置的总池容量和单池池容量来划分,如表 3-2 所示。

表 3-2 中国的沼气池分类

池　型	总池容积 (V)/m³	单池容积 (V)/m³
小型池	<100	<100
中型池	$100<V<1000$	$100<V<1000$
大型池	$\geqslant 1\,000$	$\geqslant 500$

2. 大中型沼气工程的调控指标

(1) 化学需氧量(COD)

化学需氧量(COD)是在一定条件,用一定的强氧化剂处理水样所消耗的氧化剂的量,以氧的 mg/L 表示,它是指示水体被还原性物质污染的主要指标,化学需氧量的测定,根据所用氧化剂的不同,分为高锰酸钾法和重铬酸钾法。重铬酸钾法对有机物氧化比较完全,适用于各种水样。

沼气处理前的原料,一般指标为 20 000~80 000 mg/L。

沼气处理后的原料,去除率为 70%~85%。

国家标准:城市三类制药、食品企业最高排放指标为 1000 mg/L。

(2) 生化需(耗)氧量(BOD₅)

生化需氧量又称生化耗氧量,英文(Biochemical Oxygen Demand)缩写为 BOD。BOD_5 表示水中有机化合物等需氧物质含量的一个综合指标。当水中所含有机物与空气接触时,由于需氧微生物的作用而分解,使之无机化或气体化时所需消耗的氧量,即为生化需氧量。以 mg/L 表示。它是通过往所测水样中加入能分解有机物的微生物和氧饱和水,在一定的温度 (20 ℃)下,经过规定天数(5 天)的反应,然后根据水中氧的减少量来测定。

沼气处理前的原料,一般指标为 20 000~80 000 mg/L。

沼气处理后的原料,去除率为 80%~90%。

国家标准:城市三类制药、食品企业最高排放指标为 1 mg/L。

(3) 总固体(TS)

水体中大部分的污染物表现为固体物质,这些物质分溶解性固体(DS)和悬浮性固体(SS),二者总称为总固体(TS),其中包括有机物、无机物。总固体含量的多少能反映水的污染程度。常用重量法测定,即将发酵原料放在 105 ℃的恒温箱中烘干至恒重为止,再称其重量,就是总固体量。

在沼气发酵中一般用总固体浓度表示发酵料液浓度,是指原料的总固体重量与发酵料液重量的百分比。

(4) 挥发性脂肪酸(VFA)

挥发性脂肪酸(VFA)是厌氧消化过程最重要的中间产物,甲烷菌主要利用 VFA 生成甲烷,只有少部分甲烷由 CO_2 和 H_2 生成,在反应器运行中,VFA 是重要的控制指标。

(5) pH 值

沼气发酵的最适合 pH 值为 6.8~7.5。一个正常发酵的沼气池一般不需调节 pH 值,靠其自动调节就可达到平衡。

(6) 碱度

碱度是水介质与氢离子反应的定量能力,通过用强酸标准溶液将一定体积的水样滴定至某一 pH 值而定量确定。测定结果用相当于碳酸钙的质量溶液,用 mg/L 为单位表示。

3. 大中型沼气工程工艺简介

(1) 完全混合式厌氧发酵工艺

工艺原理:污水(或污泥)定期或连续加入消化池,经过消化的污泥和污水分别由底部和上部排出,在一个消化池内实现厌氧消化反应和液污分离。内部设有搅拌器,也可以另外设置加温装置。

(2) 厌氧接触发酵工艺

工艺原理:如图 3-6 所示,在消化池外增加一个沉淀池,来收集从消化池来的污水和污泥,在沉淀池中,混合液进行固液分离,污水由沉淀池上部排出,沉淀下来的污泥大部分回流至消化池,少部分作为剩余污泥排出,再进行处理。与完全混合式发酵工艺相比,此种发酵工艺具有容积负荷高、出水水质好、悬浮物浓度低、消化池浓度高等优点。但流程较复杂。

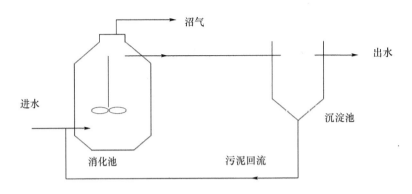

图 3-6　厌氧接触反应器

（3）厌氧滤池发酵工艺

该项技术是 20 世纪 60 年代由美国 McCarty 团队在 Coulter 团队的研究基础上发展确立的高速厌氧反应器。

工艺原理：如图 3-7 所示，该装置是在厌氧滤池内部放置一道布水装置，在布水装置上放置填充物，使厌氧微生物部分附着在填充物上生长，形成厌氧生物膜，部分微生物在填充料空隙处处于悬浮状态。料液从底部通过布水装置进入装有填料的反应器，在填料表面附着的与填料截留的大量微生物的作用下，将料液中的有机物降解转化成沼气。沼气从反应器顶部排出，反应器中的生物膜也不断新陈代谢，脱落的生物膜随出水带出。

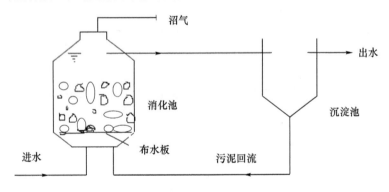

图 3-7　厌氧滤池

根据不同的进水方式，厌氧滤池可分为上流式、平流式与下流式。该装置适合处理浓度较低的有机废水。优点是：微生物固体滞留时间长，有机负荷高，启动时间短，耐冲击性好。缺点是：容易发生堵塞，易发生短路，填料增加成本。

（4）上流式厌氧污泥床发酵工艺

该项技术是 1974—1978 年由荷兰农业大学研制的。

工艺原理：在反应器的底部放置具有浓度较高的且具有良好沉淀和凝聚性能的颗粒污泥，称为污泥床。要处理的料液从反应器的底部通过布水装置进入污泥床，并与污泥床内的污泥混合，污泥中的微生物分解污水中的有机物，将其转化为沼气。沼气以微小气泡形式不断放出，在上升过程中不断合并，逐渐形成较大的气泡，在沼气的搅动下，反应器上部的污泥处于悬浮状态，形成一个浓度较稀薄的污泥悬浮层，在反应器的上部设有固、气、液三相分离器，污水中的污泥发生絮凝，颗粒逐渐增大，在重力作用下沉降至反应区内，处理水从沉淀区溢流出去，沼气从上部管道排出，如图 3-8 所示。

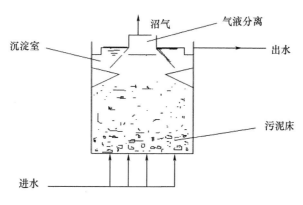

图 3-8　上流式厌氧污泥床

该项工艺较适用于中高温发酵、浓度较高的物料处理。优点是:污泥浓度高,有机负荷高,无搅拌设备,无沉淀池,不设填料,成本低。缺点是:进料悬浮物浓度不能太高,有短路现象,耐冲击能力差。

（5）厌氧颗粒污泥膨胀床发酵工艺

厌氧颗粒污泥床是上流式厌氧污泥床的改进。

工艺原理:为了克服有机负荷低、在污泥床内混合强度小的问题,采用提高进水高度和反应器高度的方法。其他原理与上流式厌氧污泥床相同,如图 3-9 所示。

工艺特点:液体上升流速大,具有较高的 COD 负荷,可处理较大颗粒的浓度较高的污水,设备空间紧凑,占地面积小。

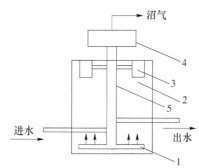

图 3-9　厌氧颗粒污泥床

1—布水器;2—颗粒污泥层;3—三相分离器;4—污泥界面控制器兼水封;5—中心管

（6）内循环厌氧反应器

该项技术是 20 世纪 80 年代由荷兰 PAQUES 开发公司开发成功的。

工艺原理:反应器为细高型,高径比一般为 4～8,内有两个上流式厌氧污泥床,一个为高负荷,另一个为低负荷。废水经布水系统均匀进入底部,与反应器内的循环水混合,由于进水压力和沼气压力的作用,混合液向上运动。首先进入膨胀床部分,废水和污泥进行有效的接触,从而具有较高的活性和产气率;沼气通过上升管进入顶部气箱,由管道排出;液体在通过一级分离器时,大的颗粒可顺挡板下落。细小的液体进入精细处理区,在该区由于循环流体不经过此区,污泥负荷率也低,可获得较长的处理时间,发酵较彻底,再通过二级分离器,可获得处理较好的出水,如图 3-10 所示。

工艺特点:有机负荷高,抗冲击能力强,处理负荷量大,节能,出水稳定。

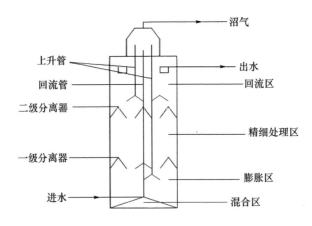

图 3-10　内循环厌氧反应器

（7）厌氧复合反应器

该项技术是上流式厌养污泥床与厌氧滤池相结合的产物。

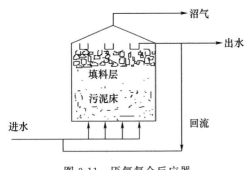

图 3-11　厌氧复合反应器

工艺原理：一般是将厌氧滤池置于污泥床的上部。当物料与回流料混合物从底部进入反应器后，与污泥床中的污泥混合，在布水层与填料层之间得到充分反应，在这之间大的污泥颗粒下沉，液体进一步上升，与填料层接触；填料层是一层微生物膜，可进一步与物料反应，把剩余的有机物进一步消化，所产生的沼气从上部管道排出，液体一部分从出水管排出，另一部分用于回流，如图 3-11 所示。

工艺特点：没有三相分离器，节约投资，填料层较薄，不易堵塞，反应器中总固体生物量较多。

（8）厌氧挡板反应器

该项技术是 1982 年美国 Bachman 和 McCarty 等人研制的一种新型高效厌氧反应器。

工艺原理：物料与混合液从反应器上部进入反应器，由于挡板的作用，使物料先下向流动，然后再上向流动；这样反复进行便使物料得到充分反应，沼气从上方管道输出，出口液体一部分用于回流，另一部分从出水管排出，如图 3-12 所示。

工艺特点：结构简单，料液流程长，有效容积高，抗冲击能力强，运行费用低。

缺点：反应器负荷不平均，局部易过载。

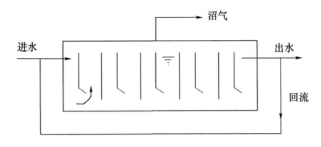

图 3-12　厌氧挡板反应器

经过多年的发展,2005 年年底,我国已建成大中型沼气工程 700 多座。这些工程主要分布在中国东部地区和大城市郊区,其中仅江苏、浙江、江西、上海和北京等省市,目前正运行的大中型沼气工程就占全国总量的一半左右。

沼气生产工艺多种多样,但有一定的原料收集、预处理、消化器、出料的后处理、沼气的净化、储存和输送及利用等共同环节。随着沼气工程技术研究的深入和较广泛的推广应用,近些年已逐步总结出一套比较完善的工艺流程,它包括对各种原料的预处理,发酵工艺参数的优选,残留物的后处理及沼气的净化、计量、储存及应用。不同的沼气工程有不同的要求和目的,所使用的原料也不同,因而工艺流程并不完全相同。

3.8.8 沼气的用途

人类对沼气的研究已经有百年的历史。我国在 20 世纪 20—30 年代出现了沼气生产装置。近年来,沼气发酵技术已经广泛地应用于处理农业、工业及人类生产和生活,提供了丰富的可再生能源。沼气作为新型优质可再生能源,不仅可以广泛应用于生活生产和工业生产领域及航天航空领域,还可以应用于农业生产,如沼气二氧化碳施肥、沼气供热孵鸡和沼气加温养蚕等方面。

沼气的用途很多,可以代替煤炭、薪柴用来煮饭、烧水,代替煤油用来照明,还可以用来发电等,因此,沼气是一种值得研发的新能源。现在 90% 以上的能源是靠矿物燃料提供的,这些燃料在自然界储量有限,而且都不可再生。而人类的需求量却不断地增加,如果不及早采取措施,能源就会枯竭。所以推广沼气发酵,是开发生物能源、解决能源危机问题的一个重要途径。随着科学技术的发展,沼气的新用途不断地开发出来,从沼气中分离出甲烷,再经纯化后,用途更广泛。美国、日本、西欧等国已经计划把液化的甲烷作为一种新型燃料,用在航空、交通、航天、火箭的发射等方面。在非洲的苏丹,沼气作为一种可替代能源正在兴起和开发。

总之,沼气生产和工艺及用途是目前各国沼气科学工作者研究的热点课题之一,沼气作为一种新型可再生能源,可替代石油、天然气等产品而广泛应用于生活中。

3.9 生物质能开发利用前景

目前,国际上采用的生物质能转化主要采用以下几种方法:

(1) 热化学转换法,获得木炭、焦油和可燃气体等品位高的能源产品,该方法又按其热加工的方法不同,分为高温干馏、热解、生物质液化等方法。

(2) 生物化学转换法,主要是指生物质在微生物的发酵作用下,生成沼气、酒精等能源产。

(3) 利用油料植物所产生的生物油。

(4) 把生物质压制成成型状燃料(如块型、棒型燃料),以便集中利用和提高热效率。

3.9.1 生物质能在能源系统中的地位

生物质能是人类赖以生存的重要能源,它是仅次于煤炭、石油和天然气而居于世界能源消费总量第四位的能源,在整个能源系统中占有重要地位。生物质能是可持续能源系统的重要组成部分,到 21 世纪中叶,采用新技术生产的各种生物质替代燃料将占全球总能耗的 40% 以上。我国是一个人口大国,伴随着经济的迅速发展,正在面临着经济增长和环境保护的双重压力,改变能源结构、生产和消费方式,开发利用生物质能等可再生的清洁能源资源对建立可持续供给的能源系统,促进国民经济发展和环境保护具有重大意义。

3.9.2 生物质能开发利用前景

由于我国地广人多,常规能源不可能完全满足广大农村日益增长的需求,而且由于国际上各种有关环境问题的公约,限制 CO_2 等温室气体排放,这就要求改变以煤炭为主要能源的传统格局。因此,立足于农村现有的生物质资源,研究新型转换技术,开发新型装备既是农村发展的迫切需要,又是减少排放、保护环境、实施可持续发展战略的需要。

生物质能的开发和利用,也就是生物质能的转化技术,将生物质能转化为人们所需要的热能或进一步转化为清洁二次能源,如电能。

3.9.3 我国发展和利用生物质能源的意义

我国发展和利用生物质能源的意义包括如下几个方面:
(1) 拓宽农业服务领域,增加农民收入。
(2) 缓解我国能源短缺,保证能源安全。
(3) 治理有机废弃物污染,保护生态环境。
(4) 广泛应用生物技术,发展基因工程。

第4章 风 能

4.1 概 述

风能(Wind Energy)是地球表面大量空气流动所产生的动能。从广义太阳能的角度看,风能是太阳能转化而来的。因太阳照射受热的情况不同,地球表面各处产生温差,从而产生气压差而形成空气的气流。风能在 20 世纪 70 年代中叶以后日益受到重视,其开发利用也呈现出不断升温的势头,有望成为 21 世纪大规模开发的一种可再生清洁能源。

风能属于可再生能源,不会随着其本身的转化和人类的日益利用而日趋减少。与天然气、石油相比,风能不受价格的影响,也不存在枯竭的危险;与煤相比,风能没有污染,是清洁能源;最重要的是风能发电可以减少二氧化碳等有害排放物。据统计,每装 1 台单机容量为 1 MW 的风能发电机,每年可以少排 2000 吨二氧化碳、10 吨二氧化硫、6 吨二氧化氮。

相关技术的进步使其成本不断降低,风能已成为世界上发展速度最快的新型能源。据全球风能委员会(GWEC)统计,2004 年全球风力发电机组安装总量达到 797.6 万千瓦,较前一年增长了 20%。自此,全球累计总安装量达到 4731 万千瓦。据欧洲风能协会和绿色和平组织的《风力 12》中预测,到 2020 年,全球的风力发电装机将达到 12.31 亿千瓦,年安装量达到 1.5 亿千瓦,风力发电量将占全球发电总量的 12%。我国的风力发电经过 20 多年发展,到 2004 年年底,已在 14 个省区建立起 43 个风力发电厂,累计安装风力发电机组 1292 台,总装机容量为 76.4 万千瓦,位列全球第十位。尽管我国近几年风力发电年增长都在 50% 左右,但装备制造水平与装机总容量与发达国家还有较大差距。我国风力发电装机容量仅占全国电力装机的 0.11%,风力发电潜力巨大。

按照不同的需要,风能可以被转换成其他不同形式的能量,如机械能、电能、热能等,以实现泵水灌溉、发电、供热、风帆助航等功能。图 4-1 中给出风能转换及利用情况。

风能是一种过程性能源,不能直接储存起来,只有转化成其他形式的可以储存的能量才能储存。风能的供应具有随机性,因此,利用风能必须考虑储能或与其他能源相互配合,才能获得稳定的能源供应,这就增加了技术上的复杂性。另外,风能的能量密度很高,因此,风能利用装置体积大,耗用的材料多,投资也高,这也是风能利用必须克服的制约因素。

4.2 风能资源

4.2.1 风能资源分布的一般规律

风能资源是存在于地球表面大气流形成的动能资源。自然界中的风能资源是丰富的。地

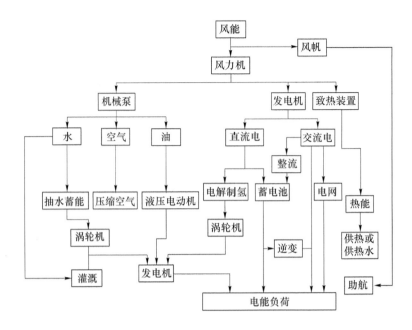

图 4-1　风能转换及利用情况

球上某一地区风能资源的潜力是以该地的风能密度及可利用小时数来显示的。在风能利用中,风速及风向是两个重要因素。风速与风向每日、每年都有一定的周期性变化。估算风能资源必须测量每日、每年的风速、风向,了解其变化的规律。

1. 风的产生

风是地球上的一种自然现象,由太阳辐射热和地球自转、公转和地表差异等引起,大气是这种能源转换的媒介。形成风的直接原因,是气压在水平方向分布的不均匀。风受大气环流、地形、水域等不同因素的综合影响,表现形式多种多样,如季风、地方性的海陆风、山谷风、龙卷风等。简单地说,风是空气分子的运动。要理解风的成因,先要弄清两个关键的概念:空气和气压。空气的构成包括氮分子(占空气总体积的 78%)、氧分子(约占 21%)、水蒸气和其他微量成分。所有空气分子以很快的速度移动着,彼此之间迅速碰撞,并和地平线上任何物体发生碰撞。气压可以定义为:在一个给定区域内,空气分子在该区域施加的压力大小。一般而言,在某个区域空气分子存在越多,这个区域的气压就越大。相应来说,风是气压梯度力作用的结果。而气压的变化,有些是风暴引起的,有些是地表受热不均引起的,有些是在一定的水平区域上,大气分子被迫从气压相对较高的地带流向低气压地带引起的。大部分显示在气象图上的高压带和低压带,只是形成了伴随我们的温和的微风。而产生微风所需的气压差仅占大气压力本身的 1%,许多区域范围内都会发生这种气压变化。相对而言,强风暴的形成源于更大、更集中

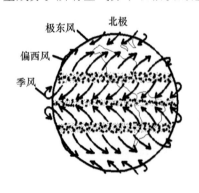

图 4-2　地球上风的运动

的气压区域的变化。地球上风的运动如图 4-2 所示。

2. 风向

地球上某一地区的风向与大气环流有关,与其所处的地理位置(离赤道或南北远近)、地球表面不同情况(海洋、陆地、山谷等)也有关。风向一般用16个方位表示(图4-3),也可以用角度表示。

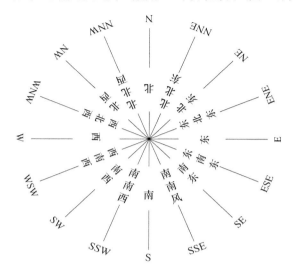

图 4-3 风向方位

太阳辐射造成地球表面受热不均,引起大气层中压力分布不均,在不均压力的作用下,空气沿水平方向就形成风。风的形成是空气流动的结果。空气运动,主要是由于地球上各纬度所接收的太阳辐射强度不同形成的。赤道和低纬度地区,太阳高度较大,日照时间长,太阳辐射强度强,地面和大气接收的热量多,温度较高;高纬度地区,太阳高度角小,日照时间短,地面和大气接收的热量小,温度高。这种高纬度与低纬度之间的温度差异,形成了南北之间的气压梯度,使空气做水平运动,风沿垂直与等压线从高压向低压吹。地球自转,使空气水平运动发生偏向的力,称为地转偏向力,这种力使北半球气流向右偏转,南半球气流向左偏转,所以地球大气运动除受气压梯度力外,还要受地转偏向力的影响。大气真实运动是这两种力综合影响的结果。山隘和海峡能改变气流运动的方向,还能使风速增长;而丘陵、山地摩擦大,使风速减少;孤立山峰却因海拔高而获得更大的风速。

在海陆气流有差异的地区,海陆差异对气流运动也有影响。冬季,大陆比海洋冷,大陆气压比海洋高,风从大陆吹向海洋;夏季相反,大陆比海洋热,风从海洋吹向内陆。这种随季节转换的风,我们称为季风。在海边,白天陆地上空气温度高、气压低,空气上升,海面上温度低、气压高,空气从海面吹向陆地;夜晚海水降温慢,陆地降温快,形成海面空气温度高、气压低,空气上升,陆地上温度低、气压高,空气从陆地吹向海面,此为海陆风。

在山区,由于热力原因引起的白天由谷地吹向平原或山坡,称为谷风;夜间由平原或山坡吹向谷地,称为山风。这是由于白天山坡受热快,温度高于山谷上方同高度的空气温度,坡地上的暖空气从山坡流向谷地上方,谷地的空气则沿着山坡向上补充流失的空气,这时由山谷吹向山坡的风,称为谷风。夜间,山坡因辐射冷却,其降温速度比同高度的空气较快,冷空气沿坡地向下流入山谷,称为山风。

3. 风速

从地球表面到10 000 m的高空层内,空气的流动受到涡流、黏性和地面摩擦等因素的影响,靠近地面的风速较低,离地面越高风速越大。风速随高度的变化,可用指数公式或对数公

式计算。工程上通常使用指数法,其公式如下:

$$V = V_0(h/h_0)^k \tag{4-1}$$

式中:V——距地面高度为 h 处的风速(m/s);

V_0——高度为 h_0 处的风速(m/s),一般取 h_0 为 10 m;

k——修正指数,它取决于大气稳定度和地面粗糙度等,其值为 0.125～0.5;在开阔、平坦、稳定度正常的地区为 1/7;中国气象部门通过在全国各地测量各种高度下的风速得出的平均值为 0.16～0.20,一般情况下可用此值估算出各种高度下的风速。

风随时间的变化,包括随机变化、每日的变化和季节的变化而变化。通常自然风是一种平均风速和瞬间激烈变动的絮流相叠加的风。如果用自动记录仪来记录风速,就会发现风速是不断变化的,絮流所产生的瞬时高峰风速也称阵风风速。一般所说的风速是指变动部位的平均风速。通常一天之中风的强弱在某种程度上可以看作是周期性的,如地面上夜间风弱,白天风强;高空中正相反,是夜里风强,白天风弱。这个逆转的临界高度为 100～150 m。由于季节的变化,太阳和地球的相对位置也发生变化,使地球上存在季节性的温差。因此风向和风的强度也会发生季节性的变化。我国大部分地区风的季节性变化情况是:春季最强,冬季次之,夏季最弱。当然也有部分地区例外,如沿温州地区,夏季季风最强,春季季风最弱。

4. 风力

风既有大小,又有方向,因此,风的预报包括风速和风向两项。风速的大小常用几级风来表示。风的级别是根据风对地面物体的影响程度而确定的。风力等级是根据风对地面或海面物体影响而引起的各种现象,按风力的强度等级来估计风力的大小。国际上采用的为蒲福风级,从静风到飓风共分为 12 个等级。

风力等级与风速的关系如下:

$$\overline{V}_N = 0.1 + 0.824N^{1.505} \tag{4-2}$$

式中:$\overline{V}_N$——N 级风的平均风速(m/s);

N——风的级数。

风级是根据风对地面或海面物体影响而引起的各种现象,按风力的强度等级来估计风力的大小(表 4-1)。

表 4-1 风级的划分

风 级	名 称	相应风速/(m/s)	陆地地面物征象
0	无风	0～0.2	零级无风炊烟上
1	软风	0.3～1.5	一级软风烟稍斜
2	轻风	1.6～3.5	二级轻风树叶响
3	微风	3.4～5.4	三级微风树枝晃
4	和风	5.5～7.9	四级和风灰尘起
5	清劲风	8～10.9	五级清风水起波
6	强风	10.8～13.8	六级强风大树摇
7	疾风	13.9～17.1	七级疾风步难行

风 级	名 称	相应风速/(m/s)	陆地地面物征象
8	大风	17.2～20.7	八级大风树枝折
9	烈风	20.8～24.4	九级烈风烟囱毁
10	狂风	24.5～28.4	十级狂风树根拔
11	暴风	28.5～32.6	十一级暴风陆罕见
12	飓风	＞32.6	十二级飓风浪滔天

4.2.2 风能资源的表征

1. 风向方位

为了表示一个地区在某一时间的风频、风速等情况，一般采用风玫瑰图（图 4-4）来反映一个地区的气流情况。风玫瑰是以"玫瑰花"形式表示各方向上气流状况重复率的统计图形，所用的资料可以是一月内或一年内的，但通常采用一个地区多年的平均统计资料，其类型一般有风向玫瑰图和风速玫瑰图。风向玫瑰图又称风频图，是将风向分为 8 个或 16 个方位，在各个方向线上按各个方向风的出现频率，截取相应的长度，将相邻方向线上的截点用直线连接的闭合折线图形图 4-4(a)。在图 4-4(a) 中该地区最大风频的风向为北风，约为 20%（每一间隔代表风向频率 5%）；中心圆圈内的数字代表静风的频率。

如果用这种方法表示各方向的平均风速，就称为风速玫瑰图。风玫瑰图还有其他形式，如图 4-4(b) 和图 4-4(c) 所示，其中图 4-4(c) 为风频风速玫瑰图，每一方向上既反映风频大小（线段的长度），又反映这一方向上的平均风速（线段末段的风羽多少）。

通过风玫瑰图，可以准确地描绘出一个地区的风频和风量分布，从而确定风场风力发电机组的总体排布，做出风电场的微观选址，在风电场建设初期设计中起到很大的作用。

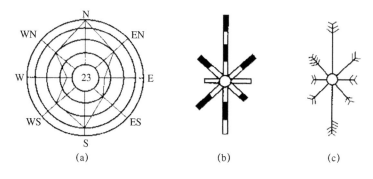

图 4-4 风玫瑰图

2. 风能密度

垂直穿过单位截面的流动的空气所具有的动能，计算公式如下：

$$W = \frac{1}{2}\rho V^3 \tag{4-3}$$

式中：W 为风能密度，W/m^2；ρ 为空气密度，kg/m^3；V 为风速，m/s。由于风速是变化的，风能密度的大小也是随时间而变化的，一定时间周期（例如一年）内的风能密度的平均值称为平均风能密度，计算公式如下：

$$W = \frac{1}{T}\int_0^T \frac{1}{2}\rho V^3(t)\,dt \tag{4-4}$$

式中:W 为平均风能密度;T 为一定的时间周期;$V(t)$ 为随时间变化风速;dt 为在时间周期内相应于某一风速的持续时间。如果在风速测量中可直接(或经过数据处理后)得到总的时间周期 T 内不同的风速 $V_1,V_2,V_3,\cdots,V_n$ 及其所对应的时间 $t_1,t_2,t_3,\cdots,t_n$,则平均风能密度可按式(4-5)计算:

$$\overline{W} = \frac{\sum\limits_{i=t_n}^{n} \frac{1}{2}\rho V_i^3 t_i}{T} \tag{4-5}$$

在实际的风能利用中,风力机械只是在一定的风速范围内运转,对于一定风速范围内的风能密度视为有效风能密度。中国有效风能密度所对应的风速范围是 $3\sim20$ m/s,计算公式仍利用式(4-4)或式(4-5)。

一般情况下,计算风能或风能密度是采用标准大气压下的空气密度。由于不同地区海拔高度不同,其气温、气压不同,因而空气密度也不同。在海拔高度 500 m 以下,及常温标准大气压力下,空气密度值可取为 1.225 kg/m^3,如果海拔高度超过 500 m,必须考虑空气密度的变化。根据中国气象台站的计算经验,得出空气密度与海拔高度的关系:

$$\rho_h = 1.225e - 0.0001h \tag{4-6}$$

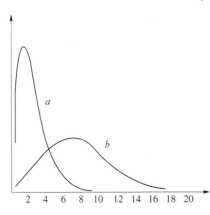

图 4-5　风速频率分布曲线

式中,e 为海拔高度,m;ρ_h 为相应于海拔高度为 h 处的空气密度值,kg/m^3。

3. 风速频率分布

相差 1 m/s 的间隔观测 1 年(1 月或 1 天)内吹风总时数的百分比,称为风速频率分布。风速平率分布一般以图形表示,如图 4-5 所示。图 4-5 中表示出两种不同的风速频率曲线,曲线 a 变化陡峭,最大频率出现于低风速范围内,曲线 b 变化平缓,最大频率向风速较高的范围偏移,表明较高风速出现的频率增大。从风能利用的观点看,曲线 b 所代表的风况比曲线 a 所表明的要好。利用风速频率分布可以计算某地区单位面积 1 m^2 上全年的风能。

4.2.3　中国风能资源

我国幅员辽阔,海岸线长,风能资源比较丰富。据国家气象局估算,全国风能密度为 100 W/m^2,风能资源总储量约 1.6×10^5 MW,特别是东南沿海及附近岛屿、内蒙古和甘肃走廊、东北、西北、华北和青藏高原等部分地区,每年风速在 3 m/s 以上的时间近 4000 小时左右,一些地区年平均风速可达 $6\sim7$ m/s,具有很大的开发利用价值。有关专家根据全国有效风能密度、有效风力出现时间百分率,以及大于或等于 3 m/s 和 6 m/s 风速的全年累积小时数,将我国风能资源划分为如下几个区域(图 4-6)。

(1) 最大风能资源区

东南沿海及其岛屿地区有效风能密度大于或等于 200 W/m^2 的等值线平行于海岸线,沿海岛屿的风能密度在 300 W/m^2 以上,有效风力出现时间百分率达 80%～90%,大于或等于 8 m/s 的风速全年出现时间为 7000～8000 小时,大于或等于 6 m/s 的风速也有 4000 小时左

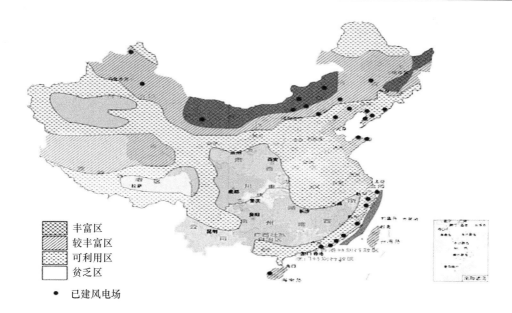

丰富区

较丰富区

可利用区

贫乏区

● 已建风电场

图 4-6 我国风能资源

右。但从这一地区向内陆,则丘陵连绵,冬半年强大冷空气南下,很难长驱直下,夏半年台风在离海岸 50 km 时风速便减少到 68%。所以,东南沿海仅在由海岸向内陆几十千米的地方有较大的风能,再向内陆则风能锐减。在不到 100 km 的地带,风能密度降至 50 W/m² 以下,为全国风能最小区。但在福建的台山、平潭和浙江的南麂、大陈、嵊泗等沿海岛屿上,风能却都很大。其中台山风能密度为 534.4 W/m²,有效风力出现时间百分率为 90%,大于或等于 3 m/s 的风速全年累积出现 7905 小时。换言之,平均每天大于或等于 3 m/s 的风速有 21.3 小时,是我国平地上有记录的风能资源最大的地方之一。

（2）次大风能资源区

内蒙古和甘肃北部地区终年在西风带控制之下,而且又是冷空气入侵首当其冲的地方,风能密度为 200～300 W/m²,有效风力出现时间百分率为 70% 左右,大于或等于 3 m/s 的风速全年有 5000 小时以上,大于或等于 6 m/s 的风速在 2000 小时以上,从北向南逐渐减少,但不像东南沿海梯度那么大。风能资源最大的虎勒盖地区,大于或等于 3 m/s 和大于或等于 6 m/s 的风速的累积时数,分别可达 7659 小时和 4095 小时。这一地区的风能密度,虽较东南沿海为小,但其分布范围较广,是我国连成一片的最大风能资源区。

（3）风能较大区

黑龙江和吉林东部以及辽东半岛沿海地区风能密度在 200 W/m² 以上,大于或等于 3 m/s 和 6 m/s 的风速全年累积时数分别为 5000～7000 小时和 3000 小时。

（4）风能次大区

青藏高原、三北地区的北部和沿海地区（除去上述范围）风能密度在 150～200 W/m² 之间,大于或等于 3 m/s 的风速全年累积为 4 000～5 000 小时,大于或等于 6 m/s 风速全年累积为 3000 小时以上。青藏高原大于或等于 3 m/s 的风速全年累积可达 6500 小时,但由于青藏高原海拔高,空气密度较小,所以风能密度相对较小,在 4000 m 的高度,空气密度大致为地面的 67%。也就是说,同样是 8 m/s 的风速,在平地为 313.6 W/m²,而在 4000 m 的高度却只有 209.3 W/m²。所以,如果仅按大于或等于 3 m/s 和大于或等于 6 m/s 的风速的出现小时数计算,青藏高原应属于最大区,而实际上这里的风能却远较东南沿海岛屿为小。

从三北地区北部到沿海,几乎连成一片,包围着我国大陆。大陆上的风能可利用区,也基本上同这一地区的界限相一致。

（5）最小风能区

云贵川,甘肃、陕西南部,河南、湖南西部,福建、广东、广西的山区,以及塔里木盆地有效风能密度在 50 W/m² 以下,可利用的风力仅有 20％左右,大于或等于 3 m/s 的风速全年累积时数在 2000 小时以下,大于或等于 6 m/s 的风速在 150 小时以下。在这一地区中,尤以四川盆地和西双版纳地区风能最小,这里全年静风频率在 60％以上,如绵阳为 67％,巴中为 60％,阿坝为 67％,恩施为 75％,德格为 63％,耿马孟定为 72％,景洪为 79％。大于或等于 3 m/s 的风速全年累积仅 300 小时,大于或等于 6 m/s 的风速仅 20 小时。所以,这一地区除高山顶和峡谷等特殊地形外,风能潜力很低,无利用价值。

（6）风能季节利用区

风能季节利用区,风能密度在 50～100 W/m²,可利用风力为 30％～40％,大于或等于 3 m/s 的风速全年累积在 2000～4000 小时,大于或等于 6 m/s 的风速在 1000 小时左右。

总体而言,云南、贵州、四川、甘肃、陕西南部、河南、湖南西部、福建、广东、广西的山区及新疆塔里木盆地和西藏的雅鲁藏布江,为风能资源缺乏地区,有效风能密度在 50W/m² 以下,全年中风速大于或等于 3 m/s 的时数在 2000 小时以下。全年中风速大于或等于 6 m/s 的时数在 150 小时以下,风能潜力很低,无利用价值。当然,在一些地区由于湖泊和特殊地形的影响,风能也较丰富,如鄱阳湖附近较周围地区风能就大,湖南衡山、安徽黄山、云南太华山等也较平地风能为大,但这些只限于很小范围之内。

4.3　风能利用原理

4.3.1　风力机简介

风力发电系统是一个小系统,它由风力发电机、充电器、数字逆变器组成。

把风能变成机械能的重要装置为风力发动机（简称风力机）。风力机将风能转变为机械能的主要部件是受风力作用而旋转的风轮。因此,风力机依风轮的结构及其在气流中的位置大体上可分为两大类:一类为水平轴风力机,另一类为垂直轴风力机。前者的应用场合远远超过后者。因此,本部分以水平轴风力机作为重点介绍对象。

水平轴风力发电机由风轮、机头、转体、尾翼和塔架组成（图 4-7）。每一部分都很重要,各部分功能如下:

（1）风轮。风轮由两个或多个叶片组成,安装在机头上,是把风能转化为机械能的主要部件。

叶片用来接收风力并通过机头转为电能,叶片的种类很多,大体上可以分为两大类:一类是叶片绕水平轴旋转,它又可分为双叶式、三叶式、多叶式;它又可以按叶片相对于气流的情况分为顺风式和迎风式。另一类是绕垂直轴旋转,它又分为"S"式、透平式、偏导器式等,如图 4-8所示。

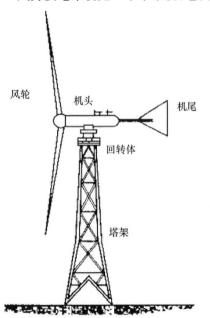

图 4-7　风力机结构

风轮　机头　机尾　回转体　塔架

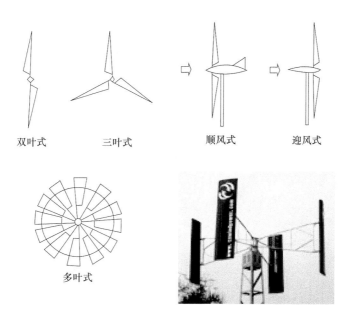

双叶式　　　三叶式　　　　顺风式　　　迎风式

多叶式

图 4-8　风机叶片

(2) 机头。机头是支撑风轮轴和上部构件(如发电机和齿轮变速器等)的支座,它能绕塔架中的竖直轴自由旋转。

(3) 尾翼(又称调向器)。机尾装于机头之后,它的作用是保证在风向变化时,使风轮正对风向。

(4) 回转体。回转体位于机头底盘和塔架之间,在机尾力矩的作用下转动。

(5) 塔架。塔架是支撑风力发动机本体的构架,它把风力发电机架设在不受周围障碍物影响的高空中。

根据风轮叶片的数目,风力发电机分为少叶式和多叶式两种。少叶式有 2～4 个叶片,具有转速高,单位功率的平均质量小,结构紧凑的优点;常用在平均风速较高的地区,是目前主要用风力发电机的原动机。其缺点是启动较为困难。多叶式一般有 4～24 个叶片,常用于年平均风速低于 4 m/s 的地区;具有易启动的优点,因此利用率较高。由于转速低,多用于直接驱动农牧业机械。

风力机的风轮与纸风车转动原理一样,但是,风轮叶片具有比较合理的形状。为了减小阻力,其断面呈流线型;前缘有很好的圆角,尾部有相当尖锐的后缘,表面光滑,风吹来时能产生向上的合力,驱动风轮很快地转动。对于功率发动较大的风力发电机,风轮的转速是很低的,而与之联合工作的机械,转速要求较高,因此必须设置变速箱,把风轮转速提高到工作机械的工作转速。风力机只有当风垂直地吹向风轮转动面时,才能发出最大功率来,由于风向多变,因此还要有一种装置,使之在风向变化时,保证风轮跟着转动,自动对准风向,这就是机尾的作用。风力机是多种工作机械的原动机。利用带动水泵和水车,就是风力提水机,带动碾米机;此类机械统称为风能的直接利用装置。带动发电机的就称风力发电机。

4.3.2　风力机工作原理

1. 翼型绕流的力学分析

物体在空气中运动或空气流动物体时,物体将受到空气的作用力,称为空气动力。空气动力通常由两部分组成:一部分是由于气流绕物体流动时,在物体表面处的流动速度发生变化,引起气流压力的变化,即物体表面各处气流的速度与压力不同,从而对物体产生合成的压力;另一部分是由于气流绕物体流动时,在物体附面层内由于气流黏性作用产生的摩擦力。将整个物体表面这些力合成起来便得到一个合力,这个合力即为空气动力。

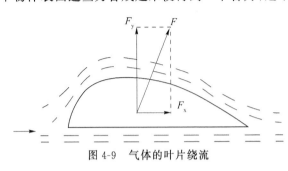

图 4-9 气体的叶片绕流

图 4-9 给出了气流流经叶片时的流线分布。气流在叶片的前缘分离,上部的气流速度加快,压力下降,下部的气流则基本保持原来的气流压力。于是,叶片受到的气流作用力 F 可分解为与气流方向平行的力 F_x 和与气流方向垂直的力 F_y,分别称为阻力和升力。根据气体绕流理论,气流对叶片的作用力 F 可按如下公式计算:

$$F = \frac{1}{2} \rho C_r A V^2 \tag{4-7}$$

式中,C_r 为叶片总的空气动力系数;V 为吹向物体的风速;ρ 为空气密度;A 为叶片在垂直于气流方向平面上的最大投影面积。

叶片的升力 F_y 与阻力 F_x 按下式计算:

$$F_y = \frac{1}{2} \rho C_y A V^2$$
$$F_x = \frac{1}{2} \rho C_x A V^2 \tag{4-8}$$

式中,C_y 为升力系数;C_x 为阻力系数。

C_y 与 C_x 均由实验求得。由于 F_y 与 F_x 相互垂直,所以

$$F_y^2 + F_x^2 = F^2$$

并且

$$C_y^2 + C_x^2 = C_r^2$$

对于同一种翼型(截面形状),其升力系数和阻力系数的比值,称为升阻比(k):

$$k = \frac{C_y}{C_x} \tag{4-9}$$

2. 影响升力系数和阻力系数的因数

影响升力系数和阻力系数的主要因数有翼型、攻角、雷诺数和粗糙度等。

(1)翼型的影响

图 4-10 给出了三种不同截面形状的叶片。当气流由左向右吹过时,产生不同的升力和阻力。阻力:平板型>弧板型>流线型;升力:流线型>弧板型>平板型。对应的 C_y 与 C_x 值也符合同样的规律。

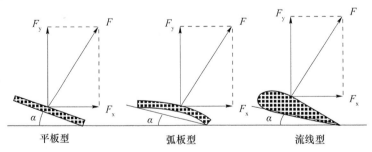

| 平板型 | 弧板型 | 流线型 |

图 4-10 不同叶片截面形状的升力与阻力

（2）攻角的影响

气流方向与叶片横截面的弦（L）的夹角 α 称为攻角，其值的正、负如图 4-11 所示。C_y 与 C_x 值随 α 的变化情况如图 4-12 所示。

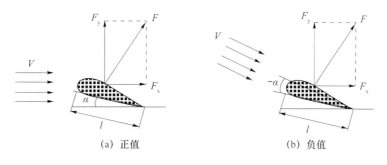

（a）正值　　　　　　　（b）负值

图 4-11　攻角

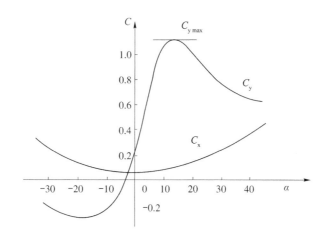

图 4-12　C_y 与 C_x 值随 α 的变化关系

（3）雷诺数的影响

空气流经叶片时，气流的黏性力将表现出来，这种黏性力可以用雷诺数 R_e 表示：

$$R_e = VL/\gamma \tag{4-10}$$

式中，V 为吹向叶片的空气流速；L 为翼型弦长；γ 为空气的运动黏性系数，$\gamma = \mu/\rho$，μ 为空气的动力黏性系数，ρ 为空气密度。

R_e 值越大，黏性作用越小，C_y 值增加，C_x 值减少，升阻比 k 值变大。

（4）叶片表面粗糙度的影响

叶片表面不可能做得绝对光滑，把凹凸不平的波峰与波谷之间高度的平均值称为粗糙度，此值若大，使 C_x 值变高，增加了阻力；而对 C_y 值的影响不大。制造时应尽量使叶片表面平滑。

3. 实际叶片表面的受力分析

如图 4-13 所示是水平轴风力机的机头部分。风轮主要由两个螺旋桨式的叶片组成，风吹向叶片时，叶片产生的升力（F_y）和阻力（F_x）如图 4-14 所示；阻力是风轮的正面压力，由风力机的塔架承受；升力推动风轮旋转。现在风力机的叶片都做成螺旋桨式的，其原因如下所述。

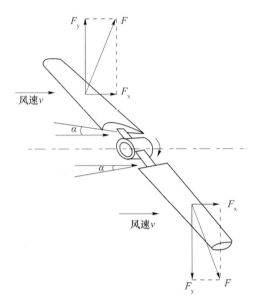

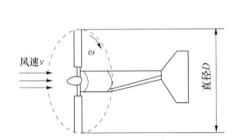

图 4-13　水平轴风力机的机头　　　　图 4-14　风力转化为叶片的升力与阻力

由于风轮旋转时,叶片不同半径处的线速度是不同的,因而相对于叶片各处的气流速度在大小和方向上也都不同。如果叶片各处的安装角都一样,则叶片各处的实际攻角都将不同。这样除了攻角接近最佳值得一小段叶片升力较大外,其他部分所得到的升力则由于攻角偏离最佳值而不理想,所以这样的叶片不具备良好的气动力性。为了在沿整个叶片长度方向均能获得有利的攻角数值,就必须使叶片每一个截面的安装角随着半径的增大而逐渐减小。在此情况下,有可能使气流在整个叶片长度均以最有利的攻角吹向每一叶片,从而具有比较好的气动力性能。而且各处受力比较均匀,也增加了叶片的强度。这种具有变化的安装角的叶片称为螺旋紧型叶片,而那种各处安装角均相同的叶片称为平板型叶片。显然,螺旋桨型叶片比起平板型叶片要好得多。

尽管如此,由于风速是在经济变化的,风速的变化也将导致攻角的变化。如果叶片装好后安装角不再变化,那么虽在某一风速下可能得到最好的气动力性能,但在其他风速下则未必如此。为了适应不同的风速,可以随着风速的变化,调节整个叶片的安装角,从而有可能在很大的风速范围内均可以得到优良的动力性能。这种桨叶称为变桨距式叶片,而把那种安装角一经装好就不再能变动的叶片称为定桨距式叶片。显然,从气动性能来看,变桨距式螺旋桨型叶片是一种性能优良的叶片。

还有一种可以获得良好性能的方法,即风力机采取变速运行方式。通过控制输出功率的办法,使风力机的转速随风速的变化而变化,两者之间保持一个恒定的最佳比值,从而在很大的风速范围内均可使叶片各处以最佳的攻角运行。

4. 风力机的工作性能

(1) 风轮功率

如图 4-15 所示,当流速为 V 的风吹向风轮,使风轮转动,该风轮扫掠的面积为 A,空气密度为 ρ,经过 1 s,流向风轮空气所具有的动能为

$$N_0 = \frac{1}{2}mV^2 = \frac{1}{2}\rho AV \cdot V^2 = \frac{1}{2}\rho V^3 A \tag{4-11}$$

若风轮的直径为 D,则

$$N_0 = \frac{1}{2}\rho V^3 A = \frac{1}{2}\rho \frac{\pi D^2}{4} V^3 = \frac{\pi}{8} D^2 \rho V^3 \tag{4-12}$$

这些风能不可能全被风轮捕获而转换成机械能，设由风轮轴输出的功率为 N（风能功率），它与 N_p 之比称为风轮功率系数，用 C_p 表示。即

$$C_p = \frac{N}{N_0} = \frac{N}{\frac{\pi}{8} D^2 \rho V^3} \tag{4-13}$$

于是

$$N = \frac{\pi}{8} D^2 \rho V^3 \cdot C_p \tag{4-14}$$

C_p 值为 0.2～0.5。可以证明，C_p 的理论最大值为 0.593。

由上述公式可知：

①风轮功率与风轮直径的平方成正比；

②风轮功率与风速的立方成正比；

③风轮功率与风轮的叶片数目无直接关系；

④风轮功率与风轮功率系数成正比。

（2）系统效率和有效功率

吹向风轮的风具有的功率为 N_p，风轮功率为 $N = C_p N_p$，此功率经传动装置、做功装置（如发电机、水泵等），最终得到的有效功率为 N_e。则风力机的系统效率（总体效率）η 为

$$\eta = \frac{N_e}{N_0} = \frac{N}{N_0}\eta_i \eta_k = C_r \eta_i \eta_k \tag{4-15}$$

式中，η_i 为传动装置效率；η_k 为做功装置效率。

这样，风力机最终所发出的有效功率为：

$$N_e = \frac{\pi}{64} D^2 V^3 C_p \eta_i \eta_k = \frac{\pi}{64} D^2 V^3 \eta \tag{4-16}$$

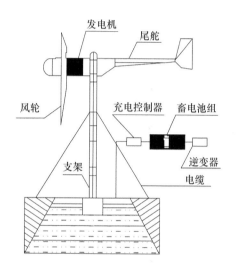

图 4-15 水平轴独立运行的风力
发电机组主要结构

对于结构简单、设计和制造比较粗糙的风力机，η 值一般为 0.1～0.2；对于结构合理、设计和制造比较精细的风力机，η 值一般为 0.2～0.35，最佳者可达 0.40～0.45。

4.4 风力发电

风力发电就是通过风力机带动发电机发电，发出的交流电供给负载。当负载需用直流电时，可用直流发电机发电或者用整流设备将交流电转换成直流电。发电机是风力发电机组的重要组成部分之一，分为同步发电机和异步发电机两种。以前小型风力发电机用的直流发电机，由于其结构复杂、维修量大，逐步被交流电发电机所代替。机组发电的电有两种供给形式：孤立供电与并网供电。

4.4.1 风力发电机组及工作原理

1. 风力发电机组的结构及分类

（1）风力发电机组的分类

风力发电机组的分类一般有 3 种。按风轮轴的安装形式，分为水平轴风力发电机组和垂

直轴风力发电机组；按风力发电机的功率，分为微型（额定功率 50～1000 W）、小型（额定功率1.0～10 kW）、中型（额定功率 10～100 kW）和大型（额定功率大于 100 kW）；按运行方式，分为独立运行和并网运行。

（2）风力发电机组的结构

在风力发电机组中，水平轴式风力发电机组是目前技术最成熟、产量最大的形式；垂直轴风力发电机组因其效率低、需起动设备等技术原因应用较少，因此下面主要介绍水平轴风力发电机组的结构。

①独立运行的风力发电机组

水平轴独立运行的风力发电机组主要由风轮（包括尾舵）、发电机、支架、电缆、充电控制器、逆变器、蓄电池组等组成，其主要结构如图 4-15 所示。

②并网运行的风力发电机组

并网运行的水平轴式风力发电机组由风轮、增速齿轮箱、发电机、偏航装置、控制系统、塔架等部件组成，其结构如图 4-16 所示。

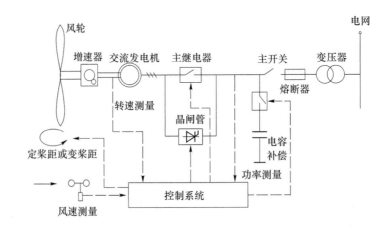

图 4-16　水平轴并网运行的风力发电机组主要结构

③大型风力发电机组

并网运行的大型风力发电机组由叶片、轮毂、主轴、增速齿轮箱、调向机构、发电机、塔架、控制系统及附属部件（机舱、机座、回转体、制动器）等组成，结构如图 4-17 所示。

2. 发电机

（1）同步发电机

同步发电机（图 4-18）主要由定子和转子组成。定子由开槽的定子铁心和放置在定子铁心槽内按一定规律连接成的定子绕组（也称定子线圈）构成；转子上装有磁极（即转子铁心）和使磁极化的励磁绕组（也称转子绕组或转子线圈）。对于小型风力发电机组，常将同步发电机的转子改成永磁结构，不需要励磁装置。

（2）异步发电机

异步发电机主要是由定子和转子两大部分组成。异步发电机的定子与同步发电机的定子基本相同。它的转子分为绕线式和鼠笼式，绕线式异步电动机的转子绕组与定子绕组相同；鼠笼式异步电动机的转子是将金属（铜或铝）导条嵌在转子铁心里，两头用铜或铝端环将导条短接，像鼠笼一样，此种电机应用很广泛。

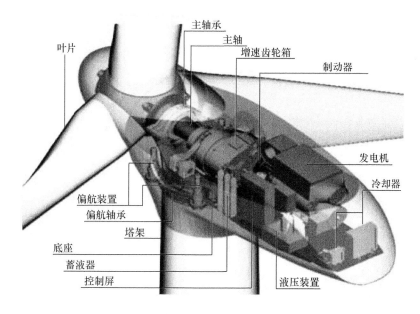

图 4-17 大型风力发电机组的基本结构

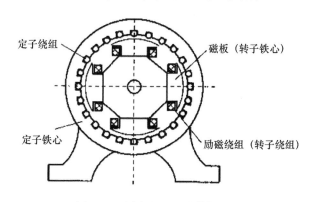

图 4-18 同步发电机的结构原理

3. 蓄电池

风力发电机最基本的储能方法是使用蓄电池。

蓄电池的种类虽然较多,但在实际应用中主要有铅(酸性)蓄电池和镉镍(碱性)蓄电池,而在风力发电机组中使用最多的还是蓄电池,尽管它的储能效率较低,但是它的价格便宜。现以铅蓄电池为例说明蓄电池的工作原理。铅蓄电池的阳极用二氧化铅(PbO_2)板,阴极用铅(Pb)板,电解液用 $27\%\sim37\%$ 的硫酸(H_2SO_4)水溶液。蓄电池内部的化学反应为

$$PbO_2 + 2H_2SO_4 + Pb \xrightarrow[\text{充电}]{\text{放电}} PbSO_4 + 2H_2O + PbSO_4$$

放电时,在阴极上发生的化学反应为

$$Pb + H_2SO_4 \longrightarrow PbSO_4 + 2H^+ + 2e$$

阴极上的电子(e)通过蓄电池的外部通路向阳极流动,形成电流。放电时硫酸被消耗而生成水,即电解液浓度降低。而充电时,由外部(风力发电机)供给直流电,在阴极生成 PbO_2,在阳极生成 Pb,电解液浓度升高,电能又以化学能的形式储存在蓄电池内。

任何蓄电池的使用过程都是充电和放电过程反复进行的,铅蓄电池使用寿命为 $2\sim6$ 年。

4. 逆变器

逆变器是一种将直流电变为交流电的装置,有的逆变器还兼有把交流电变为直流电的功能。逆变器有不同的类型,有一种逆变器是利用一个直流电动机驱动一个交流发电机,由于直流电动机以固定转速驱动发电机,所以发电机的频率不变。由于风力发电机受风速变化的影响,发电频率的控制难度大,若先将发出的交流电整流成直流电,再用这种逆变器转变成质量稳定的交流电,供给用电质量要求严格的用户,或将交流电送入电网,都是可以做到的。这种逆变器称为旋转逆变器。

用晶体管制成的逆变器称为静态逆变器,常用于小型风力发电机供电系统中,小型风力发电机组提供的直流电为 12 V、24 V、32 V,而家用电器如电灯、收音机、电视(机)等,常用 220 V 交流电,用静态逆变器可以实现这种转换。

具有把交流电转换成直流电功能的逆变器,在风力发电机损坏、检修期间,可将蓄电池和逆变器送到有电网处进行充电、取回,再供给用户直流电。

大多数逆变器具有一定过冲击能力,如一个 500 W 的晶体管逆变器,在 10～60 s 内发出 700 W 的功率,这对家用电器设备的起动是有益的。

4.4.2 离网风力发电

在地处偏僻、居民分散的山区、牧区、海岛等电网延伸不到的地方,发展风力发电是解决照明等生活用电和部分生产用电的一条可行的途径。

(1) 直流供电

直流供电是小型风力发电机组独立供电的主要方式,它将风力发电机组发出的交流电整流成直流,并采用储能装置储存剩余的电能,使输出的电能具有稳频、稳压的特性。

小型风力发电机组的直流供电,主要用来照明、使用电视机和收音机等生活用电的电源;也可用作电围栏等小型生产用电的电源。用电运营方式分为以下三种:

①一户一机的供电方式。这种方式一般都是自购、自管、自发、自用、自备蓄电池。

②直流线路供电。这种方式一般为一机多户或多机多户合用,实际上就是风力发电站(厂)的直流供电。机组通常是集中安装,统一管理;蓄电池可以集中配备,也可以分散到户,各户自备。应当指出,这种方式配电电压较低(如 12 V 或 24 V),其线路电损较多,所以,用户不宜相距太远。

③充电站式供电。在这种情况下,风力发电站就是一个充电站,各户自备蓄电池到发电站充电,充电后取回自用。蓄电池的容量不宜太大,否则不易搬动,且易出事故。

(2) 交流供电

①交流直接供电。多用于对电能质量无特殊要求的情况,如加热水、淡化海水等。在风力资源比较丰富而且比较稳定的地区,采用某些措施改善电能质量,也可带动照明、动力负荷。这些措施包括:利用风力机的调速机构、电压自动调整器、变速恒频发电机等,使用电的电压和频率保持在一定范围内。

②通过"交流—直流—交流"逆变器供电。先将风力发电机发出的交流电整流成直流,再用逆变器把直流电变换成电压和频率都很稳定的交流电输出,保证了用户对交流电的质量要求。

4.4.3 并网风力发电

风力发电机组的并网运行,是将发电机组发出的电送入电网,用电时再从电网把电取回来,这就解决了发电不连续及电压和频率不稳定等问题,并且从电网取回的电的质量是可靠的。

风力发电机组采用两种方式向网上送电:一是将机组发出的交流电直接输入网上;二是将机组发出的交流电先整流成直流,然后再由逆变器变换成与电力系统同压、同频的交流电输入网上。无论采用哪种方式,要实现并网运行,都要求输入电网的交流电具备下列条件:

①电压的大小与电网电压相等;

②频率与电网频率相等;

③电压的相序与电网电压的相位一致;

④电压的相位与电网电压的相位相同;

⑤电压的波形与电网电压的波形相同。

另外,电业管理部门还规定电量够一定规模(一般要求大于 500 kW)才能申请并网运行。可见,若想实现风力发电机组的并网运行,须统筹考虑设备容量大小,调整控制机构的精度、操作管理水平、发电成本与售电价格等因素。

基于上述情况,风力发电机组的并网运行虽然是一种良好的趋势,但是到目前为止,国内已经并网运行的风力发电机的数量并不是很多。

4.5 风力提水

我国适于风力提水的区域辽阔、提水设备的制造和应用技术非常成熟。我国东南沿海、内蒙古、青海、甘肃和新疆北部等地区,风力资源丰富,地表水源也丰富,是我国可发展风力提水的较好区域。风力提水是弥补当前农村、牧区能源不足的有效途径之一,具有较好的经济、生态与社会效益,发展潜力巨大。

风力提水之所以能在世界各地,特别是在发展中国家得到广泛的利用,其主要原因有以下几点:

①风力提水机结构可靠,制造容易,成本较低,操作结构简单。

②储水问题能够解决。挡水被提上来后,只要注入水罐或水池中就可以储存,在无风或小风时,可放水使用。

③风力提水机在低风速下工作性能好,多数风力提水机在风速 4 m/s 时就可以启动工作,它对风速要求不严格,通常只要风轮转动起来就能进行提水作业。

④风力提水效益明显。风力提水制盐、养虾、改良盐碱地等,不仅节省常规能源,没有污染,而且经济效益也很显著,一般 2～4 年即可收回风力机组的投资成本。

风力提水机的水泵主要有往复式水泵和旋转式水泵两大类。另外还有气压式、喷射式等形式,但实际应用不多。

4.5.1 风力提水的现状

我国常用的风力提水机按其实用技术指标可分为:低扬程大流量型、中扬程大流量型、高扬程小流量型。

1. 低扬程大流量风力提水机组

该系统是由低速或中速风力机与钢管链式水车或螺旋泵相匹配形成的一类提水机组。它可以提取河水、海水等地表水,用于盐汤制盐、农田排水、灌溉和水产养殖的作业。机主扬程为 0.5～5 m,流量可达 50～100 m³/h。风力提水机的风轮直径 5～7 m,风轮轴的动力通过两对锥齿轮传递给水车或螺旋泵,从而带动水车或水泵提水。这类风力机的风轮能够自动迎风,一般采用侧翼(配重滑速机构)进行自动调速。

2. 中扬程大流量风力提水机组

该系统是由高速桨叶匹配容积式水泵组成的提水机组,这类风力提水机组的风轮直径为5～6 m,扬程为10～20 m,流量为15～25 m³/h。这类风力提水机用于提取地下水,进行农田灌溉或人工草场的灌溉。一般采用流线型升力桨叶风力机,性能先进,适用性强,但造价高于传统式风车。

3. 高扬程小流量风力提水机组

该系统由低速多叶式风力机与单作用或作用活塞式水泵相匹配形成的提水机。这类风力提水机组的风轮直径为2～6 m,扬程为10～100 m,流量为0.5～5 m³/h。这类机组可以提取深井地下水,在我国西北部、北部草原牧区为人畜提供清洁饮用水或小面积草场提供灌溉用水。这类风力提水机通过曲柄连杆机构,把风轮轴的旋转运动力变为活塞泵的往复运动进行提水作用。这类风力机的风轮能够自动对风,并采用风轮偏置一尾翼挂接轴倾斜的方法进行自动调速。

低扬程大流量提水机因扬程太低(一般小于3 m),其适用范围受到限制;中扬程大流量风力提水机主要是用于中西部的农业灌溉,因当地的经济条件所限,进展步伐艰难,有待国家的进一步扶持;高扬程小流量低速风轮拉杆泵型,在成本及可靠性方面几乎一直是不可替代的。

目前我国生产运行中的风力提水机约3000余台,主要用于东南沿海制盐,江苏、河北农田灌溉,"三北"地区人畜饮水及小型草场灌溉等。

4.5.2 发展风力提水业的前景

风力提水是风能开发利用的一项主要且基本的内容,无论过去、现在还是将来,风力提水在农业灌溉和人畜饮水等方面都不失为一项简单、可靠、实用的应用技术。随着科学技术的不断发展,风力提水技术也必须得到不断的发展完善。

①在我国许多区域由于能源短缺和架设电网难以实现,成了限制灌溉面积扩大的一个重要因素。2/5的耕地得不到灌溉,从而严重制约着我国农业的发展。利用我国丰富的风能资源,广泛利用风力提水灌溉,连片开发,形成小农户、大农业的局面,是我国中低产田改造的一条重要捷径。

②在中低产田的改良中,涝渍盐碱地占有较大的比重,这些土地的改良措施主要是排水。如河套平原,位于我国西北黄河流域中上游,属陆性气候,具有干旱少雨、风大的特点。农业用水依靠"引黄"灌溉,大量饮用黄河水源的结果虽满足了农业灌溉生产的需要,但同时伴生着土壤次生盐渍化的危害。从观测时点资料看,降低地下水位,对土壤脱盐效果明显,所以采取排水来降低区域地下水是解决河套灌区盐碱化的有效方法,也是解决黄淮海平原和东北的三江平原等地涝渍盐碱灾害的有效途径。这些地区绝对大部分为风能可利用区,有相当部分处在丰富区。如采用风力排水,可减少土石方工程量和电网架设,降低工程造价和运转费用。

③在畜牧业生产中,开展灌溉人工草场和高产饲草料地是克服草原畜牧业脆弱性,抵御自然灾害的发生,促进畜牧业稳产、高产的根本途径。世界上一些畜牧业发达国家,都把饲草料种植业作为草原畜牧业经济的坚强后盾,人工种草面积大都在9.5%以上,而我国仅为1.3%左右。我国牧区面积大,人口稀少,常规能源供应受到各种条件的制约,满足不了畜牧业生产发展的需要。调查分析表明,我国大部牧区风能资源和地下水资源的

时空分布都非常适合于开展风力提水灌溉,同时风力提水对节约能源和保护环境更具有深远意义。

4.5.3 风力提水存在的问题

自 20 世纪 80 年代以来,在科技工作者的不懈努力下,我国风力提水技术的水平得到迅速发展,但这项高新技术尚未形成规模化生产,存在着如下问题:

①目前我国的风力提水技术主要是针对广大的边远和无电区域,由于人们的环保意识较差,加上广大农牧区尚未致富,购买力不强,未形成规模化市场。

②风能利用(特别是风力提水)是直接经济效益低,生态效益与社会效益高的项目。该技术产业尚处于起步阶段,市场规模化小,企业参与成果产业化的积极性不高,不少可以进入工业化阶段的机型,不断投入生产,只能储备起来,无法形成高新技术对产业结构调整和经济增长的支持。

③我国风力提水研究的起步水平低,应用历史短,经费投入少,许多重大关键技术问题(如高效风轮的设计、风机与水泵的高效匹配技术以及水泵运动部件的耐久性问题等)还未很好地解决。

④风力提水的开发利用是环保型的高新技术产业,政府应加以扶持并协助市场开发,尽快实现产业化,以扭转我国可再生能源利用比例低的现状和土地沙化退化、环境恶化之势。现在我国虽有一些激励性的导向政策,但还未具体化,应参照国外先进国家的有关政策,制定具体的减免税收、财政补贴、贴息贷款、增加科技攻关经费等政策措施。

4.6 风电发展战略建议

①扶持政策要细化、要配套,要围绕整个风电发展的产业链,围绕将来可能的市场。

②加强基础服务工作。建立标准体系和强制性认证体系和目前我国风电公共技术服务体系尚未建立,如国家级和大企业的风电技术中心、国家试验风场、国家级风电公共试验平台、国家风电设备检测认证中心等。

人员培养:设计、材料、调试人员的培养;风电是一个复杂的系统工程,从材料、零部件设计、制造、安装调试、运行维修、故障诊断等微观人员到宏观的各方面人员。

电网配套:风场、电网、消纳同步进行。

③推进风电设备国产化,加强技术自主研发、自主创新能力。

建立以电量为主要考核目标(不是装机容量)的机制,从规划做起,以上网电量为规划目标。电量受体、电网输送、风电场建设等同步考虑。

目前主要是解决好的问题,掌握关键技术,提高质量,使平均运行小时数(折合成额定负荷)达到 2000 小时以上。2008 年全国发电量为 3.5 万亿千瓦·时,而风电仅为 120 亿千瓦·时,不足 0.4%。

形成真正具有自主知识产权的风电产业。大幅度提高风电制造业的进入门槛,避免低质量风机进入市场。

没有自主创新,要么就是逐步沦为"打工",要么就是被外资"吞并"。

在关键技术上下功夫,在整个产业链上下功夫,在这两者的自主创新上下功夫,才能真正立于不败之地。

在新能源方面要有自主开发、自主创新，要有机制、体制创新，拥有自主的核心技术，不能只看一时的热闹。

在好的基础上才有后劲，充分借鉴汽车行业的教训。

千万不要把风电变成"政绩工程"，或是各大公司扩张、争夺地盘、互相厮杀的混战战场，以免国家资源（纳税人的血汗钱）遭到巨大的损失。

跳跃式前进反而欲速不达，形成很大的浪费，这也是我国几十年来发展的经验与教训。

第5章 氢 能

5.1 概 述

　　氢是人类最早发现的元素之一,氢位于元素周期表之首,它的原子序数为1,在常温常压下为气态。在常温常压下,它是一种液体,无色、无味,易燃烧。早在16世纪初叶,人们就发现了氢。自1869年俄国著名学者门捷列夫将氢元素放在周期表的首位后,人们就开始从氢出发,寻找各元素与氢元素之间的关系,对氢的研究和利用更加系统和科学化了。

　　所谓氢能,是指氢气所含有的能量,实质上氢是一种二次能源,是一次能源的转换形式。也可以说,它只是能量的一种储存形式。氢能在进行能量转换时其产物是水,可实现真正零排放。氢能作为二次能源除了具有资源丰富、热值高、燃烧性能好等特点外,还有以下主要特点:

　　(1) 在所有元素中,氢重量最轻。在标准状态下,它的密度为 0.0899 g/L;在 $-252.7\ ℃$ 时,可成为液体,若将压力增大到数百个大气压,液氢就可变为金属氢。

　　(2) 在所有气体中,氢气的导热性最好,比大多数气体的导热系数高出10倍,因此在能源工业中氢是极好的传热载体。

　　(3) 氢是自然界存在最普遍的元素,据估计,它构成了宇宙质量的75%,除空气中含有氢气外,它主要以化合物的形态储存于水中,而水是地球上最广泛的物质。据推算,如把海水中的氢全部提取出来,它所产生的总热量比地球上所有化石燃料放出的热量还大9000倍。

　　(4) 除核燃料外,氢的发热值是所有化石燃料、化工燃料和生物燃料中最高的,为 142.351 kJ/kg,是汽油发热值的3倍。

　　(5) 氢燃烧性能好,点燃快,与空气混合时有广泛的可燃范围,而且燃点高,燃烧速度快。

　　(6) 氢本身无毒,与其他燃料相比,氢燃烧时最清洁,除生成水和少量氮化氢外不会产生诸如一氧化碳、二氧化碳、碳氢化合物、铅化物和粉尘颗粒等对环境有害的污染物质,少量的氮化氢经过适当处理也不会污染环境,而且燃烧生成的水还可继续制氢,反复循环使用。

　　(7) 氢能利用形式多,既可以通过燃烧产生热能,在热力发动机中产生机械功,又可以作为能源材料用于燃料电池,或转换成固态氢用作结构材料。用氢代替煤和石油,不需对现有的技术装备作重大的改造,现在的内燃机稍加改装即可使用。

　　(8) 氢可以以气态、液态或固态的金属氢化物出现,能适应储运及各种应用环境的不同要求。

　　近年来,随着质子交换膜燃料电池技术的突破,已出现可达到零排放的高效氢燃料电池动力源用于燃料电池汽车。目前,无论在氢的制备、储存以及特殊燃料等方面,都未能大规模地实施。但随着制氢技术的发展和化石能源的缺少，氢能利用迟早将进入我们日常生活中。它可以像输送城市煤气一样，通过氢气管道送往千家万户。一条氢能管道可以代替煤气、暖气甚至电力管线。人们会像使用煤气一样方便地使用它。清洁方便地氢能系统，将人们创造舒适、干净的生活环境。

5.2 氢的制取

自然界中不存在纯氢，它只能从其他化学物质中分解、分离得到。由于存在资源分布不均匀的现象，制氢规模与特点呈现多元化格局。现在世界上的制氢方法主要是以天然气、石油、煤为原料，在高温下使其与水蒸气反应或部分氧化法制得。我国目前的氢气来源主要有两类：一是采用天然气、煤、石油等蒸气转化制气或甲醇裂解、氨裂解、水电解等方法得到含氧氢气源，再分离提纯这种含氧氢气源；二是从含氢气源如精炼气、半水煤气、城市煤气、焦炉气、甲醇尾气等用变压吸附法（PSA）、膜法来制取纯氢。目前，氢气主要用作化工原料而并非能源，要发挥出氢对各种一次能源有效利用的重要作用，必须在大规模高效制氢方面获得突破。制氢方法如图 5-1 所示。

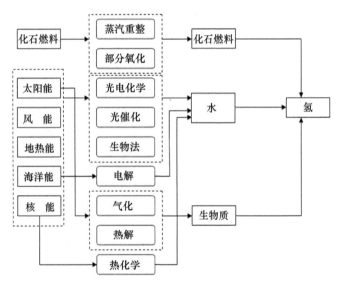

图 5-1 制氢体系

5.2.1 天然气制氢

长期以来，天然气制氢是化石燃料制氢工艺中最经济与合理的。经地下开采得到的天然气含有多组成分，其主要成分是甲烷。在甲烷制氢反应中，甲烷分子惰性很强，反应条件十分苛刻，需要首先活化甲烷分子。温度低于 700 K 时，生成合成气（$H_2 + CO$ 混合气），在高于 1100 K 的温度下，才能得到高产率的氢气。甲烷制氢主要有四种方法，甲烷水蒸气重整法、甲烷催化部分氧化法、甲烷自然重整法和甲烷绝热转化法。

甲烷水蒸气重整是目前工业上天然气制氢应用最广泛的方法。传统的甲烷水蒸气重整过程包括：原料的预热处理、重整、水气置换、CO 的除去和甲烷化。甲烷水蒸气重整反应是一个强吸热反应，反应所需的热量由天然气的燃烧供给。重整反应要求在高温下进行，温度维持在 750～920 ℃,反应压力通常在 2～3 MPa。由于在重整制氢过程中,反应需要吸热大量的热,使制氢过程的能耗很高,仅燃料成本就占总生产成本的 50% 以上,而且反应需要在耐高温不锈钢制作的反应器内进行。此外,水蒸气重整反应速度慢,该过程单位体积的制氢能力较低,通常需要建造大规模装置,投资较高。

甲烷部分氧化法是一个轻放热反应,由于反应速率比水蒸气重整反应快 1～2 个数量级,与传统的甲烷水蒸气重整反应相比,甲烷部分氧化法过程能耗低,可采用太空速操作。同时,由于甲烷催化部分氧化法可以实现自然反应,无须外界供热,可避免使用耐高温的合金钢管反应器,使装置的固定投资明显降低。但是,由于反应过程需要采用纯氧而增加了空分装置投资和制氧成本。

与传统的煤气化方法相比,煤超临界水气化法是对煤气化技术的改进。超临界水的介电常数很小,对有机物有较强的溶解能力,可以形成均相或拟均相的反应环境,及萃取、热解和气化为一体,利用超临界水作为制氢介质,可使煤及生物质中的各种物理和化学结合(氢键、醚键、酯键等)发生断裂,各种有机单元结构及热解后的有机产物在水中的溶解度增加,与水的化学反应速率得以加快,最终转化为氢气、甲烷和二氧化碳。由于反应体系中水的大量存在,有利于水煤气变换反应向生成氢气的反向进行,同时加入添加剂将 CO_2 固定并将气相中的硫化物脱除,从而得到洁净的富氢气体。所以反应过程在同一反应器中进行,气、液、固产物易于分离,工艺过程十分简单,不仅可以免去干燥过程,而且可使制氢过程效率提高。

为了大规模高效制氢实现煤制氢零排放系统,美国启动了"前景 21"(Vision 21)制氢的计划。实质上,它是一个改进的超临界水催化气方法,其基本思路是:燃料通过氧吹气化,然后变换并分离 CO 和氢,以使燃煤发电率达 60%、天然气发电效率达 75%、煤制氢效率达 75% 的目标。从该系统的物料循环来看,此过程可以认为是近零的煤制氢系统。

5.2.2 水电解制氢

水电解制氢技术早在 18 世纪初就已开发,是获得高纯度氢的传统方法。其工作原理是:将增加水导电性的酸性或碱性电解质溶入水中,让电流通过水,在阴极和阳极上分别得到氢和氧。电解水所需要的能量有外加电能提供。为了提高制氢效率,采用的电解压力为 3.0～5.0 MPa。由于电解水的效率不高且消耗大量的电能,利用常规能源生产的电能来大规模电解水制氢显然不合算。

电解池是电解制氢过程的主要装置,决定电解能耗技术指标的电解电压和决定制氢量的电流密度是电解池的两个重要指标。电解池的工作温度和压力对上述电解电压和电流密度两个参数有明显影响。由于池内存在如气泡、电阻、过电位等因素引起的损失,使得工业电解池的实际操作电压高于理论电压(1.23 V),大多在 1.65～2.2 V 之间,电解效率一般也只有 50%～70%,使工业化的电解水制氢成本仍然很高,很难与矿物燃料为原料的制氢过程相竞争。

5.2.3 生物质制氢

生物法制氢是利用微生物在常温常压下进行酶催化反应制氢的方法。生物法制氢可分为厌氧发酵有机物制氢和光合微生物制氢两类。

光合微生物制氢是指微生物(细菌或藻类)通过光合作用将底物分解产生氢气的方法。在藻类光合制氢中,首先是藻类通过光合作用分解水,产生质子和电子并释放氧气,然后藻类通过特有产氢酶系的电子还原质子释放氢气。在微生物光照产氢的过程中,水的分解才能保证氢的来源,产氢的同时也产生氢气,在有氧的环境下,固氧酶和可逆产氢酶的活性都受抑制,产氢能力下降甚至停止。因此,利用光合细菌制氢,提高光能转化效率是未来研究的一个重要方向。

厌氧发酵有机物制氢是在厌氧条件下,通过厌氧微生物(细菌)利用多种底物在氮化酶的作用下将其分解制取氢气的过程。这些微生物又被称为化学转化细菌,包括大肠埃希式杆菌、拜式梭状芽孢杆菌、产气肠杆菌、丁酸梭状芽孢杆菌、褐球固氮菌等。底物包括:甲酸、丙酮酸、CO 和各种短链脂肪酸等有机物、硫化物、淀粉纤维素等糖类,这些底物广泛存在于工业生产的污水和废弃物之中。厌氧发酵细菌生物制氢的产率一般较低,为提高氢气的产率除选育优良的耐氧菌种外,还必须开发先进的培育技术才能够使厌氧发酵有机物制氢实现大规模生产。

生物质热化学转换制氢是指将生物质通过热化学反应转换为富氢气体的方法。基本方法是将生物质原料(薪柴、锯末、麦秸、稻草等)压制成型,在气化炉(或裂解炉)中进行气化或裂解反应可制得富氢燃料气。根据反应装置和具体操作步骤的不同,生物质热化学制氢可以细分为:生物质热解制氢、生物质气化制氢、生物质超临界气化、生物质催化裂解和生物质热解气化等。虽然称呼不同,但是这些方法的原理基本相同。在一定的热力学条件下,将组成生物质的碳氢化合物转化为含特定比例的 CO 和 H_2 等可以燃气体,并且将产生的焦油再经过催化裂解进一步转化为小分子气体、富氢气体的过程。对于生物质热化学制氢工艺来说,选择制氢工艺需要综合考虑:制氢的单位产量、富氢气体中氢气的浓度和组分、制氢过程运行的稳定性、不同生物质原料的适应性及制氢成本等各种因素,以期获得满意的产氢率和可以接收的经济性。

5.2.4 太阳能制氢

传统的制氢方法,由于需要消耗大量的常规能源,使成本大大提高。如果用太阳能作为获取氢气的一次能源,则能大大减低制氢的成本,使氢能具有广阔的应用前景。利用太阳能制氢主要有以下几种方法:太阳能光解水制氢、太阳能光化学制氢、太阳能电解水制氢、太阳能热化学制氢、太阳能热水解制氢、光合作用制氢及太阳能光电化学制氢等。

自 1972 年,日本科学家首次报道 TiO_2 单晶电极光催化降解水产生氢气的现象,光解水制氢成为太阳能制氢的研究热点。

太阳能光解水制氢反应可由下式来描述:

$$太阳能 + H_2O \longrightarrow H_2 + O_2 \tag{5-1}$$

电解电压为

$$E_{H_2O} = G_{H_2O}/-2F = 1.229eV \tag{5-2}$$

式中,$G_{H_2O} = -237 \text{ kJ/mol}$,为摩尔生成自由能;F 为法拉第常数。

太阳能光解水的效率主要与光电转换效率和水分解为 H_2 和 O_2 的过程中电化学效率有关。在自然条件下,水对于可见光至紫外线是透明的,不能直接吸收光能。因此,必须在水中加入能吸收光能并有效地传给水分子且能使水发生光解的物质——光催化剂。理论上,能用做光解水的催化剂的禁带宽度必须大于水的电解电压 E_{H_2O}(1.229eV),且价带和导带的位置分别同 O_2/H_2O 和 H_2/H_2O 的电极电位相适宜。如果能进一步降低半导体的禁带宽度或将多种半导体光催化剂复合使用,则可以提高光解水的效率。

太阳能光化学制氢是利用射入光子的能量使水的分子通过分解或把水化合物的分子进行分解获得氢的方法。实验证明:光线中的紫光或蓝光更具有这种作用,红光和黄光较差。在太阳能光谱中,紫外光是最理想的。在进行光化学制氢时,将水直接分解成氧和氢非常困难,必须加入光解物和催化剂帮助水吸收更多的光能。目前光化学制氢的主要光解物是乙醇。乙醇是透明的,对光几乎不能直接吸收,加入光敏剂后,乙醇吸收大量的光才会分解。在二苯(甲)酮等光敏剂的存在下,阳光可使乙醇分解成氢气和乙醛。

太阳能电解水制氢的方法与电解水制氢类似。第一步是将太阳能转化成电能,第二步是将电能转化成氢,构成所谓的太阳能光伏制氢系统。光电解水制氢的效率主要取决于半导体阳极能级高度的大小,能级高度越小,电子越容易跳出空穴,效率就越高。由于太阳能制氢的转换效率较低,在经济上太阳能电解水制氢至今仍难以与传统电解水制氢竞争。预料在不久的将来,人们就能够把太阳能直接电解水的方法,推广到大规模生产上来。

太阳能热化学制氢是率先实现工业化大生产的比较成熟的太阳能制氢技术之一,具有生产量大、成本较低等特点。目前比较具体的方案有:太阳能硫氧循环制氢、太阳能硫溴循环制氢和太阳能高温水蒸气制氢。其中太阳能高温水蒸气制氢需要消耗巨大的常规能源,并可能造成环境污染。因此,科学家们设想,用太阳能来制备高温水蒸气,从而降低制氢成本。

太阳能热解水制氢是把水或蒸汽加热到 3000 K 以上,分解得到氢和氧的方法。虽然该方法分解效率高,不需要催化剂,但太阳能聚焦费用昂贵。若采用高反射高聚焦的实验性太阳炉可以实现 3000 K 左右的高温,从而能使水分解,得到氧和氢。如果在水中加入催化剂,分解温度可以降低到 900~1200 K,如果将此方法与太阳能热化学循环结合起来,形成“混合循环”,则可以制造高效、实用的太阳能产氢装置。

太阳能光电化学分解水制氢是电池的电极在太阳光的照射下,吸收太阳能,将光能转化为电能并能够维持恒定的电流,将水解离而获取氢气的过程。其原理是:在阳极和阴极组成的光电化学池中,当光照射到半导体电极表面时,受光激发产生电子—空穴对,在电解质存在下,阳极吸光后在半导体带上产生的电子通过外电路流向阴极,水中的质子从阴极上接收电子产生氢气。现在最常用的电极材料是 TiO_2,其禁带宽度为 3eV。因此,要使水分解必须施加一定的外加电压。如果有光子的能量介入,即借助于光子的能量,外加电压小于 1.23V 就能实现水的分解。

5.2.5 核能制氢

核能制氢是利用高温反应堆或核反应堆的热能来分解水制氢的方法。实质上,核能制氢是一种热化学循环分解水的过程。目前涉及高温或核反应堆的热能制氢方法,按照涉及的物料可分为氧化物体系、卤化物体系和含硫体系。此外,还有与电解反应联合使用的热化学杂化循环体系。但是大部分循环或不能满足热力学要求,或不能适应苛刻的化工条件。只有含硫体系的碘硫(IS)循环、卤化物体系的 UT-3(University of Tokyo-3) 循环和热化学杂化循环体系的西屋(Westinghouse)循环等少数流程经过了广泛研究和实验室规模的验证。

氧化物体系利用较活泼的金属与其氧化物之间的互相转换或者不同价态的金属氧化物之间进行氧化还原反应而制备氢气的过程。在这个过程中高价氧化物(MO_{ox})在高温下分解成低价氧化物(MO_{red})放出氧气,MO_{red} 被水蒸气氧化成 MO_{ox} 放出氢气,这两步的焓变相反:

$$MO_{red}(M) + H_2O \longrightarrow MO_{ox} + H_2 \tag{5-3}$$

$$MO_{ox} \longrightarrow MO_{red}(M) + O_2 \tag{5-4}$$

IS 循环由美国 GA 公司于 20 世纪 70 年代发明,又被称为 GA 流程。IS 循环具有以下特点:低于 1000 ℃就能分解水产生氧气;过程可连续操作且闭路循环;只需加入水,其他物料循环使用,无流出物;预期效率高,可以达到约 52%。

金属—卤化物体系中最著名的循环为日本东京大学发明的 UT-3 循环,金属选用 Ca,卤素选用 Br。UT-3 循环具有预期热效率高(35%~40%);两步关键反应都为气—固反应,简化了产物与反应物的分离;所用的元素廉价易得;最高温度为 1033 K;可与高温气冷反应堆相耦合的特点。

热化学杂化过程是水裂解的热化学过程与电解反应的联合过程。杂化过程为低温电解反应提供了可能性,而引入电解反应则可使流程简化。选择杂化过程的重要准则包括电解步骤最小的电解电压、可实现性以及效率。研究的杂化循环主要包括西屋循环、氢杂化循环、烃杂化循环以及金属卤化物杂化过程。效率最高并经过循环实验验证的是西屋循环。目前,多数热化学循环的制氢效率仅为 28%~45%,而电解水制氢的总效率一般为 25%~35%,所以,有人认为热化学循环制氢效率大于 35%时才具有工业意义。

5.2.6 等离子化学法制氢

等离子化学法制氢是在离子化较弱和不平衡的等离子系统中进行的。原料水以蒸汽的形态进入保持高频放电反应器。水分子的外层失去电子,处于电离状态。通过电场电弧将水加热至 50 ℃,水被分解成 H、H_2、O、O_2、OH 和 HO_2,其中 H 和 H_2 的含量达到 50%。为了使等离子体中氢组分含量稳定,必须对等离子进行淬火,使氢不再与氧结合。等离子分解水制氢的方法也适用于硫化氢制氢,可以结合防止污染进行氢的生产。等离子体制氢过程能耗很高,因而制氢的成本也高。

5.3 氢的储存

氢的储存是一个至关重要的技术,储氢问题是制约氢经济的瓶颈之一,储氢问题不解决,氢能的应用则难以推广。氢是气体,它的输送和储存比固体煤、液体石油更困难。一般而言,氢气可以气体、液体、化合物等形态储存。目前,氢的储存方式主要有以下几种。

5.3.1 高压气态储氢

氢气在高压状态可储存在地下库里,也可装入钢瓶中。在常温、常压下,储存 4 kg 气态氢需要 45 m^3 的容积。为了提高压力容器的储氢密度,往往提高压力来缩小储氢罐的容积。储氢容量与压力成正比,储氢容器的重量也与压力成正比。即使氢气已经高度压缩,其能量密度仍然偏低,储氢重量占钢瓶重量的 1.6%左右。这种方法首先要消耗一定的能源,形成很高的压力,而且由于钢瓶壁厚,容器笨重,材料浪费大,造价较高。压力容器材料的好坏决定了压力容器储氢密度的高低。采用新型复合材料能提高压力容器储氢密度。为提高储氢量,目前正在研究一种微孔结构的储氢装置,它是一个微型球床。微型球系薄壁(1~10 μm),充满微孔(10~100 μm),氢气储存在微孔中。微型球可用塑料、玻璃、陶瓷或金属制造。但值得注意的是,尽管压力和重量储氢密度提高了很多,但体积储氢密度没有明显增加。

5.3.2 低温液态储氢

在标准大气压下,将氢气冷却到－253 ℃以下,即可呈液态,然后,将其储存在高真空的绝热容器中。液氢储存工艺首先用于宇航中,其储存成本较贵,安全技术也比较复杂。利用低温液态储氢具有储存效率高，能量密度大（12～34 MJ/kg）、成本高的特点。高度绝热的储氢容器是目前研究的重点。现在一种间壁间充满中孔微珠的绝热容器已经问世。这种二氧化硅的微珠直径为 30～150 μm，中间是空心的，壁厚 1～5 μm。在部分微珠上镀上厚度为 1 μm 的铝。由于这种微珠导热系数极小，其颗粒又非常细，可完全抑制颗粒间的对流换热；将部分镀铝微珠（一般为 3%～5%）混入不镀铝的微珠中可有效地切断辐射传热。这种新型的热绝缘容器不需抽真空，其绝热效果远优于普通高真空的绝热容器，是一种理想的液氢储存罐，美国宇航局（运载火箭）已广泛采用这种新型的储氢容器。此外，不能避免液氢的蒸发损失，由于氢气的逸出，既不经济又不安全。

5.3.3　金属氢化物储氢

氢与氢化金属之间可以进行可逆反应，当外界有热量加给金属氢化物时，它就分解为氢化金属并放出氢气。反之氢和氢化金属构成氢化物时，氢就以固态结合的形式储于其中。金属氢化物储氢就是用储氢合金与氢气反应生成可逆金属氢化物来储存氢气。通俗地说，即利用金属氢化物的特性，调节温度和压力，分解并放出氢气后本身又还原到原来合金的原理。金属是固体，密度较大，在一定的温度和压力的内部，而金属就像海绵吸水那样能吸取大量的氢。需要使用氢时，氢被从金属中"挤"出来。利用金属氢化物的形式储存氢气，比压缩氢气和液化氢气两种方法方便得多。需要用氢时，加热金属氢化物即可放出氢。储氢合金的分类方式有很多种；按储氢合金材料的主要金属元素区分，可分为稀土系、镁系、铪系、钙系等；按组成储氢合金金属成分的数目区分，可分为二元系、三元系和多元系；如果把构成储氢合金的金属分为吸氢类用 A 表示，不吸氢类用 B 表示，可将储氢合金分为 AB_5 型、AB_2 型、AB 型、A_2B 型。合金的性能与 A 和 B 的组合关系有关。

稀土系（AB_5）储氢合金材料储氢反应速度快、储氢能力强、寿命长、吸收氢速度快、滞后效应和反应热效应小、平台压力低而平直、活化容易，可以实现迅速安全地储存，是具有良好开发前景的储氢金属材料。该体系以 $LaNi_5$、$Ce-Co_5$ 等为代表。$LaNi_5$ 是较早开发的稀土储氢合金，在 25 ℃ 和 0.2 MPa 压力下，储氢量约为 1.4（质量分数），具有活化容易、分解氢压适中、吸放氢平衡压差小、动力学性能优良、不易中毒的优点，但存在吸氢后会发生晶格膨胀、合金易粉碎等缺点。为了改善合金的储氢性能、降低成本，采用混合稀土（La、Ce、Nd、Pr 等）取代 $LaNi_5$ 中的 La 或者其他金属全部或部分置换 Ni，可降低稀土合金的成本，提高储氢能力。

镁系（A_2B）储氢合金材料成本低而吸氢量是储氢合金中最大的一种，以 Mg_2Ni、$MgCa$、$La_2Mg_{1.7}$ 为代表的镁系（A_2B）储氢合金是较弱的盐型化合物，兼有离子键和金属键的特征，在不太高的温度下氢可以脱出，可逆吸放氢量高达 7.6%（MgH_2 含氢量为 7.6%），是一种很有前途的储氢合金。但是该体系的吸氢动力学性能较差，氢气化学吸附与氢原子向体内扩散的速度很低，还不能达到实用化程度。通过合金化可改善镁氢化合物的热力学和动力学特性。

锆系（AB_2）储氢合金的代表通式是 $ZrMn_{1-x}Fe_{1-y}$，其中较为实用的有：$ZrMn_{1.22}Fe_{1.11}$、$ZrMn_{1.53}Fe_{1.27}$ 和 $ZrMn_{1.11}Fe_{1.22}$。该合金具有动力学速度快、易于活化、吸放氢量大、热效应小（比 $LaNi_5$ 及其他材料小 2～3 倍）等特点，室温下氢压力在 0.1～0.2 MPa。在锆系合金中，如果用 Ti 代替部分 Zr，用 Fe、Co、Ni 等代替部分 V、Cr、Mn 等制成多元锆系储氢合金，性能更优，这些材料可在稍高于室温的温度下进行活化。当 $T \geqslant 100$ ℃ 时，氢几乎可全部脱出。此外，由于该材料理论电化学容量高（800 mA/g），被称为"第二代 MH/Ni 电池电极材料"。

钛系（AB 型）储氢合金最大的优点是放氢温度低（可在 -30 ℃ 时放氢），缺点是不易活化、易中毒、滞后现象比较严重。该体系以 TiFe 为代表。为了提高钛铁合金的活化性能,实现钛铁合金的常温活化而具备更高的实用价值,用镍等金属部分取代铁形成三元合金,则可以降低滞后效应和达到平台压力要求,且储氢量可达 1.8%～3.4%。当氢纯度在 99.5% 以上时,其循环使用寿命可达 26 000 次以上。如果用锌置换钛铁合金中的部分钛,用 Cr、Ba、Co、Ni 等置换部分 Fe,能得到多种滞后现象小、储氢性能优良的钛铁系多元合金。

5.3.4 碳质材料储氢

碳质储氢材料主要有超级活性炭吸附储氢和纳米碳储氢。

碳纳米管(CNT)是日本 NEC 公司于 1991 年在电弧蒸发石墨电极的实验中意外发现的。根据管壁碳原子的层数不同,碳纳米管可分为单壁纳米碳管(SWNT)和多壁纳米碳管(MWNT)。SWNT 的管壁仅由一层碳原子构成,直径通常为 1～2 nm,长度为十几纳米,MWNTS 是由 2～5 层同轴碳管组成,内径为 2～10 nm,外径为 1～30 nm,长度一般不超过 100 nm,每层管上碳原子沿轴向成螺旋状分布。目前,制备碳纳米管的方法有:化学气相沉积(CVD)法、石墨电弧放电法、催化分解法、激光蒸发石墨棒法、热解聚合物法、火焰法、离子(电子束)辐射法等。

对于氢原子如何进入碳纳米管,不少学者进行了大量的研究。普遍认为氢原子是进入 CNT 两端的开口部位,其具有储氢能力可能是吸附作用的结果。但是,对于 CNT 储氢机理的研究存在较大的差异。CNT 储氢行为的本质究竟是化学吸附或物理吸附,还是两种吸附共存,还存在争议。氢气在常温下是一种超临界气体如果材料的表面不能改变其与氢分子间范德华的作用力,那么超临界气体在任何材料上的吸附只能是材料表面上的单分子层覆盖。大量系统的实验数据和基于吸附理论的分析,得出了氢在碳纳米管上的吸附不是由某种未知的机制决定,而是服从超临界气体吸附的一般规律的结论。

超级活性炭储氢是在中低温(77～273 K)、中高压(1～10 MPa)下利用超高表面积的活性炭做吸附剂的吸附储氢技术。与其他储氢技术相比,超级活性炭储氢具有经济性好、储氢量高、解吸快、循环使用寿命长和容易实现规模化生产等优点,是一种很具潜力的储氢方法。超级活性炭是一种具有纳米结构的储氢碳材料,其特点是具有大量孔径在 2 nm 以下的微孔。在细小的微孔中,孔壁碳原子形成了较强的吸附势场,使氢气分子在这些微孔中得以浓缩。但是,如果微孔的壁面太厚,将使单位面积的微孔密度降低,从而降低了单位体积或单位吸附质量的储氢量。因此,为增大超级活性炭中的储氢容量,必须在不扩大孔径的条件下减薄孔壁厚度。

5.3.5 有机化合物储氢

有机化合物储氢是一种有机化合物的催化加氢和催化脱氢反应储放氢的方式。某些有机化合物可作为氢气载体,其储氢率大于金属氢化物,而且可以大规模远程输送,适于长期性的储存和运输,也为燃料电池汽车提供了良好的氢源途径。如苯和甲苯的储氢量分别为7.14%和 6.19%。氢化硼钠(NaBH$_4$)、氢化硼钾(KBH$_4$)、氢化铝钠(NaALH$_4$)等络合物通过加水分解反应可产生比其自身含氢量还多的氢气,如氢化铝钠在加热分解后可放出总量高达7.4%的氢。这些络合物是很有发展前景的新型储氢材料,但是为了使其能得到实际应用,还需探索新的催化剂或将现有的钛、锆、铁催化剂进行优化组合,以改善材料的低温放氢性能,处理好回收—再生循环的系统。

5.3.6 其他的储氢方式

针对不同用途,目前发展起来的还有无机物储氢、地下岩洞储氢、"氢浆"新型储氢、玻璃空心微球储氢等技术;以复合储氢材料为重点,做到吸附热互补、质量吸附量互补的储氢材料已有所突破;掺杂技术也有力地促进了储氢材料性能的提高。

5.4 氢的利用

5.4.1 燃料电池技术

燃料电池是氢能利用的最理想方式,它是电解水制氢的逆反应。

1. 燃料电池的历史

自1839年,英国科学家格罗夫发表世界上第一篇有关燃料电池的研究报告到现在已有160多年了。格罗夫首次成功地进行的燃料电池的实验如图5-2所示。在稀硫酸溶液中放入两个铂箔做电极,一边供给氧气,另一边供给氢气。直流电通过水进行电解水,产生氢气和氧气,消耗掉氧气和氧气产生水的同时得到电。

2. 燃料电池基础

在燃料电池的燃料极和空气极之间接上外部电阻,可以得到电流。外部的电阻越高,电流越小,燃料极气体的消耗$Q(mol/s)$也变小。外部增加负载后,产生的电压是理论电位E减去空气极电压降(RI)、燃料极电压降($R_c I$)和与阻抗损失有关的电压降($R_{ohm} I$)之和的值。

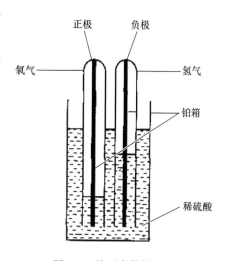

图 5-2 格罗夫燃料电池

R_c和R_a是与电极反应有关的电阻,随电流变化而变化;R_{ohm}是通过电解质的离子或通过导电体的电流等遵从欧姆法则的电阻。尽力减少燃料电池内部的电压降—空气极电压降($R_c I$)和燃料极电压降($R_a I$)是燃料电池中最重要的研究课题。

对燃料电池而言,化学能转变为电能时的效率称为理论效率。理论效率ε_{th}可用下面的公式表示:

$$\varepsilon_{th} = \Delta G / \Delta H_{298} \tag{5-5}$$

式中,ΔG为反应的标准生成吉布斯能变化,kJ/mol;ΔH_{298}为298 K下反应的标准生成焓的变化 kJ/mol。

在标准状态下的理论电位E可用下式表示:

$$E = -\Delta G / nF \tag{5-6}$$

例如,对于甲醇燃料电池而言,$\varepsilon_{th} = 0.97$。表5-1为标准状态下燃料电池反应的最大输出电压以及理论效率。

在实际的燃料电池中存在各种各样的电压损失,通常的效率要比理论效率低得多。一般热机的理论效率随温度上升而增加。而燃料电池的理论效率随温度上升而下降。

在燃料电池内部,因存在空气极的电压损失、燃料极的电压损失和阻抗损失等。燃料电池实际输出的电压是理论电压减去阻抗损失、燃料极的电压损失和空气极的电压损失之和。如果以燃料电池的电解质为基准电极,可以分别计算出空气极以及燃料极上发生的压降损失。

表 5-1 标准状态下燃料电池反应最大输出电压及理论效率

燃料	反应	$-\Delta H/$ (kJ/mol)	$-\Delta G/$ (kJ/mol)	理论 电位/V	理论 效率/%
氢气	$H_2 + \frac{1}{2}O_2 \Longrightarrow H_2O$	286	237	1.23	83
甲烷	$CH_4 + 2O_2 \Longrightarrow CO_2 + 2H_2O$	890	817	1.06	92
一氧化碳	$CO + \frac{1}{2}O_2 \Longrightarrow CO_2$	283	257	1.33	91
碳	$C + O_2 \Longrightarrow CO_2$	394	394	1.02	100
甲醇	$CH_3OH + \frac{3}{2}O_2 \Longrightarrow CO_2 + 2H_2O$	725	702	1.21	97
联氨	$N_2H_4 + O_2 \Longrightarrow \frac{1}{2}N_2 + \frac{3}{2}H_2O$	622	623	1.61	100
氨	$NH_3 + \frac{4}{3}O_2 \Longrightarrow \frac{1}{2}N_2 + \frac{3}{2}H_2O$	383	339	1.17	89
甲醚	$CH_3OCH_3 + 3O_2 \Longrightarrow 2CO_2 + 3H_2O$	1460	1390	1.2	95

3. 燃料电池的分类

燃料电池的分类可从用途、使用燃料和工作温度等来区分,但一般从电解质的种类来分类,燃料电池的分类与材料学特征可以参阅第 7 章。各种燃料电池反应中相关离子的不同,反应式也就各不相同,反应式如表 5-2 所示。燃料电池的电流电压特性如表 5-3 所示。

表 5-2 各种燃料电池的反应式

类型	燃料级	空气极	总反应
PAFC	$H_2 \longrightarrow 2H^+ + 2e^-$	$\frac{1}{2}O_2 + 2H^+ + 2e^- \longrightarrow H_2O$	$H_2 + \frac{1}{2}O_2 \longrightarrow H_2O$
PEMFC	$H_2 \longrightarrow 2H^+ + 2e^-$ $H_2 + CO_3^{-2} \longrightarrow CO_2 + H_2O + 2e^-$	$\frac{1}{2}O_2 + 2H^+ + 2e^- \longrightarrow H_2O$ $\frac{1}{2}O_2 + CO_2 + 2e^- \longrightarrow CO_3^{2-}$	$H_2 + \frac{1}{2}O_2 \longrightarrow H_2O$ $H_2 + \frac{1}{2}O_2 \longrightarrow H_2O$
MCFC	CO 转化反应由 $CO + H_2O \longrightarrow H_2 + CO_2$ 产生氢气		
SOFC	$H_2 + O^{2-} \longrightarrow H_2O + 2e^-$ 或 $CO + O^{2-} \longrightarrow CO_2 + 2e^-$	$\frac{1}{2}O_2 + 2e^- \longrightarrow O^{2-}$ $\frac{1}{2}O_2 + 2e^- \longrightarrow O^{2-}$	$H_2 + \frac{1}{2}O_2 \longrightarrow H_2O$ $CO + \frac{1}{2}O_2 \longrightarrow CO_2$

燃料电池发电效率的高低与工作温度有很大的关系。利用在 PAFC 的排热不仅可以生成热水,还可生成蒸汽,发电效率可达到 45%。PEMFC 能在低温下工作且输出功率密度高,可小型化,也易于操作,适用于家庭用热水器兼小容量电源和汽车用驱动电源等。MCFC 的排热温度随着电池工作温度变得非常高,可以燃气机、蒸汽机等组合构成联合发电;综合发电

效率为 $60\%\sim65\%$，使用煤气化气体燃料时为 $50\%\sim55\%$，可以实现非常高的发电效率。SOFC 是在最高温度范围工作的燃料电池，可以在没有催化剂的情况下在电池内部进行天然气的重整反应，以天然气为燃料的发电效率为 $65\%\sim70\%$，以煤为燃料时为 $55\%\sim60\%$，在数百千瓦量级水平可望达到 50% 的程度。

表 5-3 各种燃料电池的电流电压特性

诊断试验项目：
①开电路电压试验；②电池电压降低；③I－V 特性与极化分离；④氢利用率试验；
⑤空气利用率试验；⑥H_2－O_2分压特性试验；⑦CO_2检出试验；⑧气体泄漏试验

急剧特性降低	直接原因	特性—结构变化原因	诱发原因	诊断项目
气体渗漏 氢气不足	不良电池密封	材料弹性降低及黏接性不降低	材料随时间变化温度周期	①⑧
	电解质层磷酸不足	磷酸过多蒸发，酸补充不足	局部异常温度，磷酸液保持平衡变化	①④⑤⑧
	分离板的腐蚀孔	炭腐蚀	燃料不足时继续运转	②⑦⑧
	燃料供应不足	气体沟堵塞	异物，磷酸液涨	③
	气体供应分布不良	材料弹性降低及黏接性降低	材料随时间变化温度周期	④⑦
缓慢特性降低				
活化极化增加	催化剂劣化	粒径增大怕溶出	随时间粒径增大，高电位放电	③
扩散极化增加	催化剂层内磷酸过多	PTFE 含水量不足	含水量随时间变化	④⑤⑥
电阻极化增加	催化剂电阻增加电解质阴离子传导率降低	催化剂表面性质改变		②

4. 碱性燃料电池

（1）原理和特征

碱性燃料电池是采用氢氧化钾等碱性水溶液作电解液，在 $100\ ℃$ 以下工作的电池。燃料气体采用纯氢，氧化气体采用氧气或者空气，是一种利用氢氧离子的燃料电池，理论电压为 $1.229\ V$（$25\ ℃$）。实际上，空气极的反应不是一次完成的，而是首先生成过氧化氢阴离子和氢氧根阴离子，在有分解过氧化氢阴离子的催化剂作用下，继续反应而成的。由于经历了上面的反应步骤，开路电压为 $1.1V$ 以下，而且因空气极催化剂的不同，电压也不一样。在使用如铂或者银等加速过氧化氢阴离子分解的催化剂时，开路电压就会接近理论电压。与磷酸电解液相比，AFC 具有氧气的还原反应更容易进行，功率高，可在常温下运动；催化剂不一定使用铂系贵金属；二氧化碳会使电解液变质、性能降低的特征。

（2）基本组成和关键材料

AFC 电池堆是由一定大小的电极面积、一定数量的单电池层压在一起，或用端板固定在一起而成的。根据电解液的不同，主要分为自由电解液型和担载型。

担载型与 PAFC 一样，都是用石棉等多孔质体来浸渍保持电解液，为了在运转条件变动时，可以调动电解液的增减量，这种形状的电池堆安装了储槽和冷却板。在作为宇宙飞船电源的 PC17－C 中，每两个电池就安装了一片冷却板。自由电解液型具有电解液在燃料极和空气极之间流动的特征，电解液可以在电池堆外部进行冷却和蒸发水分。在构造方面，虽然不需要在电池堆内部装冷却板和电解液储槽,但是由于需要将电解液注入各个单电池内,因此要有共用的电解液通道。如果通道中电解液流失,则会降低功率,影响寿命。

燃料极催化剂,除了使用铂、钯之外,还有碳载铂或雷尼镍,雷尼镍催化剂是一种从镍和铝合金中溶出、去除铝后,产生大量的、活性很强的微孔催化剂。因为活性强,空气中容易着火,不易处理。所以,为了在铝溶出后不丧失催化活性,进行氧化后,与 PTFE 黏合在一起,使用时再用氢进行还原。作为空气极的催化剂,高功率输出率输出时需要采用金、铂、银,实际应用时一般采用表面积大、耐腐蚀性好的乙炔炭黑或碳等载铂或银。电极框一般采用聚砜和聚丙烯等合成树脂。在担载材料方面开发出了取代石棉的钛酸钾与丁基橡胶混合物。电解液的隔板多使用多孔性的合成树脂或者非纺织物、网等。

(3)开发状况

AFC 的研究开发始于 20 世纪 20 年代。由于它在低温条件下工作,反应性能良好,1950—1960 年进行了大量的开发,但不久停止了研究。由于 CO_2 会造成其特性低,空气中 CO_2 浓度要控制在 0.035% 左右,所以要通过纯化后才能使用,因而,经济实用的纯化法成为其研究课题。欧洲与日本等国家在电解食盐制氢等纯氢利用方面和电动汽车电源等的储氢容器上又开始了实质性研究,美国也提出了再次研究的必要性。

5.磷酸盐燃料电池

(1)原理与特征

磷酸盐燃料电池是以磷酸为电解质,在 200 ℃左右工作的燃料电池。在 PAFC 的电化学反应中,氢离子在高浓度的磷酸电解质中移动,电子在外部电路流动,电流和电压以直流形式输出。单电池的理论在 190 ℃时是 1.14 V,但载输出电流时会产生欧姆极化,因此,实际运行时电压是 0.6~0.8 V 的水平。

PAFC 的电解质是酸性,不存在像 AFC 那样有 CO_2 造成的电解质变质,其重要特征是可以使用化石燃料重整得到含有 CO_2 的气体。由于可采用水冷却方式,排出的热量可以用作空调的冷—暖以及热水供应,具有较高的综合效率。值得注意的是。在 PAFC 中,为了促进电极反应,使用是贵金属铂催化剂,为了防止铂催化剂中毒,必须把燃料气体中的硫化合物及一氧化碳的浓度降低到 1% 以下。

(2)电池电压特性

电池电压的大小决定了电池的输出功率大小,了解造成电压下降的主要原因是什么,对提高电池堆的输出功率起着重大的作用。影响电池特性下降的原因,可以从电阻引起的反应极化、活化极化和浓差极化这三个方面来进行解释。氢泄漏引起催化剂活性下降而导致活化极化,燃料气体不足会导致浓差极化,引起电池电压下降又可分为活性急剧下降和缓慢下降两种。可以认为:引起电池反应特性急剧下降的主要原因是磷酸不足和氢气不足;导致电池反应特性缓慢下降的主要原因是催化剂活性下降。此外,电池内局部短路、冷却管腐蚀、密封材料不良等引起的气体泄漏等也会引起特性下降。引起电池电压特性下降主要有磷酸不足、氢气不足、催化剂活性下降和催化剂层湿润导致特性下降等,了解电池电压特性下降现象,并掌握诊断方法就能保证 PAFC 的长寿命和高效率。

(3)寿命评价技术

寿命评价技术主要有加速寿命法、气体扩散极化诊断法和磷酸溅出量的预测方法等。

加速寿命评价试验法是以温度为加速因素的加速寿命试验方法。在比标准状态工作温度高 10~20 ℃的工作状况下,通过加速电池劣化,可以在更短的时间内对电池反应部位的耐久性进行评价。在温度上升的同时,电池电压下降速度也增大,电池劣化随着温度的升高而被加速。所以,针对实际尺寸的电池,以温度为加速因素的加速试验是可能的,经过1万小时左右的运转后,可以推出电池堆的寿命。

气体扩散极化的诊断方法则是通过改变空气利用率求出单电池的氧分压,从它延长线推出纯氧的电池电压,从而推定扩散极化的结果。

磷酸溅出量的预测方法是基于磷酸损失机理及磷酸迁移规律基础上,考虑电池内磷酸残量随时间变化的预测方法。若能正确地推定电池内的磷酸保有量,则有内磷酸电池寿命延长至4万小时以上。用经验模型求出电池内磷酸迁移速度并进行数学模型化,以模型值与实际值为基础,计算出磷酸蒸发—冷凝量,能预测该电池的磷酸量分布随时间的变化而估算出电池堆的寿命。

6. 熔融碳酸盐燃料电池

(1) 原理和特征

熔融碳酸盐燃料电池通常采用锂和钾或者锂、钠混合碳酸盐作为电解质,工作温度为600～700 ℃。碳酸离子在电解质中向燃料极侧迁移,氢气和电解质中的 CO_3^{2-} 反应生成水、二氧化碳和电子,生成的电子通过外部电路送往空气极。空气极的氧气、二氧化碳和电子发生反应,生成碳酸离子。碳酸离子在电解质中向燃料极扩散。

因为MCFC在高温下工作,所以不需要使用贵金属催化剂,可以利用燃料电池内部产生的热和蒸汽进行重整气体,简化系统;除氢气外,也可以使用一氧化碳和煤气化气体。另外,从系统中排出的热量既可直接驱动燃气轮机构成高效的发电系统,也可利用热回收进行余热发电,因此,热电联供系统能达到 $50\%\sim65\%$ 的高效率。

(2) 电池的组成和材料

MCFC的基本组成和PAFC相同,主要由燃料极、空气极、隔膜和双极板组成。燃料极的材料不仅需要对燃料气体和电极反应生成的水蒸气及二氧化碳具有耐腐蚀性,而且对燃料气体气雾下的熔融碳酸盐也必须有耐腐蚀性,所以多采用镍微粒烧结的多孔材料。为了提高高温环境的抗蠕变力,可添加铬和铝等金属元素。空气极的工作环境比较苛刻,所以一般采用多孔的金属氧化物(如氧化镍)等。虽然氧化镍没有导电性,但由于熔融碳酸盐中的锂离子作用而赋予了导电性。为了抑制其在熔融碳酸盐中的溶解,还可以添加镁、铁等金属元素。隔膜起着使燃料极和空气极分离,防止燃料气体和氧气混合的作用。这种隔膜材料一般使用y相的偏铝酸锂。考虑到碳酸盐的稳定性元素,也使用a相的偏铝酸锂来制备隔膜。此外,为保持高温的机械强度,可使用混合的氧化铝纤维及氧化铝的粗粒子。双极板主要起着分离各种气体,确保单电池间的电联结,向各个电极供应燃料气和氧化剂气体的作用。双极板采用的材料是镍—不锈钢的复合钢。流道由复合钢冲压成型,或者采用平板钢与复合钢通过延压成波纹而成。

(3) 电池性能

MCFC是高温型燃料电池,在反应中电压损失较小。一般来说,无负荷时单电池电压标准是1 V左右,在 0.15 A/cm^2 的负荷下为 $0.8\sim0.9 \text{ V}$。MCFC产生的电压与其他燃料电池相比,在 $0.1\sim0.25 \text{ A/cm}^2$ 范围较高,所以正确的操作方法是在这个范围内工作。

影响电池电压特性的因素有很多,如内部电阻以及反应过程中燃料极、空气极的电压降等。通常MCFC电解质多采用 Li_2CO_3 和 K_2CO_3 的混合碳酸盐,无论使用哪种电解质电阻都很高,尤其是空气极更大。能斯特损失(Ncrnst Loss)是反应中气体组分发生变化引起理论电压的降低量,燃料极占了其中大部分。可以推断,MCFC 在反应中生成的水分,由燃料极排出而引起的气体组成发生显著变化,加快了理论电压的下降速度。

由于 MCFC 在高温下工作,加上电解质熔融碳酸盐具有强烈的腐蚀性,电池材料随着工作时间的延长而劣化。这种劣化分为缓慢劣化和强烈劣化现象:缓慢劣化是由于电池运转逐渐引起的劣化现象,比如腐蚀反应、蒸发造成的电解质流失及金属材料的腐蚀反应等;强烈劣化是指电池工作较长时间后产生的现象。这些劣化现象一旦发生,电池性能就开始急剧下降,而使电池不能继续运转工作,如气体泄漏、镍短路等。

(4) 延长电池寿命的技术

电解质的损失、隔膜粗孔化和镍短路是影响电池寿命的主要因素。

电解质的损失主要是由于与金属部件反应,产生电阻高、腐蚀性的生成物,增加了接触阻力。要解决腐蚀金属引起的电解质消耗的问题,可采取对金属部件表面进行耐腐蚀处理,还可减少使用金属部件数量及减小金属部件表面积来抑制电解质的消耗。此外,电解质的蒸发及迁移也是消耗电解质的主要原因。

隔膜的粗孔化是由于电解质的多孔基体溶解、析出而引起的粒子粗大化现象。粗孔化使电解质的保有率降低,加速了电解质的损失,可通过改变电解质的隔膜材料 $LiALO_2$ 来解决。

镍短路则是负极使用的氧化镍和 CO_2 发生化学反应,产生镍离子并溶解在电解质中,与燃料气体中氢气发生反应,使电解质中析出粒子状的金属镍,造成燃料极和空气极之间的内部短路。研究表明:增厚隔膜板能延迟反应,改变电解质组成、隔膜板的材料,或者降低二氧化碳分压也可以缓解此现象的发生。目前,较好的解决方法是用锂/钠系电解质取代以前的锂/钾系电解质。这种电解质与锂/钾系电解质相比,镍的溶解度约降低一半,使镍短路发生时间延长两倍。

7. 固体氧化物燃料电池

(1) 原理和特征

固体氧化物燃料电池是一种采用氧化钇、稳定的氧化铝等氧化物作为固体电解质的高温燃料电池,工作温度在 800～1000 ℃范围内。反应的标准理论电压值是 0.912 V(1027 ℃),但受各组成气体分压的影响,实际单电池的电池电压值是 0.8 V。在 SOFC 的电化学反应中,作为氧化剂的氧获得电子生成氧离子,与电解质中的氧空位交换位置,由空气极定向迁移到燃料极。在燃料极,通过电解质迁移来的氧离子和燃料气中的 H_2 或 CO 反应生成水、二氧化碳和电子。SOFC 具有高温工作、不需要贵金属催化剂;没有电解质泄漏或散逸的问题;可用一氧化碳作燃料,与煤气化发电设备组合,利用高温排热建成热电联供系统或混合系统实现大功率和高效发电的特征。

(2) 电池的组成

SOFC 主要分为管式和平板式两种结构。

管式 SOFC 是一个由燃料极、电解质、空气极构成的电池管,这种电池有很强的吸收热膨胀的能力,使其在 1000 ℃的高温下也能稳定地运转。管式 SOFC 电池堆由 24 个管式电池单元组成,每 3 个并联在一起,每 8 个串联在一起。如果将电池单元彼此直接连接的话,不能解决温度变化时产生的热膨胀。所以,每个电池之间使用镍联结件。这样,镍联结件既能吸收热膨胀也能作为导电体。

平板式 SOFC 主要分为双极式和波纹式。双极式 SOFC 与质子交换膜燃料电池(PEFC)和 PAFC 具有同样的结构,即把燃料极、电解质、空气极烧结为一体,形成三合一的平板状电池,然后把平板状电池和双极板层压而成。波纹式 SOFC 有两种形式,一种是将燃料极、电解质、空气极三合一的膜夹在双极联结件中间层压形成并流型;另一种是将平板状燃料极、空气极、电解质板夹在箔板状的三维板中层形成逆流型。

(3)电池关键材料

电池材料主要有电解质材料、燃料极材料、空气极材料和双极联结材料。

①电解质材料。作为 SOFC 电解质材料,应具备高温氧化—还原气体中稳定、氧离子电导性高、价格便宜、来源丰富、容易加工成薄膜且无害的特点。YSZ(Yttria Stabilized Zirconia)被广泛地用作电解质材料。在 YSZ 中,钇离子置换了氧化锆中的锆离子,使结构发生变化。由于锆离子被置换,破坏了电价平衡,要维持整体的电中性,每两个钇离子就会产生一个氧离子无规则地分布在晶体内部。这样,由于氧离子的迁移而产生了离子电导性。

②燃料极材料。应该满足电子导电性高,高温氧化—还原氢中稳定、热膨胀性好,与电解质相溶性好、易加工等要求。符合上述条件的首选材料是金属镍,在高温气体中镍的热膨胀系数为 $10.3 \times 10^{-5} \, K^{-1}$,和 YSZ 的 $10 \times 10^{-4} \, K^{-1}$ 非常接近。燃料极材料通常使用镍粉、YSZ 或者氧化锆粉来制成合金,与单独使用镍粉制成的多孔质电极相比。合金可以有效地防止高温下镍粒子烧结成大颗粒的现象。

③空气极材料。作为空气极材料也应该像燃料极材料那样满足电子导电性高、高温氧化—还原气氛中稳定性好,热膨胀性好,与电解质相溶性好等要求。镧系钙钛矿型复合氧化物能满足上述条件。实际上,常用于 SOFC 空气极材料有钴酸镧($LaCoO_3$)和掺杂锶的锰酸镧($La_{1-x}Se_xMnO_3$),前者有良好的电子传导性,$1000 \, ^{\circ}C$ 时电导率为 $150 \, S/cm$,约是后者的 3 倍。但是,热膨胀系数为 $23.7 \times 10^{-6} \, K^{-1}$,远远大于 YSZ,后者的电子传导性虽然不如前者,但热膨胀系数为 $10.5 \times 10^{-6} \, K^{-1}$,与 YSZ 基本一致。

④双极联结材料。由于双极联结件位于空气极和燃料极之间,所以,无论在还原气氛还是在氧化气氛中都必须具备化学稳定性和良好的电子传导性。此外,其热膨胀系数必须与空气极和燃料极材料的热膨胀系数相近。双极联结件材料多使用钴酸镧,或掺杂锶的锰酸镧。随着低温 SOFC 的研究和平板式 SOFC 制作技术的进步,正在研发金属来制造双极联结件。

(4)发电特性及系统组成

一般而言,电压随着电流的增加而下降,为了提高电池的性能,需要进行大电流侧增大电压的技术开发工作。在加压环境下运转时,电池电压上升,发电效率也提高。随着工作压力的增加,电池电压显著上升。这样,可以利用 SOFC 的高温高压排气来进行 SOFC 和燃气轮机的混合发电来提高综合效率。

常压型 SOFC 混合发电系统能最大限度地利用 SOFC 高温排气的特性,产生出具有附加值的高温蒸汽,综合热效率达到 80% 以上。由于没有像燃气轮机那样的回转机作为主要机器。工作环境非常安静,不需要加压容器,所以极有可能小型化。加压型 SOFC-小型燃气轮机混合系统是利用 SOFC 在加压条件下,发电效率增加的特点,输电端效率可望达到 60%~70%。而 SOFC 汽轮机混合发电系统是将 SOFC 中排出的废燃料和废空气用作燃气轮机的燃料及燃烧用空气,实现输出端高效率,这些高效率混合发电系统可取代火力发电。

要真正地发挥 SOFC 的优势,实现大容量的发电系统要解决电池的高效率化、工作温度低温化、缩短启动时间、系统小型化和利用高温排热技术等技术难题。

8. 质子交换膜燃料电池

(1)原理与特征

质子交换膜燃料电池又称固体高分子型燃料电池(Polymer Electrolyte Fuelcell,PEFC),

其电解质是能导质子的固体高分子膜,工作温度为 80 ℃,如果向燃料极供给燃料氢气,向空气极供给空气的话,在燃料极生成的氢离子,通过膜向空气极迁移,与氧反应生成水,向外释放电能。PEFC 与其他的燃料电池相比,具有不存在电解质泄漏、可常温启动、启动时间短和可以使用含 CO_2 的气体作为燃料的特点。如图 5-3 所示,PEFC 的电池单元有在固体高分子膜两侧分别涂有催化层而组装成三合一膜电极(Membrane Electrode Assembly,MEA)、燃料侧双极板、空气侧双极板以及冷却板构成。为了提高较高的输出电压,必须将电池单元串联起来组成电池堆,在电池堆两端得到所需功率。一个电池堆可以有 n 个电池单元串联,在电池堆的两端配置有金属集电板,向外输出电流,在其外侧有绝缘加固板,并用螺栓与螺母将电池堆固定为一个整体。

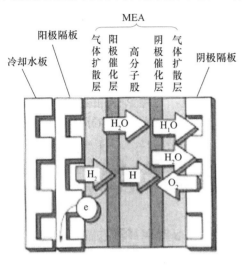

图 5-3　PEFC 电池结构

(2) 电池的组成及关键材料

PEFC 的关键材料主要有质子交换膜、催化剂和双极板。

质子交换膜又称离子交换膜,在 PEFC 中起着电解质作用,可以说它是 PEFC 的心脏部分。它不但起到防止氢气与氧气直接接触的屏障作用,还起着防止燃料极和空气极直接接触造成作用,是一种点的绝缘体。通常使用的质子交换膜是一种全氟磺酸基聚合物,在缺水的情况下,氢离子的传导性显著下降,所以,保持膜的适度湿润性非常重要。全氟磺酸基聚合物膜是由疏水的主链与具有亲水的磺酸基侧链构成的。

目前,已商品化的高分子膜有 Nafion 膜、Flemion 膜和 Aciplex 膜等,它们仅是侧基的结构不同而已。要强调的是:膜的机械强度随着含水率的升高,离子交换基浓度的提高以及温度的增加会降低,虽然膜越薄越有利于减小阻力,但是气体的透过量与膜的厚度成反比。

催化剂是 PEFC 的另一个关键材料。它的电化学活性高低对电池电压的输出功率大小起着决定性作用。由于工作温度比较低,燃料气中的 CO 会毒化贵金属催化剂,为了防止 CO 中毒,燃料极常使用铂/钌催化剂,空气极则使用以铂金属为主体的催化剂。

双极板具有分离空气与燃料气体,并提供气体通道、迅速排出生成水的作用。如果生成水滞留在气体的通道上,就会影响反应气体的输送能力。因此,为了迅速排出积累的水,需在提高反应气体的压力、设计流道的形状、通道结构等方面引起重视。双极板的材料要求具有耐腐蚀性、导电性好、接触阻力小、质量轻以及价格低廉等特点。目前,除了广泛采用的碳酸材料外,还使用耐腐蚀的金属材料。但是固体高分子膜是一种带有酸性基团的聚合物,双极板要在氧化与还原环境下工作,因而对金属表面必须进行镀金或进行其他的特殊处理。

(3) 电池电压—电流性能

电池电压—电流性能受环境湿度、工作压力、工作温度、反应气体条件、燃料利用率和空气利用率等影响。分析电池电压下降的原因,对提高电池的使用寿命有重大意义;电池电压下降的主要原因除了有铂金属催化剂粒的增大及固体高分子膜被污染的原因之外,还存在催化剂层被湿润范围增大而导致电池电压的下降。

环境湿度增加,膜的含水量增加,离子传导率也随之增加,当湿度为 100% 时,离子传导率达到最大。如果膜内增湿达到了最理想的程度,电压下降就会变得极小,电池可以稳定地工作。随着电池工作压力的升高,氧气分压也升高,极化现象减少,带来电池的输出电压增加,但是,电压并不一定随着温度的上升而成比例上升,电池输出电压特性与空气极的催化剂活性、燃料极的一氧化碳中毒情况和膜的增湿状态等有关,这些因素与温度之间成比例增加。天然气、甲醇等处理加工后的氢气有一定量的一氧化碳,会使催化剂中毒,是电池电压下降的重要原因之一,因而,在使用这些原料的氢气之前,务必要检测这些氢气中一氧化碳的含量。一般情况下,氢气中的一氧化碳含量要控制在10PPM以下。

此外,对于电池堆特性而言,由于是由单电池串联组成的,为了保证良好的输出功率,无论在何种电流密度下,每个单电池电压都具有良好的均一性。

9. 直接甲醇燃料电池

(1) 原理和特征

直接甲醇燃料电池(DMFC)是直接利用甲醇水溶液作为燃料,以氧气或空气作为氧化剂的一种燃料电池。DMFC也是一种质子交换膜燃料电池,其电池结构与质子交换膜燃料电池相似,只是阳极侧的燃料不同。通常的质子交换膜燃料电池使用氢气为燃料,称为燃料电池,质子交换膜燃料电池使用甲醇为燃料,称为甲醇燃料电池。甲醇和水通过阳极扩散层至阳极催化剂层(即电化学活性反应区域),发生电化学氧化反应,生成二氧化碳、质子以及电子。质子在电场作用下通过电解质膜迁移到阴极催化剂层,与通过阴极扩散层扩散而至的氧气反应生成水。DMFC具有储运方便的特点,是一种极容易产业化、商业化的燃料电池。

(2) 电池的组成与关键材料

DMFC的组成与PEFC一样,其电池单元由三合一膜电极、燃料侧双极板、空气侧双极板以及冷却板构成。为了得到较高的输出电压,必须将电池单元串联起来组成电池堆,在电池堆两端得到所需功率。与PEFC类似,DMFC的关键材料主要有质子交换膜、催化剂和双极板。

双极板的材料与PEFC类似,一般采用碳材料或金属材料,但是催化剂和质子交换膜与PEFC有所不同。在实际的DMFC工作中,甲醇氧化成二氧化碳并不是一步完成的,要经过中间产物甲醛、甲酸、一氧化碳。催化剂铂对一氧化碳具有很强的吸附能力,吸附在铂上的一氧化碳会大大降低铂的催化活性,造成电池性能劣化。为了防止催化剂中毒,阳极电催化剂一般采用二元或多元催化剂,如催化剂Pt-Ru/C等。氧化剂的形成可以在铂的表面与水反应生成提供活性氧的中间体,这些中间体Pt能使Pt-CHO反应生成二氧化碳,改善Pt的催化性能,从而达到促进Pt催化氧化甲醛的目的。

与PEFC不同,Nafion膜用于DMFC时,存在甲醛渗透现象。甲醛与水混溶,在扩散和电渗下,会伴随水分子从阳极渗漏到阴极,致使开路电压大大降低,电池性能显著降低。为防止甲醇渗透,可以采用改性Nafion膜的方法,来提高膜的抗甲醛渗透性。如Nafion-SiO₂复合膜、Nafion-PTFE复合膜等,也可以采用研制新型质子交换膜来取代现有的Nafion膜,如无氟芳杂环聚合物具苯并咪唑、聚防范醚酮磺酸膜、聚酰亚胺磺酸膜等。

可以说DMFC是最容易走向实用化的一种燃料电池,虽然近些年来国内外出现了大量DMFC样机,但还未真正实现产业化和商业化。使用寿命短、低温启动难等尚未解决的技术问题严重地阻碍了其推广进程。研制出甲醛氧化具有高的电催化活性和抗氧化中间物CO毒化的阳极催化剂、抗甲醛渗透的质子交换膜会加快DMFC的实用化、产业化的速度。

10. 其他类型的燃料电池

此外,直接肼燃料电池、直接二甲醚燃料电池、直接乙醇燃料电池、直接甲酸燃料电池、直接乙二醇燃料电池、直接丙二醇燃料电池、利用微生物发酵的生物燃料电池、采用 MEMS 技术的燃料电池也在研究中。

11. 燃料电池汽车

燃料电池汽车是将燃料电池发电机作为驱动器的电动汽车,其系统如图 5-4 所示。它是从高压气瓶供应氢的纯氢燃料电池系统。空气从空气供给系统提供。该系统联结了超级电容器,回收利用驱动时多余的能源。现在,可以用作为燃料电池汽车的燃料有纯氢、甲醇和汽油等。如果利用纯氢,则不需要重整器,因而可以简化系统,提高燃料电池的效率。但是氢的储存量有限,因而行驶距离受到限制。现在,科学家正在研究采用吸氢合金、液体氢及压缩氢等方式储存氢气,但是液态氢存在需在基地温度下保存及易从储气罐金属分子间隙泄漏等问题。对于压缩氢气,钢瓶耐压增大便可以降低储藏体积,目前科学家已经开发出 70 MPa 的储氢钢瓶。

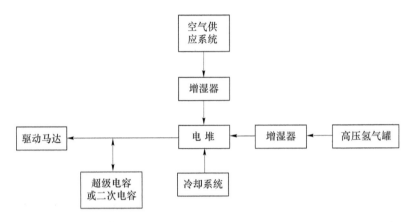

图 5-4　燃料电池发电机系统

使用纯氢的燃料电池汽车可以在短时间内启动,但使用甲醇或汽油时,需有车载重整过程的设备,且必需有一定的启动时间。车载重整的燃料电池汽车都需要一定的启动时间,因而人们正在研究把电池和超级电容器组合起来,能缓解这个问题,在短时间内能启动的燃料电池汽车发动机系统。

为了推动今后燃料电池汽车的商业化,必须尽早解决如下几个问题:①小型紧凑化、防冻、缩短启动时间以及应答速度快等技术性课题;②建立基础设施的建设;③降低成本;④确保安全性,提高可信赖度。

12. 燃料电池固定式发电站

家用燃料电池电源系统的应用概念是利用燃料处理装置从城市天然气等化石燃料中制取富含氢的重整气体,并利用重整气体发电的燃料电池发电系统。为了利用燃料电池发电时产生的热能量以及燃料处理装置放热产生的热水,设计了"热电水器"的各种电器。

在 PEFC 电池堆中,重整气体中的氢与空气供应装置得到的氢经电化学反应生成直流电与热。通过热回收装置,把水加热到 60 ℃以上的热水,向浴室、厨房、暖气等热水器使用装置供应热水;另外,PEFC 电池堆产生的直流电,通过逆变器转化成交流电,与商业用电联供系统运转。家用 PEFC 热电的联供热水取代了原有热水器,不仅解决家庭使用热水的问题,同时还因产生的电供应住宅内的电器设备而得到了充分的利用。

13. 燃料电池便携系统

燃料电池作为紧急备用电源和二次电池的替代品,广泛地用于手机、个人电脑等终端电源中。燃料电池的使用避免了二次电池的回收和再利用技术等环境课题。使用甲醇的燃料电池,每单位质量的能量密度是锂电池的 10 倍,只要更换燃料就能继续发电。

5.4.2 氢内燃机

氢内燃机是一种将氢作为燃料的发动机,目前有两种氢内燃机,一种是全烧氢汽车,另一种是氢气与汽油混烧的掺氢汽车。掺氢汽车的发动机只要稍加改变或不改变,即可提高燃料利用率和减轻尾气污染。掺氢汽车的特点是氢气和汽油的混合燃料能改善整个发动机的燃烧状况。在交通拥挤的城市,汽车发动机多处于部分负荷下运行,采用掺氢汽车比较有利。

5.5 氢能的安全

氢的各种内在特性,决定了氢能系统有不同于常规能源系统的危险特征。与常规能源相比,氢有很多特性:较宽的着火范围、较低的着火能、较高的火焰传播速度、较大的扩散系数和浮力。

(1)泄漏性。氢是最轻的元素,比液体燃料和其他燃料更容易泄漏,在燃料电池汽车(FCV)中,它的泄漏程度因储气罐的大小和位置的不同而不同。从高压储气罐中大量泄漏,氢气会达到声速(1308 m/s),泄漏得非常快。由于天然气的容积能量密度是氢气的 3 倍多,所以泄漏的天然气包含的总能量要多。众所周知,氢的体积泄漏率大于天然气,但天然气的泄漏能量大于氢。

(2)爆炸性。氢气是一种最不容易形成可爆炸气雾的燃料,但一旦达到爆炸下限,氢气最容易发生爆燃。爆炸时,氢气火焰几乎看不到,在可见光范围内,燃烧的氢放出的能量也很少。因此,接近氢气火焰的人可能感受不到火焰的存在。此外,氢燃烧只产生水蒸气,而汽油燃烧时会产生烟和灰,增加对人的伤害。

(3)扩散性。发生泄漏,氢气会迅速扩散。与汽油、甲烷和天然气相比,氢气具有更大的浮力和更大的扩散性。氢的密度仅为空气的 7%,所以即使在没有风或不通风的情况下,它们也会上升,在空气中可以向各个方向快速扩散,迅速降低浓度。

(4)可燃性。在空气中,氢的燃烧范围很宽,而且着火能力很低。氢—空气混合物燃烧的范围是 4%~75%(体积比),着火能力仅为 102MJ。而其他燃料的着火范围要窄得多,着火能力也要高很多,因为氢的浮力和扩散性很好。可以说氢是最安全的燃料。

5.6 氢能应用展望

当我们踏入 21 世纪的今天,能源和环境对人类的压力越来越大,要求尽快改善人类生存环境的呼声越来越高。世界各国政府和大财团公司都不惜重金投入开发新能源,而氢能作为一种清洁、高效、无污染的可再生能源,被视为 21 世纪最具发展潜力的能源,无疑是我们的最佳选择。2010 年以前,世界每天生产的氢能源当量达到 320 万桶石油;2020 年前将达到 950 万桶石油,氢将在 2050 年前取代石油而成为主要能源,人类将进入完全的氢经济社会。

氢能是二次能源,它的普及应用必然涉及原料来源、储运和市场。我国目前使用的氢绝大部分由化石燃料而来,制造技术与工艺成熟。但制取过程成本大,能量转化效率低,同时向大气排放温室气体,污染环境。随着化石燃料的枯竭,太阳能制氢、生物质制氢、核能制氢等应该是化石矿物燃料制氢的有效补充。除了开发满足能量密度大、比重小、反应速度快、常温低压下操作性好等要求的储氢材料外,还应提高现存的高压氢气和液氢商业化技术,不断降低成本、满足制造业者和终端用户的要求。

　　燃料电池在无污染、节省能源及燃料的多样化方面与以前的发电方式相比,有许多优越性。各种燃料电池的技术特点不同,其技术水平也不同,但在走向实用化上有许多相同点,经济性也是共同的重要课题。为了进一步实现以保护环境为目的、降低有害气体和温室化气体的排出量,国家政策性经济援助制度积极地推进燃料电池的市场开发,是很有效的。

第6章 新型核能

6.1 概 述

按照现有的科学知识,在 137 亿年之前发生了形成宇宙的"大爆炸(Big Bang)"。在大爆炸之后 $10^{-13} \sim 10^{-4}$ s,质子和中子在称为"重子起源(Baryogenesis)"中产生,从此标志着宇宙"核时代(Nuclear Age)"的开始。然而,宇宙又经过大约 35 万年的演变,才产生了第一个氢原子;再经历了 100 万~200 万年的历程,才产生了恒星;之后宇宙又演变了数百万年,才发生第一颗超新星爆炸,并在这个整个宇宙中撒布碳、氮、氧以及铀等重元素。在 50 亿年前,在太阳系的附近发生了一颗超新星的爆炸,并提供了形成太阳系的原始材料,而我们今天的地球是在 10 亿年前形成的。

自 1896 年法国科学家贝可勒发现天然放射性现象,人类开始步入原子核领域的科学探索。在随后的半个世纪里,与原子核相关的科学研究工作取得了辉煌的成就。居里夫人在 1998 年发现天然放射性元素镭和钋,这些新发现引起人们对这类陌生的天然放射性现象进行研究的广泛关注。爱因斯坦(Albert Einstein)在 1905 年建立狭义相对论质能关系,为定量描述原子核在核反应的过程发生质能转换,并释放核能奠定了理论基础。卢瑟福(E. Rutherford)在 1911 年提出有原子核的原子结构模型。玻耳(N. Bohr)在 1913 年建立氢原子的量子化壳模型,解释了氢原子光谱,并在 1935 年提出原子核反应的液滴核模型。卢瑟福早年的学生和得力助手查德威克(J. Chadwick)目标明确、坚持不懈地进行了 11 年的科学探索,终于在 1932 年发现了中子。找到中子存在的确切证据是原子核物理领域具有里程碑性质的重大科学发现。中子的发现在核物理和核技术领域引起三个方面的重大进展:第一,确立了原子核的质子—中子结构模型;第二,激发了一系列新课题的研究,激发连串的新发现,其中重要的发现是中子慢化、人工放射性和核裂变;第三,打开了实际利用核能的大门。

费米(Enrico Fermi)在 1934 年发现中子慢化现象并创建中子物理学基础。哈恩(O. Hahn)与斯特拉斯曼(F. Strassmann)在 1938 年发现铀核裂变,随后德国科学家迈特纳和弗利胥(Lise Meetner, Otto Frisch)在哈恩与斯特拉斯曼的实验结果的启发下,用玻耳提出的"液滴核模型"解释了中子轰击铀靶可能发生裂变的原因,并预测发生裂变时也许释放巨大的能量。

上述开创性科学成果,为 20 世纪后半叶人类开发核能技术及和平利用核能奠定了坚实的理论基础。1941 年 12 月,费米带领的研究小组在芝加哥大学的一座运动场看台下的网球场开始建造世界第一座试验性的原子裂变反应堆,标志着人类已经掌握一种新型能源——核能大规模利用的手段。从科技史的角度看,核能技术发展的初始动力确定是与军事需要紧密相关的。在第二次世界大战的阴影下,人类的"原子能时代"在发展核武器的竞赛跑道上开始闪亮登场。1954 年 6 月,苏联在莫斯科附近的奥勃宁斯克建成了世界上第一座试验核电厂,发电功率为 5 MW,标志着已敲开了有规模开发核能产业的大门。

早期人们对核能的预期相当高,在经济利益的驱动下,核电工业迅速扩张,掩盖了其技术的固有安全缺陷和隐患:1979 年 3 月 28 日凌晨美国宾州三里岛核电厂发生了反应堆芯熔化的严重事故和 1986 年 4 月 26 日发生在苏联切诺贝利核电厂的第 4 号反应堆的核灾难对全球核能发展造成严重冲击。虽然事故在发生后很短的时间内就得到控制,但切尔诺贝利核灾难的直接后果是诱发了全球、特别是欧洲的反核势力的迅速增长,导致新电厂附加安全设施的直接投资快速增加,安全评审过程更为复杂,建造工期延长,新建核电的经济竞争力明显下降。

核能利用的另一途径是实现可控的核聚变。人类用试爆原子弹的方式,在 1945 年首次实现了大规模释放核裂变能,其后仅过了 7 年,就又以实现了试爆氢弹的方式,首次实现了大规模释放聚变能。不同的是,在首次试爆原子弹之前,人类就已经掌握了可控的自持链式核裂变的方法,而至今还没有找到能够长时间稳定控制热核聚变的有效方法。实现可控热核聚变反应,需要在 10keV(10^8 K)以上的温度条件下。目前地球上最可能实现 DT 等离子体约束,按约束机理可分为磁约束和惯性约束。

1950 年,苏联物理学家萨哈罗夫和塔姆提出用环流器(Tokamak)约束等离子的概念。1957 年,英国物理学家劳森(L. D. Lawson)导出热核聚变反应堆发电达到能量得失相当所需的条件,称为劳森判据。自 1992 年 11 月以来,在世界最大的一代托克马克装置上成功地进行了等离子体放电实验,工况接近劳森判据,且聚变功率从 7.5 MW 提升到 10 MW,意味着开发核聚变能的科学可行性初步得到证实。国际热核聚变试验堆 ITER 的前期研发工作也取得很大的进展,已决定在法国卡达拉什选定的厂址上建造世界第一座热核聚变试验堆。

1960 年,固体激光器研制成功,为实现等离子体的惯性约束提供了另一手段。20 世纪 60 年代,苏联科学家巴索夫(N. G. Basov)首先提出惯性约束核聚变设想。在过去的几十年中,惯性约束核聚变的研究工作也取得了非常大的进步。美国在 20 世纪 90 年代初就开始了称为"国家点火装置(NIF)"的用于惯性约束核聚变的超级激光系统的研制计划。既可用于模拟氢弹爆炸、检验战略核武器的性能,又可作为许多高能和高密度激光物理的研究试验平台,并有助于对利用惯性核聚变能发电的探索。中国最早在 20 世纪 60 年代,由物理学家王淦昌独立提出惯性约束的概念并倡导研究惯性核聚变,取得了令人鼓舞的成绩,我国独立研制的"神光"系类激光打靶装置的性能都达到同时期世界先进水平。

6.2 原子核物理基础

核能技术的物理理论基础是原子核物理,在世界第一座核反应堆建成以前的几十年,原子核物理经历了快速发展的黄金时期,其研究成果大都代表当时物理学前沿方向的最新进展。本节简述与原子核的裂变相关的核物理理论基础。

6.2.1 原子与原子核的结构与性质

1. 原子与原子核的结构

世界上一切物质都是由原子构成,任何原子都由原子核和绕原子核旋转的电子构成。原子核比较重,带有正电荷;电子则轻得多,带有负电荷,它们位于围绕核的满足量子态条件的各轨道上。原子核本身又由带正电荷的质子和不带电的中子两种核子组成。质子的电荷与电子的电荷量值相等而符号相反。原子核中的质子数称为原子序数,它决定原子属于何种元素,质子数和中子数之和称为该原子核的质量数,用符号 A 表示。

2. 原子与原子核的质量

原子质量采用原子质量单位,记作 u(是 unit 的缩写)。一个原子质量单位的定义是:$1u = {}^{12}C$ 原子质量$/12$,称为原子质量碳单位。原子质量单位与 g 或 kg 的转换关系为 $1u = 12/(2N_A) = 1.660\,538\,7 \times 10^{-27}$ kg。其中,$N_A = 6.022\,142 \times 10^{23}$ 个原子/mol 是阿伏伽德罗常量。

核素用下列符号表示:

$$_Z^A X_N$$

其中 X 是核素符号,A 是质量数,Z 是质子数,N 是中子数,且 $A = N + Z$。质子数相同、中子数不同的核素称为同位素,如 ${}^{235}U$ 和 ${}^{238}U$ 是铀的两种天然同位素。

3. 原子核的半径与密度

实验表明,原子核是接近与球形的。体内过程采用核半径表示原子核的大小,其宏观尺度很小,数量级为 $10^{-13} \sim 10^{-12}$ cm。核半径是通过原子核与其他粒子相互作用间接测得的,有两种定义,即核力作用半径和电荷分布半径。实验测得核力作用半径 R_N 可近似为:

$$R_N \approx r_0 A^{1/3} \tag{6-1}$$

式中:$r_0 = (1.4 \sim 1.5) \times 10^{-13}$ cm $= (1.4 \sim 1.5)$ fm。

核内电荷分布半径就是质子分布半径 R_C,表示为:

$$R_C \approx 1.1 \times A^{1/3} (\text{fm}) \tag{6-2}$$

显然,电荷分布半径 R_C 比核力作用半径 R_N 要小一些。

6.2.2 放射性与核的稳定性

1. 放射性衰变的基本规律

1896 年,贝可勒尔(Hcndrik Antoon Bccquerel)发现铀矿物能发射出穿透力很强、能使照相底片感光的不可见的射线。在磁场中研究该射线的性质时,证明它是由以下三种成分组成的:①在磁场中的偏转方向与带正电的离子流的偏转相同;②在磁场中的偏转方向与带负电的离子流的偏转相同;③不发生任何偏转。这三种成分的射线分别称为 α 射线、β 射线和 γ 射线。α 射线是高速运动的氦原子核(又称 α 粒子)组成的,它在磁场中的偏转方向与正离子流的偏转方向相同,电离作用大,穿透本领小;β 射线是高速运动的电子流,它的电离作用较小,穿透本领较大;γ 射线是波长很短的电磁波,它的电离作用小,穿透本领大。

原子核自发地放射出 α 射线或 β 射线等粒子而发生的核转变称为核衰变。在 α 衰变中,衰变后的剩余核 Y(通常叫子核)与衰变前的原子核 X(通常叫母核)相比,电荷数减少 2,质量数减少 4。可用下式表示:

$$_Z^A X \longrightarrow {}_{Z-2}^{A-4} Y + {}_2^4 He \tag{6-3}$$

β 衰变可细分为三种:反射电子的称为 β- 衰变;反射正离子的称为 β+ 衰变;俘获轨道电子的称为轨道电子俘获。子核和母核的质量数相同,只是电荷数相差 1,是相邻的同量异位素。三种 β 衰变可分别表示为:

$$_Z^A X \longrightarrow {}_{Z-1}^A Y + e^-;\ _Z^A X \longrightarrow {}_{Z-1}^A Y + e^+;\ _Z^A X + e^- \longrightarrow {}_{Z-1}^A Y \tag{6-4}$$

其中 e^- 和 e^+ 分别代表电子和正电子。γ 放射性既与 γ 跃迁相联系,也与 α 衰变或 β 衰变相联系。α 和 β 衰变的子核往往处于激发态。处于激发态的原子核要向基态跃迁,这种跃迁称为 γ 跃迁。γ 跃迁不导致核素的变化。

实验表明,任何放射性物质在单独存在时都服从指数衰减规律:

$$N(t) = N_0 e^{-\lambda t} \tag{6-5}$$

式中:比例系数 λ 称为衰变常量,是单位时间内每个原子核的衰变概率;N_0 是在时间 $t=0$ 时的放射性物质的原子数。放射性衰变的指数衰减率只适用于大量原子核的衰变,对少数原子核的衰变行为只能给出概率描述。实际应用感兴趣的是放射性活度 $A(t)$,且有:

$$A(t) = dN(t)/dt = \lambda N(t) = \lambda N_0 e^{-\lambda t} = A_0 e^{-\lambda t} \tag{6-6}$$

放射性活度和放射性核数具有同样的指数衰减规律。半衰期 $T_{1/2}$ 是放射性原子核数衰减到原来数目的一半所需的时间,平均寿命 τ 是放射性原子核平均生存的时间。$T_{1/2}$、τ、λ 不是各自独立的,有如下关系:

$$T_{1/2} = \ln 2/\lambda = \tau \ln 2 = 0.693\tau$$

原子核的衰变往往是一代又一代地连续进行,直到最后达到稳定为止,这种衰变称为递次衰变,或称为连续衰变,例如,Thorium(钍)-Radium(镭)-Actinium(锕):

$$^{232}\text{Th} \xrightarrow[1.41 \times 10^{10}]{\alpha} e^{-\lambda_1 t} {}^{228}\text{Ra} \xrightarrow[5.76a]{} {}^{228}\text{Ac} \xrightarrow[6.13h]{\beta^-} {}^{228}\text{Th} \xrightarrow[1.913a]{\alpha} \cdots \longrightarrow {}^{208}\text{Pb} \tag{6-7}$$

箭头下面的数字表示半衰期。在任何一种放射性物质被分离后都满足式(6-5)的指数规律,但混在一起就很复杂,按如下递次规律衰变:

$$N_1(t) = N_1(0) e^{-\lambda_1 t}, \quad N_1(t)$$
$$= \frac{\lambda_1}{\lambda_2 - \lambda_1} N_1(0) (e^{-\lambda_1 t} - e^{-\lambda_2 t}), \cdots N_n(t) = N_1(0) \left[\sum_i^n h_i e^{-\lambda_1 t} \right] \tag{6-8}$$
$$h_i = \prod_{j=1}^{n-1} \lambda_j /_{j \in (1,\cdots,n) j \neq 1} (\lambda_j - \lambda_i), i = 1, 2, \cdots, n$$

人们关注放射性物质的多少通常不用质量单位,而是其放射性活度,即单位时间的衰变数的大小。由于历史的原因,过去放射性活度的常用单位是居里(Curie,简记为 C_i)。1950 年以后硬性定义:1 居里放射源每秒产生 3.7×10^{10} 次衰变。因此,$1C_i = 3.7 \times 10^{10}$ s^{-1}。国际标准 SI 制用 Becequerel 表示放射性活度的单位,简记为 Bq,它与居里的换算关系是 $1C_i = 3.7 \times 10^{10}$ Bq。

在实际应用中,经常用到"比活度"和"射线强度"这两个物理量。比活度是放射源的放射性活度与其质量之比,它的大小表明了放射源物质纯度的高低。射线强度是指放射源在单位时间放出某种射线的个数。如果某放射源(^{32}P)一次衰变只放出一个粒子,那么射线强度与放射性活度相等。对某些放射源,一次衰变放出多个射线粒子,如 ^{60}Co,一次衰变放两个 γ 光子,所以它的射线强度是放射性活度的两倍。

2. 原子核的结合能

根据相对论,具有一定质量 m 的物体,它相应具有的能量 E 可以表示为:

$$E = mc^2 = \frac{m_0 C^2}{\sqrt{1 - \left(\frac{n}{c}\right)^2}} \tag{6-9}$$

式中:c 是真空中的光束和粒子远动速度的极限,称为质能联系定律;m_0 是该粒子的静止质量。以速度 u 运动的粒子动量 p 的表达式为:

$$p = um \tag{6-10}$$

联立式(6-9)和式(6-10),可导出

$$E^2 = p^2 c^2 + m_0^2 c^4 \qquad (6-11)$$

此式表示运动粒子的总能量 E、动量 p 和静止质量 m_0 之间的关系,是相对论的重要公式。以速度 u 运动的粒子的动能 E_k 是总能量 E 与静止质量对应的能量 $m_0 c^2$ 之差:

$$E_k = E - m_0 c^2 \qquad (6-12)$$

对于运动速度远小于光速($u \ll c$)的经典粒子,可导出 $p^2 c^2 \ll m_0^2 c^4$,与经典力学结论相同。

$$E_k = E - m_0 c^2 = m_0 c^2 \left[\left(1 + \frac{p^2 c^2}{m_0^2 c^4} \right)^{\frac{1}{2}} - 1 \right] \approx \frac{p^2}{2 m_0} \qquad (6-13)$$

对于光子,它的静止质量为零($m_0 = 0$),有:

$$E_k = E = c p \qquad (6-14)$$

虽然光子的静质量为零,但它的质量不为零,由光子的能量 E 所确定,即有 $m = E/c^2$。对于高速电子,它的静止质量不为零,但 $u \approx c$,它的能量很大,$E \gg m_0 c^2$,它的动能 E_k 近似等于 $c p$,与光子的情况相近。

考虑到光速是一个常量,对式(6-9)中第一等式两边取差分,可得:

$$\Delta E = \Delta m c^2 \qquad (6-15)$$

式(6-15)表明物质的质量和能量有密切关系,只有其中一种属性的物质是不存在的。1 u 质量对应的能量很小。在原子核物理中,通常用电子伏特(eV)作为能量单位,它与焦耳(J)的换算关系是:$1\,eV = 1.602\,176\,46 \times 10^{-19}$ J。可以算出 $1\,u = 931.491$ MeV/c^2,对静止质量 $m_0 = 5.4858 \times 10^{-4}\,u = 0.511\,00$ MeV/c^2,或者 $E_e = m_e c^2 = 511.0$ KeV。实验表明,原子核的质量总是小于组成它的核子的质量和。具体计算总涉及核素的原子质量,通用的表示规则是:

$$M(Z,A) = m(Z,A) + Z m_e - B e(Z)/c^2 \qquad (6-16)$$

式中:M 是核素对应的原子质量,m 是核的质量;$Be(Z)$ 是电荷数为 Z 的元素的电子结合能。因为电子结合能对总质量亏损的贡献很小,一般不考虑电子结合能的影响。通常把组成某一原子核的核子质量与该核子质量与该原子核质量之差称为原子核的质量亏损,即:

$$\Delta M(Z,A) = Z M(^1 H) + (A - Z) M_n - M(Z,A) \qquad (6-17)$$

实验发现,所有的原子核都有正的质量亏损,$\Delta M(Z,A) > 0$。质量亏损 ΔM 对应的核体系变化前后的动能变化是:

$$\Delta E = \Delta M c^2 \qquad (6-18)$$

$\Delta M > 0$,变化后质量减少,$\Delta E > 0$,称为放能变化。对 $\Delta M < 0$ 的情况,体系表化后静止质量增大,相应有 $\Delta E < 0$,这种变化称为吸能变化。自由核子组成原子核所释放的能量称为原子核的结合能。核素的结合能通常用 $B(Z,A)$ 表示,根据相对论质能关系

$$B(Z,A) = \Delta M(Z,A) c^2 \qquad (6-19)$$

不同核素的结合能差别很大,一般核子数 A 大的原子核结合能 B 也大。原子核平均每个核子的结合能称为比结合能,用 ε 表示:

$$\varepsilon = B(Z,A)/A \qquad (6-20)$$

比结合能的物理意义是,如果要把原子核拆成自由核子,平均对每个核子所需要做的功。对稳定的核素 $_Z^A X$,以 ε 为纵坐标、A 为横坐标作图,可连成一条曲线,称为比结合能曲线(图 6-1)。从比结合能曲线的特点,可以找到核素比结合能的一些规律,总结如下:

①当 $A < 30$ 时,曲线的趋势是上升的,但有明显的起伏($A < 25$ 时横坐标刻度拉长了)。

有峰的位置都在 A 为4的整倍数处,称为偶偶核,它们的 Z 和 N 相等,表明对于氢核可能存在 α 粒子的集团结构。

②当 $A>30$ 时,比结合能 ε 约为8,B 几乎正比于 A。说明原子核的结合是很紧的,而原子中电子被原子核的束缚要松得多。

③曲线的形状是中间高,两端低。说明当 A 为 $50\sim150$ 的中等质量时,比结合能 ε 较大,核结合得比较紧,很轻和很重的核($A>200$)结合得比较松。正是根据这样的比结合能曲线,物理学家预言了原子能的利用。

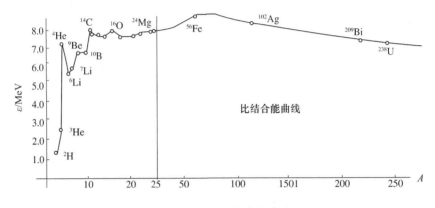

图 6-1 核素的比结合能曲线

3. 原子核的稳定性规律

众所周知,具有 β 稳定线的核素有一定的分布规律。对于 $A<40$ 的原子核,β 稳定线近似为直线,$Z=N$,即原子核的质子数与中子数相等,或 $N/Z=1$。对于 $A>40$ 的原子核。B 稳定线的中质比 $N/Z>1$。β 稳定线可用下列经验公式表示:

$$Z=\frac{A}{1.98+0.0154A^{2/3}} \qquad (6-21)$$

在 β 稳定线左上部的核数,具有 β-放射性。在 β 稳定线右下部的核素,具有电子俘获 EC 或在 β^- 放射性。如 ^{57}Ni 经过 EC 过程或放出 β^+ 转变成 ^{57}Co。再通过 EC 过程转变成 ^{57}Fe,成为稳定核。

β 稳定线表示原子核中的核子有中子、质子对称相处的趋势,即中子数 N 和质子数 Z 相等的核素具有较大的稳定性,这种效应在轻核中很显著。对于重核,因核内质子增多,库仑排斥作用增大了,要构成稳定的原子核就需要更多的中子以抵消库仑排斥作用。

稳定核素中有一大半是偶偶核。奇奇核只有5种,即 ^{2}H、^{6}Li、^{10}B、^{14}N 和丰度很小的 $^{180m}_{73}$Ta。A 为奇数的核有质子数 Z 为奇数和中子数 N 为奇数两类,稳定核素的数目差不多,介于稳定的偶偶核和奇奇核之间,表明质子、中子各有配对相处的趋势。

6.2.3 射线与物质的相互作用

射线与物质的相互作用与射线的辐射源和辐射强度有关。核辐射是伴随原子核过程发射的电磁辐射或各种粒子束的总称。

1. 带电粒子与物质的相互作用

具有一定动能的带电粒子射进靶物质(吸收介质或阻止介质)时,会与靶原子核和核外电子发生库仑相互作用。如带电粒子的动能足够高,可克服靶原子核的库仑势垒而靠近到核力作用范围(10^{-12} cm～10 fm)，它们也能发生核相互作用，其作用截面（约 10^{-26} cm^2）比库伦相互作用截面（约 10^{-16} cm^2）小很多，在分析带电粒子与物质相互作用时，往往只考虑库伦相互作用。

用带电粒子轰击靶核时，带电粒子与核外电子间可发生弹性和非弹性碰撞，这种非弹性碰撞会使核外电子改变其在原子中的能量态。发生靶原子被带电粒子激发、受激发的原子很快（10^{-9}～10^{-6} s）退激到基态，并发射 X 射线，靶原子核被带电粒子电离，并发射特征 X 射线或俄歇（Auger Electron）电子等物理现象。带电粒子在靶介质中，因与靶核外电子的非弹性碰撞使靶原子发生激发或电离而损失自身的能量，称为电离损失；从靶介质对入射离子的作用来讲又称作电子阻止。

当入射带电粒子在原子核附近时，由于库伦相互作用将获得加速度，伴随发射电磁辐射，这种电磁辐射称为韧致辐射。入射带电粒子因此会损失能量，称为辐射能量损失。电子的静质量非常小，容易获得加速度，辐射能量损失是其与物质相互作用的一种重要能量损失形式。对质子等重带电粒子，在许多情况下辐射能量损失可以忽略。靶原子核与质子、α粒子，特别是更重要的带电粒子，由于库伦相互作用，有可能从基态激发到激发态，这个过程称为库伦激发，同样，发生这种作用方式的概率很小，通常也可忽略。

带电粒子还可能与靶原子核发生弹性碰撞，碰撞体系总动能和总动量守恒，带电粒子和靶原子核都不改变内部能量状态，也不发射电磁辐射。但入射带电粒子会因转移部分动能给原子核而损失自身动量，而靶介质原子核因获得动能发生反冲，产生晶格位移形成缺陷，称为辐射损伤。入射带电粒子的这种能量损失称为核碰撞能量损失，从靶核来讲又称核阻止。

带电粒子受靶原子核的库伦相互作用，速度 v 会发生变化而发射电磁辐射。由于电子的质量比质子等重带电粒子小三个量级以上，如果重带电粒子穿透靶介质时的辐射能量损失可以忽略的话，那么必须考虑电子产生的辐射能量损失。电子在靶介质铅中，电离和辐射两种能量损失机制的贡献变得大致相同，差不多都为 1.45 keV/μm，对能量大于 9 MeV 的电子，在铅中的辐射能量损失迅速变成主要的能量损失方式。现在已知，带电粒子穿过介质时会使原子发生暂时极化。当这些原子退极时，也会发射电磁辐射，波长在可见光范围（湛蓝色）称为契仑科夫辐射，在水堆停堆过程中容易观察到。

2. γ 射线与物质的相互作用

γ 射线、X 射线、正负电子结合发生的湮没辐射、运动电子受阻产生的契致辐射构成了一种重要的核辐射类别，即电磁辐射。它们都由能量 E 的光子组成。从与物质相互作用的角度看，它们的性质并不因起源不同而不同，只取决于其组成的光子的能量。本节只以 γ 射线与物质的相互作用为例，可推广到其他类似的光子情况。

γ 射线与物质相互作用的原理明显不同于带电粒子，它通过与介质原子核和核外电子的单次作用损失很大一部分能量或完全被吸收。Γ 射线与物质相互作用主要有三种：光电效应、康普顿散射和电子—正电子对产生。其他作用如瑞利散射、光核反应等，在通常情况下截面要小得多，所以可以忽略，高能时才须考虑。准直 γ 射线透射实验发现，经准直后进入探测器的 γ 相对强度服从指数衰减规律：

$$I/I_0 = e^{-\mu d} \tag{6-22}$$

式中，I/I_0 是穿过吸收介质 d 后，γ 射线的相对强度；μ 是 γ 穿过吸收介质的总线性衰减系数（cm^{-1}），包括 γ 真正被介质吸收和被散射离开准直束两种贡献。总衰减系数 μ 可以分解为相对于光电效应、康普顿散射和电子对效应三部分，即 $\mu = \tau + \delta + k$。通常采用半衰减厚度

$X^{1/2}$ 描述 γ 射线穿过吸收介质被吸收的行为。$X^{1/2}$ 是使初始 γ 光子强度减小一半所需某种吸收体的厚度,它与总线性衰减系数 μ 之间有如下关系:

$$X^{1/2} = \ln 2/\mu = 0.693/\mu \tag{6-23}$$

在实际应用中,常使用质量厚度 $d = \rho x (g/cm^2)$ 描述靶介质对 γ 射线的吸收特性,而 μ 转换成 $\mu/p (cm^2/g)$。因为正电子在介质中只有很短的寿命,当它被减速到静止时会与介质中的一个电子发生湮没,从而在彼此成 $180°$ 方向发射两个能量各为 $0.511 MeV$ 的 γ 光子,探测湮没辐射式判断正电子产生的可靠的实验证据。

6.2.4 原子核反应

1. 原子核反应概述

原子核与其他粒子(例如中子、质子、电子和 γ 光子等)或者原子核与原子核之间相互作用引起的各种变化称为核反应,其能量变化可以高达几百兆电子伏特。核反应发生的条件是:原子核或者其他粒子(中子、γ 光子)充分接近另一个原子核,一般来说需要达到核力的作用范围(量级为 $10^{-13} cm$)。可以通过三个途径实现核反应:①用放射源产生的高速粒子轰击原子核;②利用宇宙射线中的高能粒子来实现核反应,其能量很高,但强度很低,主要用于高能物理的研究;③利用带电粒子加速器或者反应堆来进行核反应,是实现人工核反应的主要手段。核反应一般表示为

$$A + a \rightarrow B + b [或简写为 A(a,b)B] \tag{6-24}$$

式中,A、a 为靶核与入射粒子;B、b 为剩余核与射出粒子。

按射出的粒子不同,核反应可以分为核散射和核转变两大类。按粒子种类不同,核反应又可分为中子核反应(包括中子散射、中子俘获)、带电粒子核反应、光核反应和电子引起的核反应。此外,核反应还可根据入射粒子的能量分为低能核反应、中能核反应和高能核反应。在包括加速器驱动清洁核能系统(ADS)在内的新型核能的可利用范围中,通常只涉及低中能核反应。大量实验表明,核反应过程遵守的主要守恒定律有:电荷守恒、质量数守恒、能量守恒、动量守恒、角动量守恒以及宇称守恒。

2. 核反应的反应能

核反应过程释放出来的能量,称为反应能,常用符号 Q 来表示。$Q > 0$ 的反应称为放能反应,$Q < 0$ 的反应称为吸能反应。考虑了反应能后的核反应可表示为:

$$A + a \rightarrow B + b + Q \tag{6-25}$$

可以用质量亏损 Δm 计算 Q:

$$Q = \Delta mc^2 = (M_A + M_a - M_B - M_b)c^2 \tag{6-26}$$

每次裂变反应产生的平均反应能大约为 $200 MeV$,因为裂变碎片衰变成裂变产物和过剩中子非裂变俘获都要产生能量。$1 g^{235}U$ 完全裂变所产生的能量为 $0.948 MWd$(兆瓦日)。

3. 核反应截面与产额

当一定能量的入射粒子轰击靶核时,可能以各种给率引发多种类型的核反应。为了建立分析核反应过程的理论核进行实验测量,引入反应性截面的概念。对一个厚度很小的薄靶,入射粒子垂直通过靶子时,其能量变化可以忽略。假设单位面积内的靶核数为 $N_s(cm^{-2})$,单位时间的入射粒子数为 $I(s^{-1})$,单位时间内入射粒子与靶核发生反应数 $N'(s^{-1})$ 可表示为:$N' = 6IN_s$。比例系数 6 就称为核反应截面或有效截面,量纲为 cm^2,其物理意义为一个入射粒子同单位面积靶上一个靶核发生反应的概率。6 是一个很小的量,大多数情况它都小于原子

核的横截面,约为 10^{-24} cm^2 的数量级,用"靶恩(或靶)"为单位,记为"barn 或 b(1b = 10^{-24} cm^2)"。

入射粒子在靶中引起的反应数与入射粒子数之比,称为核反应产额 Y,与反应截面、靶的厚度、纯度、靶材料等有关。对大于粒子在靶中的射程 R 的厚靶,有时用平均截面来表示反应产额,其定义如下:

$$Y = NR\overline{\sigma(E)}$$

其中

$$\overline{\sigma(E)} = \int_0^R \sigma(E)\mathrm{d}x / R$$

4. 核反应过程和核反应机制

外斯柯夫(V. F. Wwisskopf)于 1957 年提出了核反应过程分为三阶段描述的理论,如图 6-2 所示,它描绘了核反应过程的粗糙图像。核反应的三个阶段是:独立粒子阶段、复合系统阶段、复合系统分解阶段。直接作用机制作用时间较短,一般为 $10^{-22} \sim 10^{-20}$ s,发射粒子的能谱为一系列单值的能量,角分布不具有对称性;复合核作用时间较长,可长达 10^{-15} s,发射出粒子的能谱接近于麦克斯韦分布,角分布的各向同性或有 90°对称性。

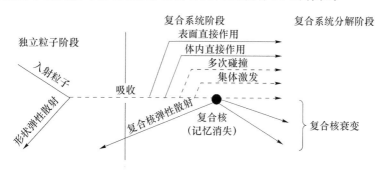

图 6-2 核反应过程的三阶段描述

图 6-3 描述了核反应过程各种截面之间的关系。其中,σ_τ 是总的有效截面;σ_{pot} 是势散射截面;σ_{sc} 是弹性散射截面;σ_{res} 是共振散射截面;σ_a 是进入复合系统的吸收截面;σ_{cn} 是复合核形成截面;σ_r 是反应机敏或称去弹性散射截面;σ_D 是直接反应截面。由图 6-3 可知,$\sigma_\tau = \sigma_{pot} + \sigma_a$;$\sigma_\tau = \sigma_{sc} + \sigma_r$;$\sigma_{sc} = \sigma_{pot} + \sigma_{res}$;$\sigma_a = \sigma_{cn} + \sigma_D$。$\sigma_{cn}$ 一般不等于 σ_τ,只有当 σ_{res} 和 σ_D 可忽略时,两者才相等。玻耳于 1936 年提出的复合核模型的思路与描述核结构的液滴模型相似,把原子核比拟成液滴,并假设低能核反应分为两个独立的阶段,即复合核形成与复合核衰变,则:

$$A_i + a_i \rightarrow C \rightarrow B_j + b_j; \sigma_{a_i b_i} = \sigma_{cn}(E_{ai})W_{bj}(E^*) \tag{6-27}$$

式中,C 为复合核,下标 i 和 j 分别对应所有可能的入射反应道核核衰变道;σ_{ab} 是反应的截面;$\sigma_{cn}(E_a)$ 是复合核的形成截面;$W_b(E^*)$ 为复合核通过发射粒子 b 的衰变概率。利用复合核模型可解释核反应共振现象,计算共振峰处的反应截面、复合核反应过程,以及发射粒子能谱等。

6.3 商用核电技术

从第二次世界大战期间发展核武器开始,到核电的第一次大规模发展仅用了不到三十年的时间。世界核电技术,经历了 20 世纪 50 年代早期普选各种可能的核电原型堆的技术研发阶段,到逐步形成以轻水堆为主。在经历了 1979 年美国三里岛严重事故和 1986 年苏联切尔诺贝利核灾难之后,世界核能的发展举步维艰,但商业规模的核电工业至今仍然为人类经济发展提供了约 17% 的电力。

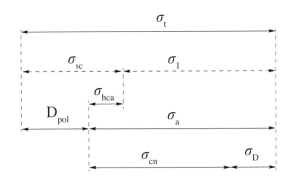

图 6-3 核反应各种截面之间的关系

6.3.1 核能发电的基础知识

1. 中子物理基础

从目前的技术可能性来看,人类获取核能的手段仍然是通过重核裂变和轻核聚变,如图 6-4 所示。在重核裂变和轻核聚变的物理过程中,中子扮演了重要的角色。中子存在于除氢以外地所有原子核中,是构成原子核的重要成分。中子电中性,具有极强的穿透能力,基本不会使原子电离和激发而损失能量,比相同能量的带电粒子具有强得多的穿透能力。中子源主要有:加速器、反应堆和反射性中子源。

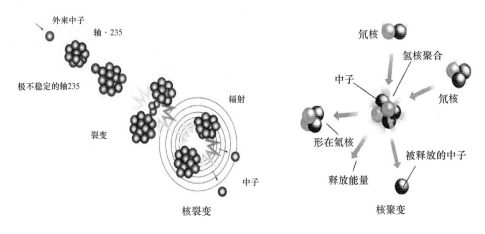

图 6-4 核裂变和核聚变

用数百兆电子伏特的脉冲强流电子束或质子束轰击 ^{238}U 等重靶可产生具有连续能谱的强中子能,称为"白光"中子源。用裂变反应堆链式反应可不断产生通量高($10^{12} \sim 10^{14} s^{-1} cm^{-2}$)和能谱复杂的体中子源。用放射性核素衰变放出的射线轰击某些轻靶核 ^{238}U 发生产生 (α,n),(γ,n) 反应,也可放出中子。

根据中子的能量,可以产生弹性散射、非弹性散射、辐射俘获核裂变等,用 σ_1、σ_2、σ_3、σ_4 表示其截面:总截面 $\sigma_{总} = \sigma_1 + \sigma_2 + \sigma_3 + \cdots + \sigma_n$。吸收截面 $\sigma_n = \sigma_\gamma + \sigma_i$。在中子物理中,$\sigma$ 常称为微观截面,而微观截面 σ 与核子密度 N 的乘积称为宏观截面,且有:

$$\sum = N\sigma = \sum N_i \sigma_i \tag{6-28}$$

设强度为 I_0 的中子束,射入厚度为 D 的靶面上,在靶深度为 x 处,中子束强度变为 1,总微观截面为 σ_t,靶核子密度为 N,根据中子平衡原理,可导出在 $x \sim (x+dx)$ 范围不发生碰撞的概率 $P(x)dx$:

$$I(x) = I_0 e^{-\sum_t x} \longrightarrow P(x)dx = \sum_t e^{-\sum_t x}dx \tag{6-29}$$

由此,可分别获得总反应、散射反应核吸收反应的平均自由程:

$$\lambda_1 = \int_0^\infty xP(x)dx = \frac{1}{\sum_t}; \lambda_s = \frac{1}{\sum} = \frac{1}{N\sigma_s}; \lambda_a = \frac{1}{\sum} = \frac{1}{N\sigma_a} \tag{6-30}$$

由于各种反应截面都是中子能量 E_n 的函数,所以平均自由程也是中子能量的函数。

中子与靶介质碰撞会损失动能而减速,这种将能量高的快中子变成能量低的慢中子物理过程称为中子的慢化,对应的靶介质称为慢化剂。一般核反应产生的中子能量都在兆电子伏特量级,称为快中子。但在有些实际应用中,如热堆、同位素生产等,常要求能量为电子伏特量级的中子,称为慢中子;常选用散射截面大而且吸收截面小的轻元素作慢化剂,如氢、氘和石墨等。氢、氘没有激发态,中子与其作用损失能量的主要机制是弹性散射。^{12}C 的最低激发态为 4.44 MeV,当中子的能量低于反应阈能 $E_{th}=4.8$ MeV 时,在石墨上也只发生弹性散射。平均对数能损失和平均碰撞次数是描述中子慢化特征的重要参数。理论核实验表明:动能为几电子伏特至几兆电子伏特的中子与原子核的弹性散射,在质心系中各向同性,单位立体角分布是等概率的,则:

$$f(\theta)d\theta_c = \frac{2\pi \sin\theta_c d\theta_c}{4\pi} = \frac{1}{2}\sin\theta_c d\theta_c \tag{6-31}$$

中子一次碰撞的平均能量损失为:

$$\overline{\Delta E} = \int_0^\pi \Delta E f(\theta_c)d\theta_c = \frac{1}{2}E_1(1-\alpha)\int_0^\pi (1-\cos\theta_c)\sin\theta_c d\theta_c = \frac{1}{2}E_1(1-\alpha) \tag{6-32}$$

在连续多次碰撞过程中,中子一次碰撞的平均能量损失称中子慢化的平均对数能降。则:

$$\xi = \ln\frac{E_1}{E_2} = 1 + \frac{(A-1)^2}{2A}\ln\left(\frac{A-1}{A+1}\right) \tag{6-33}$$

中子从 E_i 减少到 E_f 平均碰撞次数为:

$$\overline{M} = \frac{1}{\varepsilon}\ln\left(\frac{E_i}{E_f}\right) \tag{6-34}$$

用氢做慢化剂,能量从 2 MeV 减少到 0.025 eV,需要 18.2 次碰撞;^{12}C 需要 115 次碰撞;^{238}U 需要 2172 次碰撞。乘积 $\xi\sum_s = \xi N\sigma_s$ 用来表示慢化剂的慢化本领,其意义是:该乘积越大,中子在相同能量损失下在介质中经过的路程就越短。减速比是慢化与吸收的比率,即 $\xi = \xi\sum_s / \sum_a = \xi\sigma_s / \sigma_a$。以水和重水的比例为例,虽然轻水的平均对数能降大,对水,$\xi = 71$;对重水,$\xi = 5670$,表明重水慢化性能更好。

对无限大介质中的单能点中子源,中子从 E_i 慢化到 E_f 过程中穿行得距离的均方值为

$$\overline{R}^2 = 6\tau \Rightarrow \tau = \int_{E_f}^{E_i} \frac{\lambda_s^2}{3\varepsilon(1-\cos\theta_L)}\frac{dE}{E} \tag{6-35}$$

式中,τ 称为费米年龄,随中子慢化时间单调增加,具有面积的量纲,而非时间量纲。实验中散射角的余弦对方向的平均值可利用前面的知识求得:

$$\overline{\cos\theta_L} = \frac{2}{3A} \Rightarrow \tau = \frac{\lambda_s^2}{3\varepsilon\left(1-\frac{2}{3A}\right)}\ln\left(\frac{E_j}{E_f}\right) \Rightarrow L_m = \sqrt{\tau} = \sqrt{\frac{\overline{R}^2}{6}} \tag{6-36}$$

式中:L_m 称为慢化长度。

中子扩散就是热中子从密度大的地方不断向密度小的地方迁移的过程。从中子源发出的中子一般是快中子,经过慢化后变成热中子。当 $\sum_s \gg \sum_a$ 时,$\lambda_s \ll \lambda_a$ 时,热中子不会马上消失,还会在介质中不断运动,并和介质中的原子核不断碰撞。直到中子能量和介质能量交换达到平衡。在反应堆物理中,中子通量 ϕ(neutron flux,又称中子通量密度)和中子流 J 是经常使用的重要物理量。中子通量的一般定义为

$$\phi(r,E,t) = \nu_n(r,E,t) \tag{6-37}$$

其中:r 是空间位置矢量;E 是中子的能量;v 是中子运动的速率;t 是时间。表示单位时间从空间各个方向穿过在空间位置为 r 处的单位面积的中子总数。中子通量是一个标量,其量纲为 $m^{-2}s^{-1}$;中子流 $J(r,E,t)$ 与中子通量不同,描述的是单位时间从空间某个方向投射到空间位置 r 处的垂直单位面积上的、其运动方向与垂直面法线方向相同的净中子数,它是一个矢量。按此一般定义,单位时间从空间某个方向投射到空间位置 r 处的法线方向为 n 的单位面积上的净中子数为 $J(r,E,t) = J \cdot n$ 是一个标量。在扩散理论中,中子流 J 由斐克定律确定,即:

$$J(r,E,t) = -D \nabla \phi(r,E,t) \tag{6-38}$$

式中,D 为扩散系数,且 $D = \lambda_{tr}/3$;λ_{tr} 是中子输运平均自由程。如果热中子能谱遵守麦克斯韦分布 $f(E)$,可用能谱平均的扩散系数代替斐克定律中的 D,则:

$$\overline{D} = \frac{\int_0^\infty D(E) f(E) \sqrt{E}\, dE}{\int_0^\infty f(E) \sqrt{E}\, dE} \tag{6-39}$$

2. 链式反应与裂变反应堆

如图 6-5 所示,反应堆燃料组件中的易裂变核吸收一个中子发生裂变,裂变又产生中子,又引起裂变,形成链式反应:

$$^{235}U + n \rightarrow {}^{236}U^+ \rightarrow \begin{pmatrix} ^{140}Xe + {}^{94}Sr + 2n \\ ^{144}Ba + {}^{83}Kr + 3n \end{pmatrix} \tag{6-40}$$

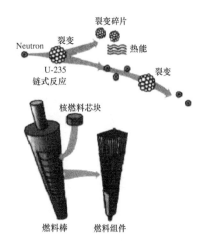

在纯 ^{235}U 体系中,如体积或质量太小,不会达到维持链式裂变的条件;体积太大,大部分中子会引起裂变,链式反应过于剧烈或引起核爆,所以裂变反应堆都不采用纯易裂变材料建造反应堆,按国际原子能机构的规定,民用核反应堆的燃料中的纯易裂变材料的富集度(燃料中易裂变材料与重金属材料的质量分数)都不允许超过 20%。所以商用核电反应堆在任何情况下都不会发生核爆。核电厂采用能实现可控链式反应的核反应的核反应堆把核能转换成热能,再通过冷却剂把热能转到能量转换系统转换成电能。热中子引起裂变的反应堆,称为热中子堆;快中子引起裂变的反应堆,称为快中子堆。目前全世界仍在运行的商用核电反应堆都是热中子堆。

图 6-5 裂变反应堆与链式裂变反应

热中子堆实现自持链式反应的条件:中子密度在链式反应中不随时间而减少。中子由产生到最后被物质吸收,称为中子的一代,所经过的时间称为代时间,用 Δ 表示;在无限大的介质中,一个中子经一代所产生的中子数称为中子的增值因数,用 k_∞ 表示:

$$k_\infty = \text{单位时间生成的中子数} / \text{单位时间吸收的中子数} \tag{6-41}$$

$k_\infty = 1$，表示无限大介质自持链式反应临界条件。对有限几何尺寸的反应堆，自持链式反应的临界条件要求 $k_\infty > 1$，因有部分中子会从反应堆表面泄漏，有效增值因素 k_{eff} 可写为：

$$k_{eff} = \text{单位时间生成的中子数} / \text{单位时间（被吸收＋泄漏）的中子数} \tag{6-42}$$

$k_{eff} = 1$，是自持链式反应临界条件或反应堆临界条件；$k_{eff} > 1$，称为超临界；$k_{eff} < 1$，称为次临界。形象描述无穷大热谱反应堆的临界条件的有著名的四因子公式。在热谱反应堆中，部分热中子被 ^{235}U 或 ^{233}U、^{239}Pu 等易裂变核吸收，引起核裂变或发生俘获吸收；还有部分热中子被 ^{238}U 或 ^{232}Th 等可裂变材料、慢化剂和结构材料吸收。一代中子在链式核裂变过程中将经历如下几步：①热中子被吸收；②热中子被核燃料吸收后引起核裂变发出裂变中子；③裂变发出的高能快中子被核燃料吸收后引起核裂变发出中子；④快中子在慢化成熟中子的过程中逃逸核燃料共振吸收。综合上述 4 个序列步中子的增减比例，无限大反应堆的中子增值因数 k_∞ 可用如下四因子公式计算：

$$k_\infty = f\eta\varepsilon p \tag{6-43}$$

式中，对均匀介质的热中子利用因数 $f = \Sigma_{a,u}/(\Sigma_{a,U} + \Sigma_{a,M} + \Sigma_{a,C} + \Sigma_{a,S})$，下标 U、M、C、S 分别表示铀燃料、慢化剂、冷却剂和结构材料；一个热中子被核燃料吸收后发出的平均中子数 $\eta = v\Sigma_{f,u}/\Sigma_{a,u} = v_{\sigma_{f,u}}/(\sigma_{f,u} + \sigma_{r,u})$，$v$ 是复合核发生裂变时平均放出的中子数，Σ_f 是裂变材料的宏观裂变截面，Σ_a 是宏观吸收截面，包括 ^{235}U、^{238}U、^{239}Pu 等所有重金属的吸收，且 $\Sigma_a = \Sigma_f + \Sigma_v$，而 Σ_v 是宏观俘获截面；快中子裂变因素 ε 是快中子和热中子引起的裂变产生的总中子数与热中子数裂变产生的中子数之比，根据定义，$\varepsilon > 1$。中子逃脱共振吸收的概率用 p 表示。计算逃脱共振的方法是根据共振吸收峰的形状核分布建立的，如布莱特—维格纳模型、窄共振无限质量近似等。

无论是快中子还是慢中子，如果它们穿过尺寸有限的反应堆表面时，就会有一部分中子泄漏出反应堆而损失掉。用 P_F 和 P_{th} 分别表示快中子和热中子泄漏出有限尺寸反应堆的概率，一个引起裂变的热中子到产生下一代裂变的热中子的中子增殖因数 k_{eff} 为：

$$k_{eff} = f\eta\varepsilon p P_v P_{th} \tag{6-44}$$

铀燃料的成分和布置对反应堆的临界条件有很大的影响。例如，用天然铀与石墨均匀混合的介质，当 Nu∶Nc＝1∶400，得到的最大 $k_\infty = 0.78$，达不到链式反应的临界条件；而将天然铀棒 $D_u = 2.5$ cm，插入边长为 11 cm 的方纯石墨块中心孔中，并按栅格排列，有：$\varepsilon = 1.028$，$p = 0.905$，$f = 0.888$，$\eta = 1.308$，$k_\infty = 1.0806$。在最后一种情况下，$k_\infty > 1$ 极有可能搭建出一座可以达到临界的尺寸有限（直径约 5.5 m）的反应堆。

3. 裂变反应堆动力学

假设与一座反应堆堆芯时空相关的中子密度 $n(r,t)$ 或通量 $\phi(r,t)$ 可以用分离变量表示成空间本征函数和时间相关函数的乘积，即：$n(r,t) = \phi(r)n(t)$ 或 $\phi(r,t) = \phi(r)n(t)$，$\phi(r)$ 称为形状函数，不随空间变化的部分 $n(t)$ 称为幅值函数，描述空间平均的中子密度或通量变化。在考虑了 6 组先驱核的缓发中子后，$n(t)$ 可用下列点堆动态方程描述：

$$\rho = \frac{k-1}{k}; \Delta = \frac{l}{k} \Rightarrow \frac{dn}{dt} = \frac{\rho - \beta}{\Delta}n(t) + \sum_{i=1}^{6}\lambda_i c_i(t);$$

$$\frac{dc_i}{dt} = \frac{\beta_i}{\Delta}n(t) - \lambda_i c_i(t); i = 1,\cdots,6 \tag{6-45}$$

式中，l 是中子的寿命；Δ 是中子代时间；ρ 是反应性；c_i 是第 i 组裂变先驱核浓度；β_i 是第 i 组缓发中子的份额；β 是缓发中子的总份额。

反应性 p 随反应堆温度的相对变化$(d\rho/dT)$称为反应性的温度系数,包括慢化剂的温度系数 a_m 以及核燃料的温度系数,即多普勒(Doppler)系数 a_D。反应性系数的量纲是 pcm/℃ $(1 \text{ pcm}=10^{-5})$,a_m 主要有两个影响因数:温度变化引起的慢化剂密度变化和其吸收性能的变化。对于水堆,如果水与铀的核子数比过大,就可能出现正温度系数。a_D 是由燃料的多普勒效应引起的,中子与燃料核相互作用时核的热运动使核对中子的共振吸收峰展宽,中子共振吸收增加,因此 a_D 总是负值。商用反应堆设计一般要求反应堆运行在负温度系数或负功率系数范围,保证反应堆在温度升高时,功率反馈为负反馈。我国大亚湾核电站只有在硼浓度大于 2000 ppm 时,才会在冷停堆状态下出现正反应性系数,目前都运行在 1300 ppm 以下。此外,反应性 p 随慢化剂空泡份额的相对变化$(d\rho/da)$称为反应性的空泡系数,对水堆在水铀比太大时可能为正值。

反应堆在运行过程中,随燃耗的加深,裂变碎片会逐渐积累。在裂变产物中 ^{135}Xe 和 ^{149}Sm 有很大的中子吸收截面,前者的总产额为 5.9%,其大部分(5.6%)从 ^{135}I 衰变而来;后者产额为 1.3%。因 ^{135}Xe 的半衰期只有 9.2 小时,所以当反应堆运行足够长时间后,它的浓度就会达到一个饱和值,由 ^{135}Xe 的积累引起的反应堆反应性减少通常称为"氙中毒"。反应堆停堆后,堆内积累的 ^{135}I 会继续衰减成 ^{135}Xe,其半衰期为 6.2 小时,比 ^{135}Xe 衰减得快,结果导致 ^{135}Xe 的浓度会在停堆后的一段时间内达到峰值,然后随着 ^{135}Xe 的进一步衰减和 ^{135}I 的剩余核不断减少又会逐渐降低,直到几乎消失。如果在此过程中,^{135}Xe 引起的负反应性在某段时间内比反应堆本身的全部后备反应性(没有控制棒的反应堆)还大,那么反应堆就不能临界,称反应堆"掉入碘坑"。如果不插入负反应性足够大的中子吸收体,^{135}Xe 的浓度变化还可能出现振荡,也称"氙振荡",振荡周期与反应堆本身的特性有关。大亚湾核电站反应堆的氙振荡是收敛的,周期约为 30 小时。因为 ^{149}Sm 和其他产物的影响相对较小,但其积累可能影响堆功率分布和后备反应性。

4. 反应堆释热与冷却

在一个反应堆芯内,热的释放率和运行功率受系统传热的限制(又称热工限制),而不受核限制。反应堆的释放功率必须限制在反应堆芯冷却系统的排热能力的限制之内,使反应堆堆芯内最高温度和最大面热流不超过规定的安全限制。单位时间和单位体积内由核反应释放的能量称为体积发热率 q''',量纲为 Wm^{-3}。反应堆的体积发热率主要由核燃料的裂变引起,与中子通量 ϕ 和核反应的能谱平均宏观裂变截面 $\overline{\Sigma}_f$ 成正比,比例系数是每次裂变释放的能量 G(约 200 MeV),因此有:

$$q''' = G\phi\overline{\Sigma}_f = G\phi N_f\bar{\sigma}_f \tag{6-46}$$

式中,N_f 是裂变材料的核子密度;σ_f 是能谱平均微观裂变截面。裂变过程释放的能量分配包括:瞬发的裂变碎片的动能(80.5%),新生快中子的动能和裂变释放的 γ 能(5%),缓发能量(约 11%,其中约 5% 的伴随 β 衰变的中微子的能量无法回收),以及过剩中子引起的(η,γ)反应的能量(3.5%)。因此,通过反应堆物理计算获得反应堆堆芯中子通过分布 $\phi(r)$ 后,就可确定反应堆的堆芯体积发热率分布。堆芯体积发热率分布还可用来导出燃料元件表面热流密度的分布,确定冷却系统是否能提供足够的冷却能力,保证反应堆燃料元件在功率运行范围内不出现传热危机或临界热流密度,并保证温度不超过燃料元件材料允许的最高温度。按反应堆的安全要求,反应堆的热工设计还要保证反应堆具有适当的热工安全裕度。例如,美国 EPRI

和欧洲 EUR 文件都要求新建先进轻水堆应当具有 15% 的热工安全裕度。按保守设计,通常假设堆芯发热全部从燃料材料中发出。因此可以近似地将燃料材料与堆芯的体积比作为比例因子,把反应堆的体积发热率 q''' 分布转换成反应堆燃料材料的体积发热率 q'''_h 分布。如果燃料与堆芯的体积比在全堆芯各栅元(如典型的燃料与冷却剂组成的燃料组件获燃料棒栅元)基本相等,那么 $q'''_h \approx q''' V_F/V$,$V_F$ 和 V 是堆芯燃料的总体积和堆芯的总体积。在确定了燃料的体积释放率分布及燃料元件的结构后,就可以计算燃料和燃料包壳内的温度分布,采用如下的热传导方程:

$$\frac{\partial T_F}{\partial t} = \frac{1}{\rho_F c_p F} \nabla \cdot (k_F \nabla T_F) + \frac{q'''_h}{\rho_F C_p F}; \frac{\partial T_c}{\partial t} = \frac{1}{\rho_c C_p C} \nabla \cdot (k_C \nabla T_C) \tag{6-47}$$

其中第一式用于燃料区,第二式用于燃料包壳区。定解条件是在燃料与包壳界面,以及包壳与冷却剂界面传热条件。在反应堆热工设计中,通常都采用吨换热公式:

$$q'''_{c,w} = h(T_{c,w} - T_f) \tag{6-48}$$

式中,h 是燃料包壳外表面与冷却剂主流体之间的换热关系式,一般采用无量纲经验关系式,具体的经验关系式因燃料原件的几何结构、冷却剂冲刷方式等不同而变化很大,可参考有关反应堆热工的文献。

水堆热工设计的一个最重要的安全准则是最小偏离泡核沸腾比 MDNBR,其定义为:

$$MDNBR = \min[q''' CHF(r)/q'''_{c,w}(r)] \tag{6-49}$$

也就是堆芯燃料原件某点表面的基于实验数据的临界热流密度与该点实际热流密度之比的最小值。涉及基于实践数据整理的临界热流密度的经验关系式 $q''' CHF$ 和从名义热流密度计算实际热流密度时必须考虑的各种不利因素引起的不确定性。安全设计要求 MDNBR>1,为了留有安全裕度,目前商用核电站的 MDNBR 为 1.1~1.3。

反应堆停堆后功率不会马上停下来,而是首先迅速衰减到一个较低的功率水平后,并较长时间保持在放射性裂变碎片的衰减释热(余热)的功率水平上。所以核电站反应堆系统还设置有余热排除系统,对反应堆进行长期冷却。可用如下公式计算:

$$\frac{Q_s(t)}{Q(0)} = [0.1(t+10)^{-0.2} - 0.087(t+2\times10^7)^{-0.2}]$$
$$- [0.1(t+t_0+10)^{-0.2} - 0.087(t+t_0+2\times10^7)^{-0.2}] \tag{6-50}$$

式中,$Q_s(t)/Q(0)$ 表示余热功率与停堆时间飞的功率比;t_0 是反应堆在 $Q(0)$ 功率下运行的时间;t 是停堆后的时间。目前在工程上有专门计算余热的程序和数据库,可以进行更精确的计算。冷却系统不但要保证正常运行,还要保证事故停堆后反应堆堆芯获得足够的冷却。反应堆的结构设计,必须保证堆芯冷却系统在运行和事故下的结构和功能完整性以及紧急停堆系统的可靠性,以保证反应堆的功率处于可控状态。

6.3.2 商用核电站的工作原理

一个 100 万千瓦的核电站每年只需要补充 30 吨左右的核燃料,而同样规模的烧煤电厂每年要烧 300 万吨。图 6-6 是典型的 M310 压水堆 PWR。我国大亚湾核电站采用这种反应堆。反应堆芯由燃料组建构成。安装在能够承受高压的压力容器内。冷却水在主冷却泵的驱动下流过堆芯释热载出。通过一回路管道流进蒸发器内。再通过蒸发器内的传热管将热量传递给蒸发器二次倒产生蒸汽,蒸汽再推动汽轮机发电。

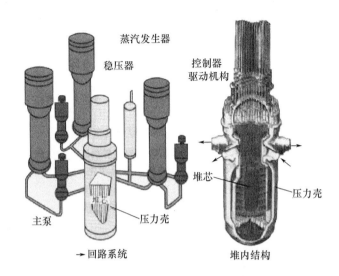

图 6-6　典型三个环路的 100 万千瓦核电站压水堆

核能发电的原理与普通火电厂差别不大，只是产生蒸汽的方式不同。核电厂用核燃料释放出的裂变能加热蒸发器的水产生蒸汽，而火电厂是用燃烧矿物燃料加热锅炉里的水产蒸汽。压水堆核电厂发电的原理如图 6-7 所示。目前世界上仍在运行的商用核电站的反应堆类型主要有压水堆、沸水堆、石墨气冷堆、石墨水冷堆和重水堆。压水堆和沸水堆都用轻水做冷却剂和慢化剂，石墨气冷堆用石墨做慢化剂，用 CO_2 气体做冷却剂；石墨水冷堆则用石墨做慢化剂，用轻水或重水做冷却剂；而重水堆则用重水做慢化剂和冷却剂。在正常运行时，压水堆冷却堆芯的水工作在高温高压的单相水状态，不直接产生蒸汽，而是将堆芯的核裂变能载到蒸发器，然后通过传热的方式将蒸发器二次测量的冷却剂加热并产生蒸汽。

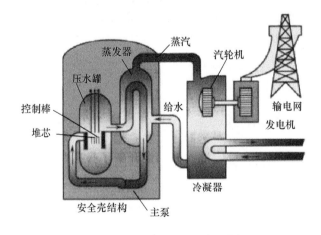

图 6-7　压水堆核电厂发电原理

在中国已经建成的 11 台机组中，有 9 台机组是压水堆机组。沸水堆的蒸汽直接在反应堆压力容器中产生，功率运行时堆芯冷却剂处于沸腾的工作状态，一方面产生蒸汽发电；另一方面冷却堆芯，从热力学的角度又称为直接循环发电。世界核电工业的沸水堆数量约有 90 台机组。目前英国有 40 座石墨气冷堆核电机组还在运行，苏联地区有 17 座石墨气冷堆核还在运行。用于商用发电的重水反应堆技术是非常成功的，其中主要的堆型 CANDU 由加拿大原子能有限公司(AECL)开发,堆芯燃料管道水平布置在一个装有重水慢化剂的水平放置的容器内,可以通过特殊的换料设备对装载每根燃料管内的串联排列的燃料元件实行连续换料。世界上大约有近 40 台重水堆核电机组,分布在加拿大、印度、韩国和中国等 7 个国家,其中中国有两台机组,其发电流程如图 6-8 所示。

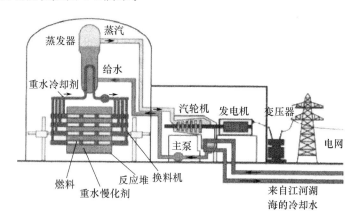

图 6-8 CANDU 堆核电站发电流程

6.3.3 商用核电站的安全性

在 1979 年美国三里岛核电厂发生堆熔事故前(1974 年),全世界核能界就对已有核电反应堆技术和管理制度及规程进行了严肃的反思,而且已经认识到核能存在出严重事故的风险,提出了希望从技术上进行革新,设计出一种不会发生堆熔芯熔化的固有安全反应堆。1986 年 4 月苏联切尔诺贝利核电站 4 号机组发生解体灾难,迫使核工业界采取了行动,把"固有安全反应堆"称为"具有非能动安全特性"的革新型反应堆,并相继开展了具有商业规模的研发和设计工作(表 6-1)。

表 6-1 可供近期部署选择的新一代核电反应堆

堆型	供应商	特 点
ABWR	GE	1350 MW$_e$,沸水堆,美国核管会认证,已在日本运行
SWR	法玛通·NP	1013 MW$_e$,沸水堆,设计满足欧洲要求
ESBWR	GE	1380 MW$_e$,沸水堆,非能动安全,正在进行商业规模研发
EPR	ARIVA	1600 MW$_e$,压水堆,设计满足欧洲要求,芬兰已开始建设
AP1000	西屋	1090 MW$_e$,压水堆,非能动安全,美国核管会认证
IRIS	西屋	100～300 MW$_e$,一体化压水堆,正在商业规模开发
PRMR	ESKOM	110 MW$_e$,包覆颗粒燃料球床模块化,氦气直接循环,为南非建商业开发
GT-MHR	GA	288 MW$_e$,包覆颗粒燃料棱柱模块化,氦气直接循环,正研发,在俄罗斯建造

在随后的几十年里。技术创新路线和管理制度创新路线都得到了具体实践。可是,由于世界核电市场的急剧发展和持久的不振,这些革新设计的反应堆的研发虽然都取得了令人鼓

舞的技术进步,但都未能进入市场。然而,管理制度创新路线的实践却取得了实质性的成功,美国核管理协会的监管技术和管理法规得到了有效地加强,以概率风险分析(PSA)为代表的技术和配套的管理法规在核安全管理制度和文化的建立中起到了关键作用。美国和法国等世界核电大国核安全记录在最近 15 年一直保持优秀的水平,再也没有出现重大的核事故,机组的平均可用率已经逐渐从 20 年前的不足 70%提高到目前的 90%左右。

事实上,商业核电反应堆的安全性始于其工程设计阶段。首先对大多数现有核电系统都遵守多层实体屏障的设计规则,设置了防止放射性物质外泄的多道实体屏障,对轻水堆主要包括三道实体屏障:燃料芯块与包壳、压力壳与一回路压力边界和安全壳。只要有一道实体屏障是完整的,就不会发生放射性物质对环境的泄漏,造成对公众的辐照伤害和对环境的污染。除设计阶段的安全考虑外,核电站安全管理策略也遵从纵深防御的原则,从设计和措施提供多层次的重叠保护,确保反应堆的功率得到有效控制,堆芯得到足够的冷却,裂变产物被有效包容。纵深防御层次描述如下:①在核电设计和建造中,采用保守设计,进行质量保证和监督,使核电站设计、建造质量和安全得到有效保证;②监察运行,及时处理不正常状况,排除故障;③必要时启动安全系统和保障系统,防止设备故障和人为因素差错演变成事故;④启动核电站安全系统,加强事故中的电站管理,防止事故扩大,保护安全壳厂房;⑤发生严重事故,并有放射性物质对外泄漏时,启动厂内外应急响应计划,减轻事故对环境和居民的影响。遵从纵深防御的管理原则,可以使相互支持的保护层有效地起作用,系统不会因某一层次的保护措施失效而酿成灾难性的损失,从而增强核电站的安全性。

6.4 核能的新纪元

6.4.1 核裂变发电的选择

20 世纪后二十年,人类在新材料、计算机自动控制、紧密加工等技术领域都取得了飞速发展。经济可持续发展要求和全球变暖的环境压力为核能的发展开辟了新的机遇。ABWAR、AP1000、EPR 等新一代商用技术基本成熟;气冷快堆、钠冷快堆、铅冷快堆、超常高温气冷堆、超临界轻水堆、熔盐堆等性能指标更高的第四代新型核裂变堆的研发已经启动;核能制氢、海水淡化、供热等多种核能利用技术已获得高度关注,核能的第二春天正在来临。目前世界能源供应的模式不是可持续的,必须进行重大调整,同时也为中国核电迎来了快速发展的机会。中国的核电始于 20 世纪 80 年代,在世界核电国家中起步比较晚,其后发优势是起点高,可以借鉴国际上已有的经验,避免重复失败的研发投入,选择适合中国的可持续发展的技术路线。中国在一开始投建商业核电厂的同时,也进行了中长期核电技术的研发,制定了压水堆——快堆——聚变堆的核电发展路线和研发高温气冷堆的计划。

为迎接核能新纪元的到来,目前国际核电发展的主流是:近期部署已经基本完成或在 2020 年前能够完成商业研发的新一代核电反应堆,主要是第三代先进轻水堆、高温气冷堆,主要的堆型包括 AP1000、EPR、ESBWR、SWR、GT-MHR 和 PBMR,以及目前已经在日本投入运行的 ABWAR 等;中远期部署是能够在 2030 年左右完成商业开发的第四代先进核能系统。

在预期近期可投入市场开发的各种先进反应堆中,除 GT-MHR 和 PBMR 外,都是基本达到可进行商业建造水平的技术成熟的革新型先进轻水堆。GT-MHR 和 PBMR 是两种技术比较成熟的石墨慢化和氦气冷却的热中子谱高温气冷堆(图 6-9、图 6-10)。

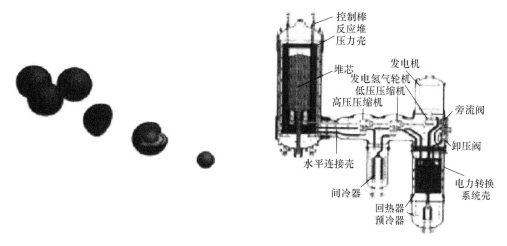

图 6-9 PBMR 包覆颗粒燃料、燃料球和 PBMR 结构布置

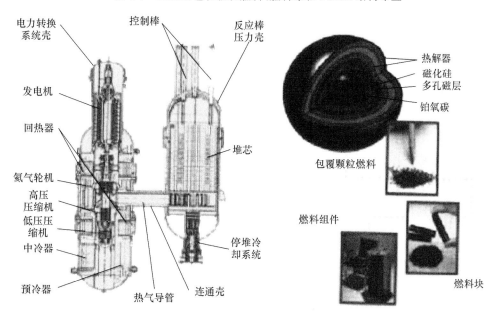

图 6-10 GT-MHR 结构布置、包覆颗粒燃料、燃料块和燃料组件

Gt-MHR 主要基于美国 AG 公司开发的柱状高温气冷堆技术(1974 年关闭的 40 MW 的桃花谷和 1989 年关闭的 30 MW 的圣福伦堡堆),日本原子能研究院(JAERI)从 1990 年开始筹建热功率为 30 MW 的棱柱高温气冷实验堆 HT-TR,并于 1998 年首次达到临界,2002 年开始在 850 ℃ 堆芯出口温度下进行满功率稳定运行,2004 年堆芯出口温度在满功率的条件下完成从 850 ℃ 升高到 950 ℃ 的运行试验,是继德国 46 MW 热功率试验高温气冷堆 AVR 于 1974年 2 月到达过 950 ℃ 的堆芯出口温度之后,世界第 2 座高温气冷试验堆达到这样高的温度,也是目前世界上唯一能达到 950 ℃ 的堆芯出口温度的先进反应堆。PBMR 的技术主要基于德国早期开发的球床堆技术(在 1988 年关闭的约 30 MW 的示范高温气冷堆 THTR 和 13 MW 的试验高温气冷堆 AVR),包覆颗粒燃料被弥散地封装在直径为 60 mm 的燃料球内,堆芯由几十万个这样的燃料球在一个压力容器内用石墨砌成的球床内堆成,在运行中可以实现反应堆的连续换料。PBMR 堆芯出口温度设计运行在 900 ℃,最新设计采用日本三菱公司研发的卧

式氦汽轮机直接循环发电,设计净发电率可达到 44%。中国建成的 10 MW 热功率高温期冷实验堆也以德国早期开发的球床堆技术为基础,是目前世界上仍在役的唯一的球床式高温气冷堆。显然,美国和德国留下来的宝贵技术遗产为今天重新进行高温气冷堆的商用开发提供了高起点的技术平台。

可持续发展成为人类进入 21 世纪之后所面临的首要问题。面对挑战,国际核能界正在进行多方面的研究和调整,其中一项举措就是对第四代核能系统(以下简称 Gen-Ⅳ)的研发。按广泛被接受的观点,已有的核能系统分为三代:①20 世纪 50 年代末至 60 年代初世界上建造的第一批原型核电站;②60 年代至 70 年代世界上大批建造的单机容量在 600~1400 MW 标准型核电站,它们是目前世界上正在运行的 444 座核电站的主体;③在 80 年代开始发展、在 90 年代末开始投入市场的 ALWR 核电站。Gen-Ⅳ的概念最先在 1999 年 6 月召开的美国核学会年会上提出。随后在 2000 年组建了 Gen-Ⅳ国际论坛,目标是在 2030 年左右,向市场上提供能很好解决核能经济性、安全性、废物处理和防止核扩散问题的第四代核能系统。

6.4.2 Gen-Ⅳ的研发目标与原则

研发 Gen-Ⅳ的目标有三类:可持续能力、安全可靠性和经济性。

1. 可持续能力目标

可持续能力目标包括如下三个方面:①为全世界提供了满足洁净空气要求、长期可靠、燃料有效利用的可持续能源;②产生的核废弃料量极少,采用的核废料管理方式将既能妥善地对废料进行安全处置,又能显著减少工作人员的被辐射的剂量,从而改进对公众健康和环境的保护;③把商业性核燃料循环导致的核扩散可能性限定在最低限度,使其难以转为军事用途,并为防止恐怖活动提供更有效的实体屏障。

2. 安全可靠性目标

安全可靠性目标包括如下三个方面:①在安全、可靠性运行方面将明显优于其他核能系统。这个目标是通过减少能诱发事故和人为因素问题的数量来提高运行的安全性与可靠性,并进一步提高核能系统的经济性,支持提高核能公信度;②Gen-Ⅳ堆芯损坏的可能性极低,即使损坏,程度也很轻。这一目标对业主是至关重要的。多年来,人们一直在致力于降低堆芯损坏的概率;③在事故条件下无厂外释放,不需要厂外应急。

3. 经济性目标

经济性目标包括如下两个方面:①Gen-Ⅳ 在全寿时期内的经济性明显优于其他能源系统,全寿期成本包括建设投资、运行和维修成本、燃料循环成本、退役和净化成本四个主要部分;②Gen-Ⅳ的财务风险水平与其他能源项目相当。

6.4.3 选定的 Gen-Ⅳ反应堆

在六种最有希望的 Gen-Ⅳ概念中,快中子堆有三种或四种。我国核电站发展的战略线路也是近期发展热中子反应堆核电站,中长期发展快中子反应堆核电站。热中子反应堆不能利用占天然铀 99%以上的 ^{238}U,而快中子增殖反应堆利用中子实现核裂变及增殖,可使天然铀的利用率从 1%提高到 60%~70%。根据 赵仁恺院士分析,如果裂变热堆采用核燃料一次通过的技术路线,则中国铀资源仅够十年所需;如果采用铀钍循环的技术路线,发展快中子增殖堆,则铀资源将可保证中国资源可持续发展。总体看来,快堆技术仍需要相当规模的研发。

1. 气冷快堆(GFR)

GFR 是快中子能谱反应堆,采用氦气冷却、闭式燃料循环。与氦气冷却的热中子能谱反应堆一样,GFR 的堆芯出口氦气冷却剂温度很高,可达 850 ℃,可以用于发电、制氢和供热。氦气汽轮机采用布雷顿直接循环发电,热效率可达 48%。产生的放射性废物极少和有效地利用铀资源是 GFR 的两大特点。

技术上有待解决的问题有:用于快中子能谱的燃料、GFR 堆芯设计、GFR 的安全性(如余热排除、承压安全壳的设计等)、需要开发新的燃料循环和处理工艺、相关材料的开发、高性能的氦气汽轮机的研发。GFR 概念设计如图 6-11 所示。

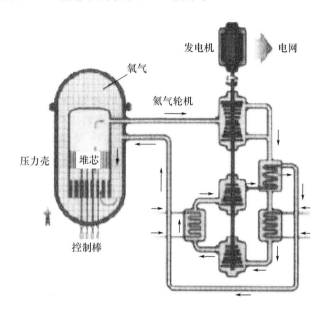

图 6-11 气冷快堆

2. 铅冷快堆(LFR)

LFR 是采用铅或铅/铋共熔低熔点液态金属冷却的快堆。燃料循环为闭式,可实现^{238}U 的有效转换和锕系元素的有效管理。LFR 采用完全锕系再循环燃料循环,设置地区燃料循环支持中心负责燃料供应和后处理。可以选择一系列不同的电厂容量:50~150 MWe 级、300~400 MWe 级和 1200 MWe 级。燃料是包含增殖铀或超铀在内的金属或氮化物。LFR 采用自然循环冷却,反应堆出口冷却剂温度 550 ℃,采用先进材料则可达 800 ℃。在这种高温下,可用热化学过程来制氢。LFR 概念设计如图 6-12 所示。

50~150 MWe 级的 LFR 是小容量机组,可在工厂建造,以闭式燃料循环运行,配备有换料周期很长(15~20 年)的盒式堆芯或可更换的反应堆模块。符合小电网的电力生产需求,也适用于那些受国际核不扩散条约限制或不准备在本土建立燃料循环体系的国家。

LFR 技术上有待解决的问题有:堆芯材料的兼容性;导热材料的兼容性。研发内容有:传热部件设计所需的基础数据,结构的工厂化制造能力及其成本效益分析,冷却剂的化学检测和控制技术,开发能量转换技术以及利用能量转换装置方面的最新发展,研发核热源和不采用兰金(Rankine)循环的能量转换装置间的耦合技术。

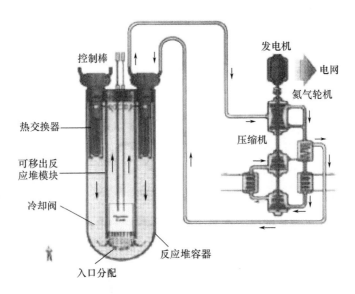

图 6-12　铅冷快堆

3. 熔盐反应堆(MSR)

由于熔融盐氟化物在喷气发动机温度下具有很低的蒸汽压力,传热性能好,无辐射,与空气、水都不发生剧烈反应(图 6-13),20 世纪 50 年代人们就开始将熔融盐技术用于商用发电堆。参考电站的电功率为百万千瓦级。堆芯出口温度 700 ℃,也可达 800 ℃,以提高热效率。MSR 采用的闭式燃料循环能够获得钍的高燃耗和最少的锕系元素。熔融氟化盐具有良好的传热特征和很低的蒸汽压力,这样就降低了对容器和管道的应力。

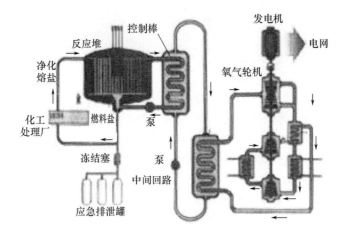

图 6-13　熔盐(MSR)

MSR 技术上有待解决的问题有:锕系元素和镧系元素的溶解性,材料的兼容性,盐的处理、分离和再处理工艺,燃料的开发、腐蚀和脆化研究,熔盐的化学控制,石墨密封工艺和石墨稳定性改进和试验。

4. 钠冷快堆(SFR)

SFR 是用金属钠作冷却剂的快谱堆,采用闭式燃料循环方式,能有效地管理锕系元素和 ^{238}U 的转换。这种燃料循环采用完全锕系再循环,所用的燃料有两种:中等容量以下(150～500 MWe)的钠冷堆,使用铀—钍—少量锕元素—锆金属合金燃料;中等容量到大容量

(500~1500 MWe)的钠冷堆,使用 MOX 燃料。两者的出口温度都近550 ℃。钠在98 ℃时熔化,883 ℃时沸腾,具有高于大多数金属的比热和良好的导热性能,而且价格较低,适合用作反应堆的冷却剂。SFR 是为管理高放废物,特别是钚和其他锕系元素而设计的,如图 6-14所示。

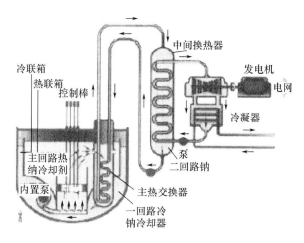

图 6-14 钠冷快堆(SFR)

SFR 技术上有待解决的问题有:99%的锕系元素能够再循环,燃料循环的产物具有很高的浓缩度,不易向环境释放放射性,在燃料循环的任何阶段都无法分离出钚元素、完成燃料数据库,包括用新燃料循环工艺制造的燃料的放射性能数据,研发在役检测和在役维修技术,确保对所有的设计基本初因事件,包括 ATWS 都有非能动的安全响应。

5. 超临界水冷堆(SCWR)

SCWR(图 6-15)是运行在水的临界点(374 ℃、22.1 MPa)以上的高温、高压水冷堆。SCWR 用既具有液体性质又具有气体性质的"超临界水"作冷却剂,44%的热效率远优于普通的"轻水"堆。SCWR 使用氧化铀燃料,既适用于热中子谱,又适用于快中子谱。

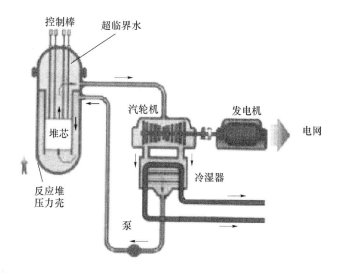

图 6-15 超临界水冷堆(SCWR)

SCWR 结合了两种成熟技术:轻水反应堆技术和超临界燃煤电厂技术。由于系统简化和热效率高(净效率达 44%),在输出功率相同的条件下,超临界水冷堆只有一般反应堆的一半大小,预计建造成本仅 900 美元/千瓦。发电费用可望降低 30%,仅为 0.029 美元/千瓦·时。因此,SCWR 在经济上有极大的竞争力。

SCWR 技术上有待解决的问题有:①结构材料、燃料结构材料和包壳结构材料要能耐极高的温度、压力,以及堆芯内的辐照、应力腐蚀断裂、辐射分解和脆变蠕变;②SCWR 的安全性;③运行稳定性和控制;④防止启动出现失控;⑤SCWR 核电站的工程优化设计。

6. 超常高温气冷堆系统(VHTR)

VHTR(图 6-16)是模块化高温气冷堆的进一步发展,采用石墨慢化、氦气冷却、铀燃料一次通过循环方式。其燃料温度达 1800 ℃,冷却剂出口温度可达 1000 ℃以上。热功率为 600 MW,有良好的非能动安全特性,热效率超过 50%,易于模块化,能有效地向碘-硫(I-S)热化学或高温电解制氢工艺流程或其他工业提供高温工艺热,经济上竞争力强。

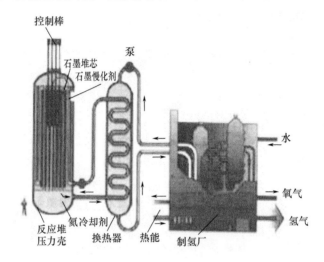

图 6-16 超常高温气冷堆系统(VHTR)

6.5 未来的新型核能

遵照经济和社会发展的规律,只有保证有能力为未来的经济和社会提供重组和廉价的能源,人类的经济发展和生活环境才能维持高标准的繁荣和谐。如果把能源安全全部押在可再生能源上,将是极不明智的。保持技术上的其他选择是必要的,因为核裂变技术和热核聚变技术都有可能成为保持未来世界可持续能源供应的技术选择。

6.5.1 核裂变能园区

前述 Gen-Ⅳ 核能系统的研发目标或许过于理想,使任何单一裂变堆型都难以完全满足所有目标。Gen-Ⅳ 计划的另一技术概念是在同一个厂址优化组建核裂变能园区(图 6-17),包括各种先进反应堆和燃料加工厂,使园区作为一个整体满足 Gen-Ⅳ 的可持续性、安全可靠性和经济性的全部目标。核裂变能园区可由两个层次的系统组成:一是优化组合有经济竞争力的,并能高效利用核燃料的核能系统;二是建立辅助的长寿期核废物焚烧器和燃料转换装置,主要是组合了加速器驱动的次临界裂变反应堆。

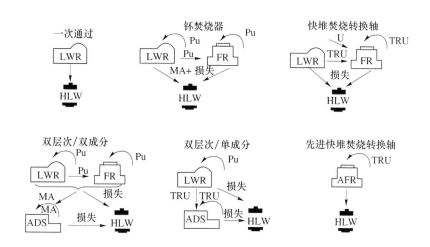

图 6-17 为钚回收和次锕元素转变把先进反应堆和燃料生产厂组合成核裂变园区的模式
FR—快堆；ADS—加速器驱动系统；AFR—未来的先进快堆；GRU—超钠元素；
MA—次锕元素；Pu—元素钚；HLM—重水堆；LWR—轻水堆

6.5.2 加速器驱动的次临界洁净核能系统

加速器驱动次临界洁净核能系统，是利用加速器加速的高能质子与重靶核（如铅）发生裂变反应，一个质子引起的裂变反应可产生几十个中子，用裂变产生的高能质子作为中子源来驱动包层系统，系统反应堆使系统维持链式反应，以得到能量和利用多余的中子增殖核材料与核废物，它主要致力于：①充分利用可裂变核材料^{238}U 和^{222}Th；②危害环境的长寿命核废物（次量锕系核素及某些裂变产物），降低放射性废物的储量及其毒性；③从根本上杜绝临界事故的可能性，提高公众对核能接受程度。该思想在 20 世纪 90 年代一经提出就受到核能界的重视。我国从 1995 年开始开展了 ADS 研究物理可行性和次临界堆型物理特性为重点的研究工作，对开展 ADS 研究的战略意义做了充分的肯定。ADS 可用气冷堆、铅冷堆和熔盐堆，都与质子加速器或高能电子加速相耦合，实现焚烧靶件中的次锕元素，图 6-18 是气冷 ADS 系统。

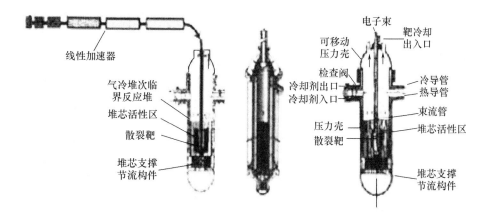

图 6-18 气冷 ADS 次临界反应堆、散裂靶及加速器的结构布置

6.5.3 核聚变点火与约束

从核物理的基本知识已知,轻核特别是核素表最前面几个核的比结合很低,氘核的比结合能仅为 1.112 MeW,而 ^{4}He 的比结合能是 7.075 MeV。因此,当 4 个轻核或 2 个氘核聚变为 1 个氦核时,将释放出巨大的能量,分别为每个核子 7 MeV 和 6 MeV。

轻核的聚变放出的重核比重核裂变有更大的比结合能。世界石化能源的储量有限(约 40×10^{21} J),而裂变能(约为 575×10^{21} J)的储量比石化能储量多 10~15 倍,海水的聚变几乎能取之不竭(约 5×10^{31} J)。显然,核聚变能是人类可持续发展的最终解决方案之一。矿物燃料的燃烧污染空气并排放出二氧化碳;核裂变会产生高放射水平的放射性废物;收集微弱的太阳能需要大量水泥、钢铁、玻璃和其他材料,其生产也有大量的污染物排放。地球上容易实行的核聚变是 D-T 和 D-D 核聚变:

$$D + T \rightarrow He + 17.58 \text{ MeV};$$
$$D + D \rightarrow {}^3He + n + 3.27 \text{ MeV};$$
$$D + D \rightarrow T + p + 4.04 \text{ MeV} \tag{6-51}$$

式中,D、T 分别为氢的同位素氘和氚;n、p 分别为质子和中子。

其核聚变反应截面的入射核能量 E_d 间的经验关系式可分别表示为:

$$\sigma_{\text{D-T}} = \frac{6 \times 10^4}{E_d} e^{(-47.4/\sqrt{E_d})};$$
$$\sigma_{\text{D-D}} = \frac{2.88 \times 10^2}{E_d} e^{(-45.8/\sqrt{E_d})} \tag{6-52}$$

D 是天然存在的,可从海水中提取。天然材料 ^{6}Li 和 ^{7}Li 在地球上的储量很大,已探明质量好的 Li 矿可供人类使用上百年,总存量可供人类数百万年的消耗。D-T 核聚变仅是核聚变能利用的开始,一旦 D-D 核聚变取得成功,人类将彻底解决可持续发展的能源供应问题。处于等离子态的物质称为第 4 态物质,把等离子约束在一定区域,维持一段时间,使轻核产生聚变反应,称为热核反应,为达到热核聚变,对产生的轻核等离子的温度、密度和约束时间将有一定要求,称为劳森(Lawson)判据:

$$3nkT + Pbt \leqslant P_R\tau \tag{6-53}$$

其中,假定等离子体中具有相同密度 n 和温度 T;k 是玻尔兹曼常量;系统的输出能量来源于热核聚变,聚变功率为 P_R;等离子约束时间为 τ。通常把满足劳森判据等号的条件称为点火条件。

轻核聚变没有链式反应堆那样的对燃料的装载有临界质量的要求,原则上只要能产生让两个参与聚变反应的核接近到克服核外电子库仑散射条件,任何质量的参与聚变反应的两个核就可以发生聚变反应。因此,很早就有科学家建议用小型氢弹爆炸进行开山凿河等和平利用,例如"氢弹之父"特勒就建议"和平核爆"的方法,在封闭性很好的岩盐内凿洞进行小当量冲击波很小的氢弹爆炸,然后通过在洞壁布置能量吸收包壳的方式吸收爆炸能量,并通过常规热机循环装置转换为电能。这种方式在技术上没有多大的难度,但从防止核技术扩散的角度和有核国家承担的国际禁爆义务看,实践上这种方法是不可行的。

6.5.4 聚变—裂变混合堆系统

为提高裂变对燃料的利用率,可以利用包层中填充了可转换材料(^{238}U 或 ^{232}Th)的托卡马克核聚变装置既作为增殖材料的生产装置,又作为核聚变能释放装置,称为核变—裂变混合装堆,混合堆对核聚变反应条件的要求比纯核聚变堆低得多,因此降低了关键工程技术研发的难度。从现实中核聚变反应堆的角度看,以为核聚变放出的种子能量高,同等功率下混合堆和燃料增值效果比核裂变堆更好,可作为核变能源的一种过渡。

早在 1953 年,美国洛伦兹、利沃默国家实验室就提出过建造巨变裂变堆的建议,但直到 20 世纪 70 年代后期才受到重视,聚变裂变混合堆还曾被视为增殖燃料的重要途径之一,后来因各种原因美国放弃了对混合堆的支持。中国在国家 863 高技术计划的支持下,在已有几十年核聚变的基础上对混合堆进行了初步的研发,取得令世界瞩目的成就。显然,混合堆在继承了聚变堆优势的同时,也继承了聚变堆的固有缺点,其放射性裂变产物释放的风险和核燃料被转移的风险不可低估。

6.5.5　磁约束聚变能系统

1. 磁约束核聚变堆的工作原理

磁约束就是用磁场来约束等离子体的带电粒子使其不逃逸出约束体的方法。约束等离子体的磁场就是磁力相互作用的空间。电磁学中常用磁力线描述,带电粒子不能横越磁力线运动,所以带电粒子在垂直于磁场的方向上被束缚住了,但仍可在磁力线方向自由运动。产生带有磁力线约束等离子体的一种方式,这种装置如图 6-19 所示,表示托卡马克约束原理和约束磁场线圈布置。

2. ITER 计划

美苏首脑于 1985 年提出了建造国际热核聚变实验室 ITER 的倡议。1998 年,美、俄、欧、日四方共同完成了工程设计(EDA)及部分技术预研,根据其设计,预计建设投资为 100 亿美元。ITER 四方在 1998 年接受工程设计报告后开始考虑修改原设计,力求在满足主要目标的前提下,大幅度降低建设投资。1999 年美国宣布退出 ITER 计划,欧盟等国、日、俄经过三年努力,完成了 ITER-FEAT (ITER-Fusion Energy Advanced Tokamak)的设计及大部分部件与技术的研发,将造价降至约 46 亿美元,并建议建造一个新的实验装置 ITER(其设计如图 6-20所示),使之能够持续数分钟产生几十万千瓦的巨变能。目前,国际上参加 ITER 计划的正式成员国家包括欧盟等国、日本、俄罗斯、中国、韩国、美国和印度。2005 年正式选定法国 Cadarache 为 ITER 的厂址,计划于 2018 年左右建成,ITER 计划的实施已经进入实质性阶段。

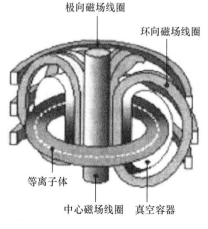

图 6-19　托卡马克约束原理

图 6-20　ITER 总体装置

　　ITER 是基于超导托卡马克概念的装置,其磁场由浸泡在−269 ℃的低温液态氦中的超导线圈产生。ITER 计划的等离子放电间隔是 400 秒,足以提供令人信服的科学和技术示范。等离子中的环流达到 1500 万 A。等离子体采用电磁波或高能粒子束加热,允许等离子体在堆芯被加热到超过 1 亿千瓦·时,核聚变反应由此热量产生,注入 ITER 装置的热功率是 50 MW,产生的核聚变功率是 500 MW,能量增加 10 倍。ITER 装置的燃料是氘和氚,ITER 作为世界上第一个热核聚变实验堆,它将为人类发展聚变动力提供重要的工作实验平台。

3. 磁约束核聚变能发电的前景

　　由于 ITER 的国际合作框架已经确定,厂址已经选定,国际合作研发协定也已经签署。虽然全球科学界主流对 ITER 能否达到预期的验证"磁约束核聚变发电可行性"的目标持乐观的态度,但同时也有一部分人持谨慎的怀疑态度。

6.5.6　惯性约束聚变能系统(IFE)

　　容易实现的惯性核聚变是由高能激光束直接或间接烧蚀由表面凝结有 D、T 核素的靶丸,产生高温高压的约束力,并在等离子态约束 D、T 核,引发核聚变。核聚变释放的热又进一步在等离子体状态使 D、T 核保持约束和产生有效的 D-T 核聚变(图 6-21)。1000 MWe 的惯性聚变能电厂将最可能使用类似于大多数燃煤电厂用的蒸汽透平和发电机,它将没有大锅炉、高烟囱,也不用每天从火车卸下 8000 吨煤的设备,但它有三个分开的设施:一个靶腔与热回收厂、一个靶加工厂和一个驱动器。如果 NIF 项目证明点火系统及相关技术有效可行,那么研发商用 IFE 技术的主要技术障碍将被逾越。惯性核聚变发电可为世界能源供应开辟出一条通向可持续发展的新路。

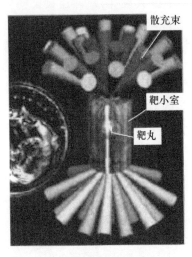
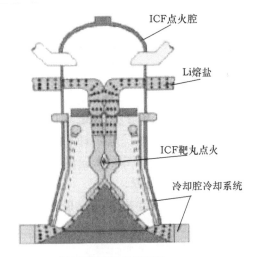

(a) ICF靶丸间接烧蚀示意　　　　　(b) ICF聚变点火腔示意

图 6-21　ICF 靶丸烧蚀和点火腔

第7章 新能源材料

7.1 绪 论

材料和能源一样,是支撑当今人类文明和保障社会发展的最重要的物质基础。20 世纪 80 年代以来,随着世界经济的快速发展和全球人口的不断增长,世界能源消耗也大幅提升,石油、天然气和煤炭等主要化石燃料已经不能满足世界经济发展的长期需求,而且随着全球环境状况的日益恶化,产生大量有害气体和废弃物的传统能源工业已经越来越难以满足人类社会的发展要求。面对严峻的能源状况,我国为适应经济增长和社会可持续发展战略,大力发展各种新型能源及能源材料。众多有识之士一致认为,解决能源危机的关键是能源材料尤其是新能源材料的突破。材料科学与工程研究的范围涉及金属、陶瓷、高分子材料(如塑料)、半导体以及复合材料。通过各种物理和化学的方法来改变材料的特性或行为使它变得更有用,这就是材料科学的核心。在 21 世纪中期,新技术的发展将继续改变我们的生活,材料科学将在其中发挥重要作用,更多具有特殊性能的材料将被研究出并被应用于我们的生活中。材料应用的发展是人类发展的里程碑,人类所有的文明进程都是以他们使用的材料来分类的,如石器时代、铜器时代、铁器时代等。这其中的有些时代持续了几个世纪,不过现在无论是主要材料的种类还是性能都发展得越来越快。21 世纪是新能源发挥巨大作用的年代,显然新能源材料及相关技术也将发挥巨大的作用。

能源材料是材料的一个重要组成部分,有的学者将能源材料划分为新能源技术材料、能量转换与储能材料和节能材料等。在该分类中,新能源技术材料是核能、太阳能、氢能、风能、地热能和海洋潮汐能等新能源技术所使用的材料;能量转换与储能材料是各种能量转换与储能装置所使用的材料,是发展研制各种新型、高效能量转换与储能装置的关键,包括锂离子电池材料、镍氢电池材料、燃料电池材料、超级电容器材料和热电转换材料;节能材料是能够提高能源利用效率的各种新型节能技术所使用的材料,包括超导材料、建筑节能材料等能够提高传统工业能源利用效率的各种新型材料。综述国内外的一些文献观点,结合最近的研究工作,我们认为该分类中新能源材料的含义已经不能覆盖现在的技术发展。众所周知,现在新能源的概念已经发展到囊括太阳能、生物质能、核能、风能、地热能、海洋能等一次能源以及二次电源中的氢能等。甚至有的学者将新能源的含义扩充到包含太阳能、风能、地热能、潮汐能、波浪能、温差能、海流能、盐差能等方面。新能源是传统能源的有益补充,大力发展新能源、调整能源结构是我们当前和未来的必然选择。因此,我们认为新能源材料是指实现新能源的转化和利用以及发展新能源技术中所要用到的关键材料,它是发展新能源的核心和基础。从材料学本身和能源发展的观点看,能储存和有效利用现有传统能源的镍氢电池材料、嵌锂碳负极和 $LiCoO_2$ 正极为代表的锂离子电池材料、燃料电池材料、以 Si 半导体材料为代表的太阳能电池材料以及以铀、氘、氚为代表的当前的研究热点和技术前沿包括高能储氢材料、聚合物电池材料、中温固体氧化物燃料电池电解制材料、多晶包膜太阳能电池材料等。

7.2 新能源材料

7.2.1 太阳能电池材料

太阳能电池的研究是最近兴起的热点,其关键材料的研究是影响下一步应用的瓶颈。太阳能与风能、生物质能并称世界三大可再生洁净能源。目前多晶硅电池在实验室中转换效率达到了 17%,引起了各方面的关注。砷化镓太阳能电池的转换效率已经达到 20%～28%,采用多层结构还可以进一步提高转换效率。

太阳能是各种可再生能源中最重要的基本能源,生物质能、风能、海洋能、水能等都来自太阳能,广义地说,太阳能包含以上各种可再生能源。太阳能作为可再生能源的一种,通过转换装置把太阳辐射能转换成热能利用的属于太阳能的直接转化和利用技术,通过转换装置太阳辐射能转换成电能利用的属于太用能发电技术,光电转换装置通常是利用半导体器件的光伏效应原理进行光电转换的,因此又称太阳能光伏技术。光生伏特效应简称为光伏效应,是指光照使不均匀半导体或半导体与金属组成的不同部位直接产生电位差的现象。产生这种电位差的机理很多,主要的一种是由于阻挡层的存在。太阳能电池是利用光电转换原理,使太阳的辐射光通过半导体物质转变为电能的一种器件,这种光电转换过程通常称为"光生伏打效应",因此太阳能电池又称为"光伏电池",用于太阳能电池的半导体材料是一种介于导体和绝缘体之间的特殊物质,和任何物质的原子一样,半导体的原子也是由带正电的原子核和带负电的电子组成,半导体硅原子的外层有 4 个电子,按固定轨道围绕原子核转动。当受到外来能量的作用时,这些电子就会脱离轨道而成为自由电子,并在原来的位置上留下一个"空穴",在纯净的硅晶体中,自由电子和空穴的数目是相等的。如果在硅晶体中掺入硼、镓等元素,由于这些元素能够俘获电子,它就成了空穴型半导体,通常用符号 P 表示;如果掺入能够释放电子的磷、砷等元素,它就成了电子型半导体,以符号 N 代表。若把这两种半导体结合,交界面便形成一个 P-N 结。太阳能电池的奥妙就在这个"结"上,P-N 结就像一堵墙,阻碍着电子和空穴的移动。当太阳能电池受到阳光照射时,电子接收光能,向 N 型区移动,使 N 型区带负电,同时空穴向 P 型区移动,使 P 型区带正电。这样在 P-N 结两端便产生了电动势,也就是通常所说的电压。这种现象就是所说的"光生伏打效应"。如果这是分别在 P 型层和 N 型层焊上金属导线,接通负载后外电路便有电流通过,形成一个个电池元件,把他们串联、并联起来,就能产生一定的电压和电流,输出功率。制造太阳电池的半导体材料已知的有十几种,因此太阳电池的种类也很多。目前,技术最成熟并具有商业价值的太阳电池是硅太阳电池。

太阳能电池以材料区分有晶硅电池、非晶硅薄膜电池、铜钢硒(CIS)电池、碲化镉(CdTe)电池、砷化镓电池等,以晶硅电池为主导由于硅是地球上储量第二大元素,作为半导体材料,人们对它研究得最多、技术最成熟,而且晶硅性能稳定、无毒,因此成为太阳电池研究开发、生产和应用中的主体材料。晶体硅材料制备的太阳能电池主要包括:单晶硅太阳电池、铸造多晶硅太阳能电池、非晶硅太阳能电池和薄膜太阳能电池。单晶硅电池具有电池转换效率高,稳定性好,但成本较高;非晶硅太阳电池生产效率高,成本低廉,但是转换效率较低,而且效率衰减得比较厉害;铸造多晶硅太阳能电池则具有稳定的转换效率,而且性能价格比最高;薄膜晶体硅太阳能电池现在还处在研发阶段。从固体物理学上讲,硅材料并不是最理想的光伏材料,这主要是因为硅是间接能带半导体材料,其光吸收系数较低,所以研究其他光伏材料成为一种趋势。其中,碲化镉($CdTe$)和铜铟硒($CuInSe_2$)被认为是两种非常有前途的光伏材料,而且已经取得一定的进展,但是距离大规模生产,还需要做大量的工作。

多晶硅电池材料里比较合适的衬底材料为一些硅或铝的化合物,如 SiC、Si_3N_4、SiO_2、Si、Al_2O_3、$SiAlON$、Al 等,制备多晶硅薄膜的工艺方法主要有以下几种:①化学气相乘积法(CVD法);②等离子体增强化学气相沉积法(PECVD法);③液相外延法(LPE);④等离子体溅射沉积法。

太阳能电池在太阳能光电制氢、用户太阳能电源、交通领域、通信领域、海洋与气象领域、家庭灯具电源、光伏电站、太阳能建等都有重要的前景。

7.2.2 生物质能材料

在生物质能方面,目前美国学者发现 30 多种富含油的野草,如乳草、蒲公英等。科学家还发现 300 多种灌木、400 多种花卉富含"石油"。2005 年,我国科学家利用转基因技术,使油菜籽的生物柴油含量由 10% 提高到 40%,展现了开拓能源全新领域的美好前景。

生物质能是新能源领域里的生力军,其应用非常广泛,这里仅简述其材料分类,材料的物理化学过程等原理不再专门论述。根据来源不同,能源利用的生物质分为林业资源、农业资源、生活污水和工业有机废水、城市固体废弃物、畜禽粪便五类。

(1) 林业资源。林业资源是指森林生长和林业生产过程提供的生物能源,包括薪炭林、在森林抚育和间伐作业中的零散木材、残留的树枝、树叶和木屑等,木材采运和加工过程中的枝丫、锯末、木屑、板皮和截头等,林业副产物的废弃物,如果壳、果核等。

(2) 农业资源。农业资源是指农业作物(包括能源植物),能源生产过程中的废弃物,如农作物秸秆(玉米秸、高粱秸、麦秸、豆秸、稻草等);农业加工的废弃物。如农业生产过程中剩余的稻壳等。能源植物泛指各种提供能源的植物,通常包括草本能源植物、油料作物、制取碳氢化合物植物和水生植物等。

(3) 生活污水和工业有机废水。生活污水主要是指城镇居民生活、商业和服务业的各种排水,如冷却水、洗浴排水、洗衣排水、厨房排水、粪便污水等;工业有机废水主要是酒精、酿酒、制糖、食品、制药、造纸及屠宰行业等生产过程中排出的废水等,富含有机物。

(4) 城市固体废物。主要是指城镇居民生活垃圾、商业垃圾、服务业垃圾和少量建筑物垃圾等固体废物,其成分比较复杂,受当地居民的平均生活水平、能源消费结构、城镇建设、自然条件、传统习惯及季节气候变化等因素影响。

(5) 畜禽粪便。畜禽排泄物的总称,是其他形态生物质(主要是粮食、农作物秸秆和牧草)的转化形式,包括畜禽排出的粪便、尿及其与垫草的混合物。

7.2.3 核能关键材料

目前核电的形势大好,很多业界人士认为"核能的春天已经再次到来"。核电工业的发展离不开核材料,任何核电技术的突破都有赖于核材料的首先突破。但目前我们的核材料整体性能还不能满足核电站的研制要求,性能数据不完整,材料品种比较单一(某些材料国内尚属空白),材料的基础研究不够重视,经济性有待进一步提高,核材料已成为制约新兴和电装置研制的瓶颈之一。

发展核能的关键材料包括:先进核动力材料、先进的核燃料、高性能燃料元件、新型核反应堆材料、铀浓缩材料等。

值得关注的是金属锆和金属铪,它们是核电工业不可或缺的消耗性金属材料。锆和铪的电子结构和理化性质相似。锆和铪由于提取方法复杂,产量较少,用途特殊,熔点高,属于稀有难熔金属一类。但是锆并不稀少,它在地壳中的含量十分丰富,其丰富度为 0.0025%(质量分数),超过了常用有色金属(如 Cu、Zn、Sn、Ni 和 Pb)的丰度;而铪的丰度也超过 Hg、Nb 和 U。由于自然界中的锆与铪总是共生在一起,没有单独的铪矿物存在,因此,采用特殊的化学—冶金联合方法分离锆和铪,就成为提取金属锆和金属铪最关键的一步。含锆和铪的天然硅酸盐称为锆英石或风信子石($ZrHfSiO_4$),它们具有多种美丽的颜色,常被认为属于宝石一类。与锆英砂一样具有工业开采价值的锆矿物还有斜锆矿(ZrO_2)。世界各地的锆铪矿物主要赋存于海滨砂矿矿床中,因此,它们多与钛铁矿、独居石、金红石、磷钇矿等共生。生产金属锆和金属铪的主要方法是金属热还原法,要先将锆英砂精矿经氯化,经镁还原制成海绵锆或海绵铪,在熔铸成锭以制造需要的型材。核动力是金属锆和铪主要的应用领域,可以说世界上锆铪工业的发展,特别是早期锆铪工业的建立,在很大程度上是因为锆铪在军事工业如核动力潜水艇、核动力航空母舰和航天器用小型核动力反应堆上的应用而发展起来的。目前锆铪在民用核能方面也有广阔的应用天地。由于核电站中铀燃料消耗及辐照影响,反应堆锆材每年需更换其中 1/3,使金属锆成为一种消耗性材料,日益显现其战略地位。

另外,铀及其转化物(天然铀、低浓铀的氟化物、氧化物和金属)、核燃料原件及组件(装有铀、钚等裂变物质,放在和反应堆内进行裂变链式反应的核心部件)、其他核材料及相关特殊材料(制造和燃料元件包壳、反应堆控制棒、冷却剂等特殊材料)、超铀元素及其提取设备(周期表中原子序数大于 92 的元素)等关键核能材料的研究已经系统化。

7.2.4 镍氢电池材料

镍氢电池是近年来开发的一种新型电池,与常用的镍镉电池相比,容量可以提高一倍,对环境没有污染。它的核心是储氢合金材料,目前主要使用的是 $RE(LaNi_5)$ 系、Mg 系和 Ti 系储氢材料,目前正朝着方形密封、大容量、高比能的方向发展。

镍氢电池和镍镉电池的外形相似,而且镍氢电池的正极与镍镉电池也基本相同,都是以氢氧化镍为正极,主要区别在于镍镉电池负极板采用的是镉活性物质,而镍氢电池是以高能储氢合金为负极,因此镍氢电池具有更大的能量。同时镍氢电池在电化学特性方面与镍镉电池也基本相似,故镍氢干电池在使用时可完全替代镍镉电池,而不需要对设备进行任何改造。镍氢电池的主要特性是:①镍氢电池能量比镍镉电池大两倍;②能达到 500 次的完全循环充放电;③用专门的充电器充电可在 1 小时内快速充电;④自放电特性比镍镉电池好,充电后可保留更长时间;⑤可达到 3 倍的连续高效率放电;可应用于照相机、摄像机、移动电话、无绳电话、笔记本计算机、PDA、各种便携式设备的电源和电动工具等。镍氢电池的优缺点是:放电曲线非常平滑,到电力快要消耗完时,电压才会突然下降。

覆钴球型氢氧化镍是用于镍氢电池的一种新型正极材料,用它制作电池时加入黏结剂后,可直接投入泡沫镍中,简化了电池生产工序,不增加成本,而性能显著改善,可提高性价比,是当今世界环境保护和电池材料的发展方向。

　　镍氢电池应用于几乎所有的电子产品(如移动电话、收录音机、计算机、照相机、游戏机等),已作为动力用于电动汽车及航天器中。另外,用稀土合金做的永磁材料具有极强的永磁特性,可以广泛应用于手表、照相机、录音机、激光唱盘机等上面。用这种材料做的电子或电器产品的体积可以大幅度地减小,这就像半导体取代电子管减小体积一样,在航天和航空开发方面尤其具有价值。

7.2.5　其他新能源材料

　　(1) 在风能资源的利用上,制造大功率风电机组的复合材料叶片是该类新能源材料的关键。

　　(2) 新的热电转换材料,如$(SbBi)_3(TeSe)_2$合金、填充式 skutterudites $CoSb_3$型合金(如$CeFe_4Sb_{12}$)等。

　　(3) 新型超导材料。

　　(4) 地热、海洋能等新能源系统利用中的关键材料。

　　(5) 电容器材料和热电转换材料一直是传统能源材料的研究范围。现在随着性材料技术的发展和新能源含义的拓展,一些新的热电转换材料也可以当作新能源材料来研究。目前热电材料的研究主要集中在$(SbBi)_3(TeSe)_2$合金、填充式 skutterudites $CoSb_3$型合金(如$CeFe_4Sb_{12}$)、IV族 Clathrates 体系(如$Sr_4Eu_4Ga_{16}Ge_{30}$)以及 Half—Heusler 合金($TiNiSn_{0.95}Sb_{0.05}$)。此外,多元钴酸氧化物(如$NaCO_2O_4$)陶瓷最近也被提出作为热电材料来研究,但目前氧化物的热电品质因子比热电合金体系的低。

7.3　燃料电池材料

　　燃料电池(FC)是一种等温进行,直接将储存在燃料和氧化剂中的化学能高效、无污染地转化为电能的发电装置。它的发电原理与化学电源一样,电极提供电子转移的场所,阳极催化燃料(如氢)的氧化过程,阴极催化氧化剂(如氧)的还原过程;导电离子在将阴阳极分开的电解质内迁移,电子通过外电路做功并构成电的回路。但是 FC 的工作方式由于常规的化学电源不同,汽油、柴油燃料电池,是一种将氢和氧的化学能通过电极反应直接转换电能的装置。按电解质材料划分,燃料电池大致上可分为五种:碱性燃料电池(AFC)、磷酸型燃料电池(PAFC)、固态氧化物燃料电池(SOFC)、熔融碳酸燃料电池(MCFC)和质子交换膜燃料电池(PEMFC)。另外,直接甲醇燃料电池(DMFC)、再生型燃料电池(RFC)也是现在研究得比较多的燃料电池。这些电池的基本材料学基础如下:

　　(1) AFC 电池使用稳定的氢氧化钾基质。

　　(2) PAFC 电池以磷酸为电解质,通常位于碳化硅基质中。较高的工作温度使其对杂质的耐受性较强,当其反应物中含有 1‰～2‰ 的一氧化碳和百万分之几的硫时,磷酸燃料电池照样可以工作。

　　(3) SOFC 电池工作温度比熔化的碳酸盐燃料电池的温度还要高,它们使用氧化钇、氧化锆等固态陶瓷电解质,而不是使用液体电解质。对于熔化的碳酸盐燃料电池而言,高温意味着这种电池能抵御一氧化碳的污染,一氧化碳会随时氧化成二氧化碳。固态氧化物燃料电池对目前所有燃料电池都有的硫污染具有最大耐受性。由于它们使用固态的电解质,这种电池比熔化的碳酸盐燃料电池更稳定,但它们要使用耐高温材料,价格较贵。

(4) MCFC 电池采用碱金属(Li、Na、K)的碳酸盐作电解质,电池工作温度为 876～973 K。在此温度下电解质呈熔融状态,载流子为碳酸根离子。典型的电解质组成(质量分数)为 62% 碳酸锂＋38% 碳酸钾。这种电池的高温能在内部重整诸如天然气和石油的碳氢化合物,在燃料电池结构内生成氢。在这样高的温度下,尽管硫是一个问题,而一氧化碳污染却不是问题了,且催化剂可用廉价的一类镍金属代替,其产生的多余热量还可被联合热电厂利用。

(5) PEMFC 也称聚合物电解质膜、固态聚合物电解质膜或聚合物电解质膜燃料电池。电解质是一片薄的聚合物膜,例如聚全氟磺酸(poly perfluorosul-phoni-cacid),和质子能够渗透但不导电的 Nation,电机基本由碳组成。PEMFC 要广泛应用最主要的问题是制造成本,因为膜材料和催化剂均十分昂贵。另一个问题是这种电池需要纯净的氢才能工作,因为它们极易受到一氧化碳和其他杂质的污染。这主要是因为它们在低温条件下工作时必须使用高敏感的催化剂。当它们与能在较高温度下工作的膜一起工作时,必须产生更易耐受的催化剂系统才能工作。

(6) DMFC 电池是质子交换膜燃料电池的一种变种。它直接使用甲醇而不需预先重整。甲醇在阳极转换成二氧化碳和氢,如同标准的质子交换膜燃料电池一样,氢然后再与氧反应。其缺点是转换为氢和二氧化碳时要比常规的质子交换膜燃料电池需要更多的铂金催化剂。

(7) RFC 电池技术相对较新,这一技术与普通电池的相同之处在于它也用氢和氧来生电、热和水。其不同的地方在于它还能进行逆反应,也就是电解。燃料电池中生成的水再送回到以太阳能为动力的电解池中,在那里分解成氢和氧组分,然后这种组分再送回到燃料电池。这种方法就构成了一个封闭的系统,不需要外部生成氢。

7.4　新型储能材料

7.4.1　概论

储能(Energy Storage),又称蓄能,是指使能量转化为在自然条件下比较稳定的存在形态的过程,它包括自然的储能与人为的蓄能两类。按照储能状态下能量的形态,可分为机械储能、化学储能、电磁储能(或蓄电)、风能储存、水能储存等。和热有关的能量储能,不管是把传递的热量储存起来,还是以物体内部能量的方式储存能量,都称为蓄热。在能源的开发、转换、运输和利用过程中,能量的供应和需求之间,往往存在着数量、形态和时间上的差异,为了弥补这些差异,有效利用能源,常采取储能和释放能量的人为过程或技术手段,称为储能技术。储能技术的原理涉及能量转换原理,这里不再繁述。储能技术用途广泛,集中体现在以下几个方面:防止能量品质自动恶化,改善能源转换的过程的性能,方便经济地使用能量,降低污染和保护环境。在新能源利用中,更需要发展储能技术。在已知的不稳定能源利用方法中,如利用太阳能、海洋能、风能等发电,在能量输入与输出之间基本上仅设有能量转换装置,而存在于该领域中的最大问题是输入能量的不稳定性,使转换效率、装置安全性、装置稳定性等诸多方面存在无法克服的先天性缺点。

储能系统本身并不节约能源,它们的引入主要在于能够提高能源利用体系的效率,促进新能源(如太阳能和风能)的发展,以及对废热的利用。储能技术有很多,分类也烦琐,按储存能量的形态把这些技术分为四类:机械储能、蓄热储能、化学储能、电磁储能。

目前,储能技术需要研究的课题涉及提高电池的能源密度和寿命;开发新材料和材料改性,改进现有制造工艺和操作条件。针对便携式应用系统,研究的重点是开发锂离子、锂聚合物和镍氢电池。针对电动和混合动力汽车,重点研究 NiMH、锂离子、锂聚合物电池,提高能量和动力密度。开发超级电容器,降低成本、改进生产工艺、降低内部电阻是关键。开发 SMES 的重点内容是降低成本,获取高温超导材料和低温电力电子器件。对飞轮的研究应该集中在改进材料和制造工艺,以获取长期的稳定性、良好的性能和低成本。冷、热储能技术的研究目标应该综合不同用途,采取更有效的办法,例如,提高或降低温度水平,重点开发新材料,如相变材料。

7.4.2 热能储存技术

热能虽然是一种低质量的能源,但是从它在所利用的全部能源中占 60% 这一点来看,储热的意义是很重大的。假设在低温 T_1 下为 α 相的单位质量的储能物质经加热到高温 T_2 时变成 β 相。如设 $c_α$、$c_β$ 分别为 α、β 相的比热容,H_t 为相变潜热,T_t 为相变的温度,T 为温度,则相变过程中储存起来的全热能 Q 可由下列公式求得:

$$Q = \int_{T_1}^{T_t} c_α dT + H_t + \int_{T_t}^{T_1} c_β dT \tag{7-1}$$

因此,质量为 m 的物质,其储能量为 Q 的 m 倍,作为一个理想的储能物质,它应具有下列特性:①价格便宜;②储能密度大;③资源丰富,可以大量获得;④无毒,危险性小;⑤腐蚀性小;⑥化学性能稳定。如果 $T_2 > T_1$,如设 T_1 为基准温度(常温),则为储热;如设 T_2 为基准温度,则为储冷;另外,和 H_t 无关的储热,称之为显热储热;除此以外的,称为潜热储热。对储热来说,选用比热容大的物质也是增加储热量的一种方法。

采用水和碎石储热材料的太阳能房屋是潜热利用系统的一个具体例子。由于这些材料价廉、安全,因此在潜热储热系统中得到广泛应用。

所谓潜热,一般是在物质相变时才有,例如,冰融化时的熔解热等。这种相变一般有以下四种情况:①固体物质的晶体结构发生变化,例如,六方晶格的锆,在 871 ℃ 的温度下,晶格变成体心立方型,此时相当于吸收了 53 kJ/kg 的热量。为了利用这种潜热,人们研究了储热材料;②固、液相同的相变(即熔解、凝固)。是指冰的融化,水的结冰,具体的应用实例有冰库等。利用这种潜热的有 $BeCl_2$、NaF、NaCl、LiOH、$LiNO_3$、KCl、B_2O_3、Al_2Cl_6、$FeCl_3$、NaOH、H_3PO_4、KNO_3,而共熔混合盐储热物质有 KCl·KNO_3、NaCl·$NaNO_3$、CaCl·$LiNO_3$、$BaCl_2$·KCl·LiCl、KF·NaF·KNO_3、NaCl·$NaNO_3$·$NaSO_4$、KBr·KCl·LiCl;③液、气相的相变(即气化、冷凝),相当于所述蒸汽储热器等场合的水的蒸发和蒸汽的冷凝;④固相直接变成气相(即升华),碘等若干物质具有这种现象。这里的升华热量大体等于熔解热和汽化热的和。据试验,固体碘在室温下,以 0.31 mmHg 的压力升华时吸收的热量为 245 kJ/kg。

如上所述,相变有几种不同的形式,但相变时潜热也并非都可以用来储热。对潜热储热来说,最好的办法是利用熔解热。尽管相变时体积会有所变化,而且变化量也会因物而异,但和原物体相比最多差 20%,因此,在选择这种储热材料,特别是选择盐类时应考虑以下几点:①该物质的熔点是否在规定的加热、冷却温度范围之内;②熔点变化大否;③相变时体积变化小否。

7.4.3 相变储能材料

(1) 概念与分类

相变储能材料是指在其物相变过程中,可以与外界环境进行能量交换(从外界环境吸收热量或者外界环境放出热量),从而达到控制环境温度和能量利用目的的材料。具体来说,PCM从液态向固态转变时,要经历物理状态的变化,在这个过程中向环境吸热,反之则向环境放热。在物理状态发生变化的时候可储存或释放的能量成为相变热,一般来说,发生相变的温度是很窄的。PCM在熔化或凝固过程中虽然温度不变,但吸收或释放的潜热却非常大。目前已知的天然合成的相变储能材料可以分为固—固相变储能材料、固—液相变储能材料;按照相变温度范围可以分为高储能材料、中储能材料、低储能材料;按成分又可分为无机物储能材料和有机物(包括高分子)储能材料(图7-1)。通常PCM有多组分构成,包括主储热剂、相变点调整剂、防过冷剂、防相分离剂、相变促进剂等。

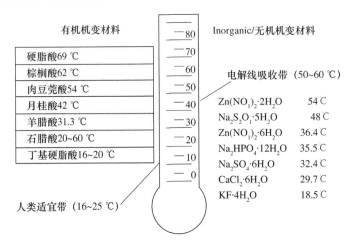

图 7-1　有应用价值的相变物质

（2）复合相变储热材料

复合相变储热材料既能有效克服单一的无机物或有机物相变储热材料存在的传热性能差以及不稳定的缺点,又可以改善相变材料的应用效果以拓展其应用范围。因此,研制复合相变储热材料已成为储热材料领域的热点研究课题。符合相变材料的应用涉及如下几个方面:①在建筑中的应用,即自动调温建筑墙体的自动调温材料、相变蓄热电加热地板、内墙调温壁纸、建筑物内空气和水加热系统(即 PCM 与太阳能、其他再生能源或使用夜晚低电价的热泵)、相变储能建筑围护结构;②电力调峰;③航天器仪器恒温及动力供应;④纺织品调温;⑤农业果蔬大棚温度调节;⑥改善发动机性能等。

不论开发出何种 PCM,都必须满足如下几个方面的要求:一是热性能要求,有合适的相变温度、较大的相变潜热和合适的导热性能(一般宜大)。二是化学性能要求,在相变过程中不应发生熔析现象,以免导致相变介质化学成分的变化;相变的可比性要好,过冷度应尽量小,性能稳定,无毒、无腐蚀、无污染;使用安全,不易燃、易爆或氧化变质;较快的结晶速度和晶体生长速度。三是物理性能要求,低蒸汽压,体积膨胀率要小,密度较大。四是经济性能要求,原料易购,价格便宜。

复合相变储热材料的制备方法主要有如下几种:①胶囊化技术;②利用毛细管作用将相变材料吸附到多孔基质中;③与高分子材料的复合制备 PCM;④无机/有机纳米复合 PCM 材料研究产生的符合纳米储能材料在储能材料方面成为新的生长点。

第8章 其他新能源

8.1 地 热 能

地热能已成为继煤炭、石油之后重要的替代能源之一,也是太阳能、风能、生物质能等新能源家族的重要成员之一,是一种无污染或极少污染的清洁绿色能源。地热资源集热、矿、水为一体,除可以用于低热发电以外,还可以直接用于供暖、洗浴、医疗保健、休闲疗养、养殖、农业养殖、纺织印染、食品加工等方面。此外,地热资源的开发利用可带动地热资源勘查、地热井施工、地面开发利用工程设计施工、地热装备生产、水处理、环境工程及餐饮、旅游度假等产业的发展,是一个新兴的产业,可大量增加社会就业,促进经济发展,提高人民生活质量。因此,世界上有地热资源的国家均将其作为优先开发的新能源,培植各具特色的地热产业,在缓解常规能源供应紧张和改善生态环境等发面发挥了明显作用。我国地热资源丰富,开发地热这种新的能源刻不容缓。

人类很早以前就开始利用地热能,但真正认识地热资源并进行较大规模的开发却始于20世纪中叶。现在许多国家为了提高低热利用率,而采用提及开发和综合利用的方法,如热电联产联供,热、电、冷三联产,先供暖后养殖等。地热能的利用可分为低热发电和直接利用两大类,对于不同温度的地热流体可利用的范围如下:

①200～400 ℃,直接发电及综合发电;

②150～200 ℃,可用于双循环发电、制冷、工业干燥、工业热加工等;

③100～150 ℃,可用于双循环发电、供暖、制冷、工业干燥、脱水加工、回收盐类、制作罐头食品等;

④50～100 ℃,可用于供暖、温室、家庭用热水、工业干燥;

⑤20～50 ℃,可用于沐浴、水产养殖、饲养牲畜、土壤加温、脱水加工等。

8.1.1 地热资源及其特点

我国是一个地热资源较丰富的国家,特别是中低温地热资源(热储温度25～150 ℃)几乎遍及全国。全球地热能"资源基数"为140×10^6 EJ/a(1EJ＝1018J),我国为11×10^6 EJ/a,占全球的7.9%。据调查,我国地热资源呈现如下特点:

(1) 以低温地热资源为主。全国近3000处温泉和几千眼地热井出口温度绝大部分低于90 ℃,平均温度为54.8 ℃。

(2) 集中分布在东部和西南部地区。受环太平洋地热带和地中海－阿尔卑斯－喜马拉雅地热带的影响,我国东部地区和西南部地区形成了两个地热资源富集区。其中,东部地区以中低温地热资源为主,主要分布于松辽平原、黄淮海平原、江汉平原、山东半岛和东南沿海地区;高温地热资源(热储温度≥150 ℃)主要分布在西南部地区、滇西、川西和台湾地区。

(3) 地热资源分布与经济区和城市规划区相匹配。以环渤海经济区为例,该区的北京、天津、河北和山东等省市地热储层多、储量大、分布广,是我国最大的地热资源开发区。

(4) 综合利用价值高。我国地热资源以水热型为主,可直接进行开发利用,适用于发电、供热、供热水、洗浴、医疗、温室、干燥、养殖等。

8.1.2 地热的热利用

中低温地热的直接利用在我国非常广泛,已利用的地热点有 1300 多处,地热采暖面积达 800 多万平方米,地热温室、地热养殖和温泉浴疗也有了很大的发展。地热供暖主要集中在我国的北方城市,其基本形式有两种:直接供暖和间接供暖。直接供暖就是以地热水为介质供热,而间接供暖是利用地热热水供热介质再循环供热。地热水供暖方式的选择主要取决于地热水所含元素成分和温度,间接供暖的初期投资较大(需要中间换热器),并由于中间热交换增加了热损失,这对中低温地热来说会大大降低供暖的经济性,所以一般间接供暖用在地热水质差而水温较高的情况下,限制了其应用场合。

地热水从地热井中抽出直接供热,系统设备简单,基建、运行费少,但地热水不断被废弃,当大量开采时会使水位由于补给不足而逐年下降,局部形成水漏斗,深井越打越深,还会造成地面沉降的严重后果,所以直接使用地热水有诸多的弊端。研究成果表明,地热水直接利用系统的水量利用率只要 34%,而热量利用率只有 18%。排入水体的地热水会造成热污染和其他污染。为了保护水资源和节约能源,保护生态环境,保证经济可持续发展,解决合理开采利用地热水问题刻不容缓。

采用有热水泵和回灌的新系统,综合利用地热水的热能用于供暖和热水供应,可以有效解决这一问题。几年来地热热泵技术在我国的研究和应用受到重视,有着广阔的市场前景。合理利用地源热泵技术,可实现不同温度水平的地热资源的高效综合利用,提高空调供热的经济性。

热泵分为空气源热泵(利用空气作为冷热源的热泵)和水源热泵(利用水作冷热源的热泵)。地源热泵是一种利用地下地热资源把热从低温端到高温端的设备,是利用水源热泵的一种形式。它是利用水与地能进行冷热交换来作为水源热泵的冷热源,是一种既可供暖又可制冷的高效节能空调系统。冬季时,地源热泵把地能中的热量取出来,供给室内采暖。此时地热为热源;夏季时,地源热泵把室内热量取出来,释放到地下水、土壤或地表中,此时地热为冷源。通常,地源热泵消耗 1kW 的能量可为用户带来 4kW 以上的热量或冷量。

地源热泵具有下面一些特点:

(1) 节能效率高。地能或地表浅层地热资源的温度一年四季相对稳定,冬季比环境空气温度高,夏季比环境空气温度低,是很好的热泵和空调冷源。这种温度特性使得地源热泵比传统空调系统运行效率高出 40%,因此达到了节能和节省运行费的目的。

(2) 可再生循环。地源热泵是利用地球表面浅层地热资源(通常小于 400 m 深)作为冷热源进行能量转换的供暖空调系统。地表浅层地热资源可以称为地能,是指地表土壤、地下水或河流、湖泊中吸收太阳能、地热能而蕴藏的低温位热能,它不受地域、资源等限制,量大面广,无处不在。这种储存于地表浅层近乎无限的可再生能源,使得地能也成为一种清洁的可再生能源。

（3）应用范围广。地源热泵系统可用于采暖、空调,还可供生活热水,一机多用,一套系统可以替换原来的锅炉加空调的两套装置或系统。该系统可应用于宾馆、商场、办公楼、学校等建筑,更适用于别墅住宅的采暖空调。

8.1.3　地热发电

世界上最早利用地热发电的国家是意大利。1812年意大利就开始利用地热温泉提取硼砂,并于1904年建立世界上第一座80 kW的小型地热试验电站。到目前为止,世界上约有32个国家先后建立了地热发电站,总容量已超过800万千瓦,其中美国有281.7万千瓦,意大利有151.8万千瓦,日本有89.5万千瓦,新西兰有75.5万千瓦,中国有3.08万千瓦。单机容量最大的是美国盖伊塞地热站的11号机,为10.60万千瓦。

随着全世界对清洁能源需求的增长,将会更多地使用地热资源,特别是在发展中国家地热资源尤为丰富。据预测,今后世界上地热发电将有相当规模的发展,全世界发展中国家理论上从火山系统就可取得8000万千瓦的地热发电量,具有很大的发展潜力。

我国进行地热发电研究工作起步较晚,始于20世纪60年代末期。1970年5月首次在广东丰顺建成第一座设计容量为86 kW的扩容法地热发电实验装置,地热水温度为91 ℃,厂用电率为56%。随后又相继建成江西温汤、山东招远、辽宁营口、北京怀柔等地热试验电站共11座,容量大多为几十千瓦至一两百千瓦。采用的热力系统有扩容法和中间介质法两种(均属于中低温地热田)。到目前为止,我国最大的西藏羊八井地热电站一直在安全稳定地运行。

科学家们根据不同类型的地热资源特点,经过较长时间的理论和试验研究,确立了三种地热发电站的热力系统,现分述如下。

（1）地热蒸汽发电热力系统

地热井中的蒸汽经过分离器出去地热蒸汽中的杂质(10 μm及以上)后直接引入普通汽轮机做功发电,系统原理如图8-1所示。适用于高温(160 ℃以上)地热田的发电,系统简单,热效率为10%～15%,厂用电率为12%左右。

（2）扩容法地热水发电热力系统

根据水的沸点和压力之间的关系,把地热水送到一个密闭的容器中降压扩容,使温度不太高的地热水因气压降低而沸腾,变成蒸汽。由于地热水降压蒸发的速度很快,是一种闪急蒸发过程,同时地热水蒸发产生蒸汽时它的体积要迅速扩大,所以这个容器称为"扩容器"或"闪蒸器",用这种方法产生蒸汽来发电就称为扩容法地热水发电。这是利用地热田热水发电的主要方式之一,该方式分为单级扩容法系统和双级或多级扩容法系统。系统原理:扩容法是将地热井口来的中温地热汽水混合物,先送到扩容器中进行降压扩容(又称闪蒸)使其产生部分蒸汽,再引到常规汽轮机做功发电。扩容后的地热水回灌地下或作其他方面用途。适用于中温(90～160 ℃)地热田发电。

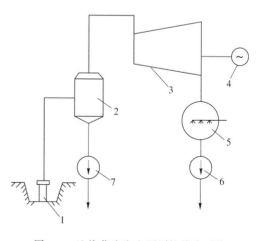

图 8-1　地热蒸汽发电原则性热力系统
1—地热蒸汽井;2—分离器;3—汽轮机;4—发电机;
5—混合式凝汽器;6—排水泵;7—排污泵

①单级扩容法系统。单级扩容法系统简单,投资低,但热效率较低(一般比双级扩容法系统低 20%左右),厂用电率较高。单级扩容法地热发电热力系统原理如图 8-2 所示。

②双级扩容法系统。双级扩容法系统热效率高,厂用电率较低。但系统复杂,投资较高。双级扩容法地热水发电热力系统如图 8-3 所示。

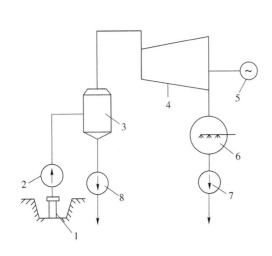

图 8-2　单级扩容法地热发电热力系统

1—地热井;2—热水泵;3——级扩容器;

4—汽轮机;5—发电机;6—混合式凝汽器;

7—排水泵;8—排污泵

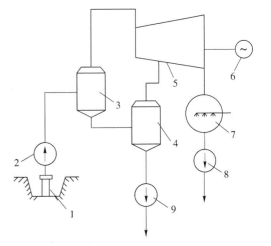

图 8-3　双级扩容法地热水发电热力系统

1—地热井;2—热水泵;3——级扩容器;

4—二级扩容器;5—汽轮机;6—发电机;

7—混合式凝汽器;8—排水泵;9—排污泵

（3）中间介质法地热水发电热力系统

又称热交换法地热发电,这种发电方式不是直接利用地下热水所产生的蒸汽进入汽轮机做功,而是通过热交换器利用地下热水来加热某种低沸点介质,使之变为气体去推动汽轮机发电,这是利用地热水发电的另一种主要方式。该方式分为单级中间介质法系统和双级或多级中间介质法系统。

系统原理:在蒸发器中的地热水先将低沸点介质(如氟利昂、异戊烷、异丁烷、正丁烷、氯丁烷)加热使之蒸发为气体,然后引到普通汽轮机做功发电。排气经冷凝后重新送到蒸发器中,反复循环使用。有的教科书又将此系统称为双流体地热发电系统。介质法系统使用于充分利用低温(50～100 ℃)地热田发电。

①单级中间介质法系统。单级中间介质法系统简单,投资少,但热效率低(比双级中间介质法系统低 20%左右),对蒸发器及整个管路系统严密性要求高(不能发生较大的泄漏),还要经常补充少量中间介质。一旦发生泄漏对人体及环境将会产生危害和污染。单级中间介质法地热水发电原则性热力系统如图 8-4 所示。

②双级或多级中间介质法系统。双级或多级中间介质法热力系统热效率高,但系统复杂,投资高,对蒸发器及整个管路系统严密性要求较高,也存在防泄漏和经常需补充中间介质的问题。双级中间介质法地热水发电热力系统如图 8-5 所示。

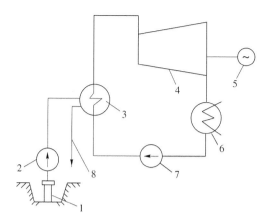
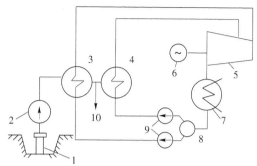

图 8-4　单级中间介质法地热水发电热力系统
1—热井水;2—热水泵;3—蒸发器;4—汽轮机;
5—发电机;6—表面式凝汽器;
7—循环泵;8—排水管

图 8-5　双级中间介质地热水发电热力系统
1—热水井;2—热水泵;3—一级蒸发器;4—二级蒸发器;
5—汽轮机;6—发电机;7—表面式凝汽器;
8—储液罐;9—循环泵;10—地热水排水管

8.2　海洋能

海洋能是指海水本身含有的动能、势能和热能。海洋能包括海洋潮汐能、海洋波浪能、海洋温差能、海流能、海水盐度差能和海洋生物能等可再生的自然能源。根据联合国教科文组织的估计数据,全世界理论上可再生的海洋能总量为 766 亿千瓦,技术允许利用功率为 64 亿千瓦,其中潮汐能为 10 亿千瓦,海洋波浪能为 10 亿千瓦,海流能(潮能)为 3 亿千瓦,海洋热能为20 亿千瓦,海洋盐度差能为 30 亿千瓦。

开发利用海洋能即是把海洋中的自然能量直接或间接地加以利用,将海洋能转换成其他形式的能。海洋中的自然能源主要为潮汐能、波浪能、海流能(潮流能)、海水温度差能和海水盐差能。究其成因,潮汐能和潮流能来源于太阳和月亮对地球的引力变化,其他基本上源于太阳辐射。目前有应用前景的是潮汐能、波浪能和潮流能。

潮汐能是指海水潮涨和潮落时形成的水的势能,其利用原理和水力发电相似。世界上潮差的较大值为 13~15 m,我国的最大值(杭州湾澉浦)为 8.9 m。一般来说,平均潮差在 3 m 以上就有实际应用价值。我国的潮汐能理论估算值为 10^8 kW 量级。只有潮汐能量大且适合于潮汐电站建造的地方,潮汐能才具有开发价值,因此其实际可利用数远小于此数。中国沿海可开发的潮汐电站坝址为 424 个,总装机容量约为 $2.2×10^7$ kW。浙江、福建和广东沿海为潮汐能较丰富地区。

波浪能是指海洋表面波浪所具有的动能和势能,是海洋能源中能量最不稳定的一种能源。波浪能最丰富的地区,其功率密度达 100 kW/m 以上,中国海岸大部分的年平均波浪功率密度为 2~7 kW/m。中国沿海理论波浪年平均功率约为 $1.3×10^7$ kW。但由于不少海洋台站的观测地点处于内湾或风浪较小位置,故实际的沿海波浪功率要大于此值。其中浙江、福建、广东和台湾地区沿海为波能丰富的地区。

潮流能是指海水流动的动能,主要是指海底水道和海峡中较为稳定的流动。一般来说,最大流速在 2 m/s 以上的水道,其潮流能均有实际开发的价值。中国沿海潮流能的年平均功率理论值约为 $1.4×10^7$ kW。其中辽宁、山东、浙江、福建和台湾地区沿海的潮流能较为丰富,不少水道的能量密度为 $15\sim30~kW/m^2$，具有良好的开发价值。值得指出的是，中国的潮流能属于世界上功率密度最大的地区之一，特别是浙江舟山群岛的金塘、龟山和西侯门水道，平均功率密度在 $20~kW/m^2$ 以上，开发环境和条件很好。

8.2.1 潮汐能及其开发利用

（1）潮汐能的形成原理

由于受到太阳和月亮的引力作用，而使海水流动并每天上涨 2 次。当这种上涨接近陆地时，可能会因共振而加强。共振的程度视海岸情况而定。月球的引力大约是太阳引力的 2 倍，因为距离较近。伴随着地球的自转，海面的水位大约每天 2 次周期性地上下变动，这就是"潮汐"现象。海水水位具有按照类似于正弦的规律随时间反复变化的性质，水位达到最高状态，称为"满潮"；水位落到最低状态，称为"干潮"；满潮与干潮两者水位之差称为"潮差"。海洋潮汐的涨落变化形成了一种可供人们利用的海洋能量。

（2）潮汐能利用的历史和现状

人们对潮汐能的利用已经有很长的历史。早在 900 多年前，我国泉州就利用它来搬运石块以便在洛阳江上架桥。在 15—18 世纪，法、英等国曾在大西洋沿岸利用它来推动水轮机。20 世纪出现了潮汐磨坊。那时还没有双向水轮机，只能利用一个方向（退潮时）的能量，因为较易控制。

现代潮汐能的利用主要是潮汐发电。世界最早的潮汐发电装置由法国于 1913 年在诺的斯特兰德岛上建造。1966 年，法国又建造了世界上最大的 240 MW 朗斯潮汐电站，商业运营长达 40 年。加拿大于 1979 年在芬地湾的阿娜波利斯河口建造潮汐电站。采用环形全贯流式机组，单机容量 20 MW，现状规划建造 5000 MW 的潮汐电站。我国 1980 年建造了 3200 kW 的江厦电站。此外，俄罗斯、英国、韩国、日本、印度、澳大利亚、意大利等国也在积极开发建造中。

（3）潮汐发电的特点

作为海洋能发电的一种方式，潮汐发电最早、规模最大、技术也最成熟。潮汐发电的特点如下：

①潮汐能是一种蕴藏量极大、用之不竭、取之不尽、不需开采和运输、不影响生态平衡、洁净无污染的可再生能源。潮汐电站的建设还具有附加条件少、施工周期短的优点。

②潮汐是一种相对稳定的可靠能源，不受气候、水文等自然因素的影响，不存在丰水年、枯水年和丰水期、枯水期。但是由于存在半月变化，超差可相差 2 倍，因此潮汐电站的装机利用小时较低。

③潮汐每天有两个高潮和两个低潮，变化周期较稳定，潮位预报精度较高，可按潮汐预报制订运行计划，安排日出力曲线，与大电网并网运行，克服其出力间歇性问题。随着技术的进步，要做到这一点并不难。

④潮汐发电时一次能源开发和二次能源转换相结合，不受一次能源价格的影响，发电成本低。随着技术的进步，其运行费用还将进一步降低。

⑤潮汐电站的建设，其综合利用效益极高，不存在淹没农田、迁移人口等复杂问题，而且可以促淤围造田，发展水草养殖、海洋化工、旅游及综合利用。

（4）潮汐发电技术的原理和类型

潮汐发电的工作原理与常规水力发电的原理相同，它是利具潮水的涨落产生的水位差所具有的势能来发电，也是把海水涨落潮的能量变为机械能，再把机械能转变为电能的过程。具体地说,就是在有条件的海湾或感潮河口建筑堤坝、闸门和厂房,将海湾(或河口)与外海隔开,围成水库,并在坝中或坝旁安装水轮发电机组,对水闸适当地进行启闭调节,使水库内水位的变化滞后于海面的变化,水库水位与外海潮位就会形成一定的潮差(即工作水头),从而可驱动水轮发电机组发电。从能量的角度来看,就是利用海水的势能和动能,通过水轮发电机组转化为电能的过程。潮汐能的能量与潮量及潮差成正比,或者说与潮差的平方及水库的面积成正比。潮汐能的能量密度较低,相当于微水头发电的水平。

由于潮水的流向与河水的流向不同,它是不断变换方向的,因此潮汐电站按照运行方式及设备要求的不同而出现的形式,大体上可以分为以下3类。

①单库单向式电站。只修建一座堤坝和一个水库,涨潮时开启闸门,使海水充满水库,平潮时关闭闸门,待潮落后库水位与外海潮位形成一定的潮差时发电;或者利用涨潮时水流由外海流向水库时发电,落潮后再开闸泄水。这种发电方式的优点是设备简单,缺点是不能连续发电(仅在落潮或涨潮时发电)。

②单库双向式电站。仅修建一个水库,但是由于采用了一定的水工布置形式,利用两套单向阀门控制两条引水管,在涨潮或落潮时,海水分别从不同的引水管道进入水轮机;或者采用双向水轮发电机组,因此电站既可在涨潮时发电,也能在水库内外水位基本相同的平潮时才不能发点。我国于1980年建成投产的浙江江厦潮汐实验电站就属于这种类型。

③多库联程式电站。在有条件的海域或河口,修建两个或多个水力相连的水库,其中一个作为高水库,仅在高潮位时与外海相通;其余为低水库,仅在低潮位与外海相通。水库之间始终保持一定水头,水轮发电机组位于两个水库之间的隔坝内,可保证其能连续不断地发电。这种发电方式,其优点是能够连续不断地发电,缺点是投资大,工作水头低。我国初步议论中的长江口北支流潮汐电站就属于这种形式。

(5)潮汐发电面临的技术挑战

①潮汐电站建在海湾河口,水深坝长,建筑物结构复杂,施工、地基处理难度大,土建投资高,一般占总造价的45%。传统的建设方法大多采用重力结构的当地材料坝或钢筋混凝土坝,工程量大,造价高。采用现代化浮运沉箱技术进行施工,可节省大量投资。

②在潮汐电站中,水轮发电机组约占电站总造价的50%,同时机组的制造安装也是电站建设工期的主要控制因素。由于潮汐落差不大,可利用的水头小,因此潮汐电站采用低水头、大流量的水轮发电机组。由于发电时储水库的水位海洋的水位都是变化的(海水由储水库流出,水位下降;因潮汐变化,海洋水位也变化),在超涨潮落过程中水流方向相反,水流速度也有变化,因此潮汐电站时在变工况下工作的,水轮发电机组的设计要考虑变工况、低水头、大流量及防海水腐蚀等因素,比常规水电站复杂,效率也低于常规水电站。大、中型电站由于机组台数较多,控制技术要求高。目前,全贯流式水轮发电机组由于其外形小、质量轻、效率高,在世界各国已得到广泛应用。

③由于海水、海生物对金属结构物和海工建筑物有腐蚀、沾污作用,因此电站需作特殊的防腐、防污处理。

④潮汐电站的选址较为复杂,既要考虑潮差、海湾地形及海底地质,又要考虑当地的海港建设、海洋生态环境保护。电站的海洋环境问题主要包括两个方面,一是电站对海洋环境的影响,如对水温、水流盐度分层、海滨产生的影响,这些变化会影响到附近地区浮游生物的生长及鱼类生活等;二是海洋环境对电站的影响,主要是泥沙冲淤问题,既与当地海水中的含沙量有关,又与当地的地形、波流等有关,关系较为复杂。

8.2.2 波浪能及其开发利用

（1）波浪能形成原理

波浪，泛指海浪，是海面水质点在风或重力的作用下高低起伏、有规律运动的表现。在海洋中存在着各种不同形式的波动，从风产生的表面波，到由月亮和太阳的万有引力产生的潮波，此外，还有表面看不见的且下降急剧的密度梯度层造成的内波，以及我们难得一见的海啸、风暴潮等长波。波力输送由近及远，永不停息，是一种机械传播，其能量与波高的平方正比。在波高 2 m、周期 6 s 的海浪里，每米长度中波浪可产生 24 kW 的能量。

（2）波浪能研发现状

波浪能发电时继潮汐发电之后，发电最快的一种海洋能源利用手段。据不完全统计，目前已有 28 个国家（地区）研究波能的开发，建设大小波力电站（装置、机组或船体）上千座（台），总装机容量超过 80 万千瓦，其建站数和发电功率分别以每年 2.5% 和 10% 的速度上升。

根据发电装置的工作位置波浪发电装置可分为漂浮式和固定式两种。

漂浮式装置以日本的"海明"号和"巨鲸"号、英国的"海蛇"号为代表。日本 1974 年开始进行船型波力发电装置"海明"号的研究，随后基于相似的发电原理，开发了"巨鲸"号波浪发电船，该船长 50 m，宽 30 m，型深 12 m，吃水 8 m，排水量 4380 t，空船排水量 1290 t，安装了一台 50 kW 和两台 30 kW 的发电机组，锚泊于 Gokasho 海湾之外 1.5 m 处。1998 年 9 月开始持续两年的实海况试验，最大总发电效率为 12%。英国"海蛇"号（Pelamis）波力发电装置，由英国海洋动力传递公司（Ocean Power Delivery Ltd）研制。"海蛇"号是漂浮式的，由若干个圆柱形钢壳结构单元铰接而成，将波浪能转换为液压能进而转换成电能的波能装置。"海蛇"号具有蓄能环节，因而可以提供与火力发电相当稳定度的电力。

固定式波浪发电装置以固定振荡水柱式为最多，其中日本 4 个，中国 3 个，挪威 2 个，英国 3 个，印度 1 个，葡萄牙 1 个，这些都是示范性的，有的完成海下发电实验后成为遗址了，有的还在进行海上实验。此外，日本和中国各有一个摆板式的波浪发电站，挪威有一个收缩水道库式的波浪发电站。日本酒田港防波堤波浪发电站建成于 1989 年 3 月，由日本港湾技术研究所研建，在防堤坝中间一段 20 m 长的堤上做实验，一台 60 kW 的发电机组发出的电通过海底电缆输到岸上，供游客参观。中国的振荡水柱岸式波浪发电站，从 1986 年开始在珠江口大万山岛研建 3 kW 波浪电站，随后几年又在该电站上改造成 20 kW 的电站。出于抗台风方面的考虑，该电站设计了一个带有破浪锥的过度气室及气道，将机组提高到海面上约 16 m 高之处，大大减小了海浪对机组直接打击的可能性。

（3）波浪能发电的原理

波浪的运动轨迹呈圆周或椭圆。经矢量分解，波浪能由波的动能和波的位能两大部分叠加而成。现代发电装置的发电机理无外乎三种基本转换环节，通过两次能量转化最终实现终端利用。目前，波力转换电效率最高可达 70%。

①首轮转换。首轮转换是一次能量转化的发源环节，以便将波浪能转换成装置机械能。其利用形式有活动型（款式有鸭式、筏式、蚌式、浮子式）、振荡水柱（款式有鲸式、浮标式、岸坡式）、水流型（款式有收缩水槽、推板式、环礁式）、压力型（款式有柔性袋）四种，均采取装置中浮置式波能转换器（受能体）或固定式波能转换器（固定体）与海浪水体相接触，引发波力直接输送。其中蚌式活动型采用油压传动绕轴摇摆，转换效率（波力－机械量）达 90%。而使用最广的式振荡水柱型，采用空气作介质，利用吸气和排气进行空气压缩运动，使发电机旋转做功。

水流型和压力型可将海水作为直接载体,经设置室或流道将波水以位能形式蓄电。活动型和水柱型大多靠柔性材料成空腔,经波浪振荡运动传动。

世界波浪发电趋势是:前期收集波能浮置式起始,深入发展后,仍以岸坡固定式集束波能获得更大发电功率,并设法用收缩水道的办法,提高集波能力。现代大型波力发电站首轮转换多靠坚固的水工建筑物,如集波堤、集波岩洞来实现。为了最大限度地利用波浪能首轮转换装置的结构,必须综合考虑波面、波频、波长、波速和波高。其设计以利于与海浪频率共振,达到高效采能,使小装置赢得大能量。

必须提及,由于海上波高浪涌,首轮转换构件必须牢固和耐腐,特别是浮体锚泊,还要求有波面自动对中系统。

② 中间转换。中间转换是将首轮转换与最终转换连接沟通,促使渡力机械能经特殊装置处理达到稳向、稳速和加速、能量传输,推动发电机组。

中间转换的种类有机械式、水动式、气动式三种,分别经机械部件、液压装置和空气单体加强能量输送。目前较先进的是气压式,它借用波水做活塞,构筑空腔产生限流高密气流,使涡轮高速旋转,功率可控性很强。

③ 最终转换。最终转换多为机械能转化为电能,全面实现波浪发电。这种转换基本上采用常规发电技术,但用作波浪发电的发动机,必须适应变化幅度较大的工况。一般小功率的波浪发电采用整流输入蓄电池的方式,较大功率的波力发电与陆地电网并联调负。

（4）波浪发电的机型

早在20世纪70年代,就诞生了世界上第一台波浪发电装置。目前已经出现了各种各样的波浪发电装置,大致列举如下。

①航标波力发电装置。航标波力发电装置在全球发展迅速,产品有波力发电浮标灯和波力发电岸标灯塔两种。波力发电浮标灯市利用灯标的浮桶作为首轮转换的吸能装置,固定体就是中心管内的水柱,当灯标浮桶随波飘动、上下升降时,中心管内的空气受压,时松时紧,气流推动汽轮机旋转,再带动发电机生电,并通过蓄电池聚能与浮桶上部航标灯相连,光电开关全自动控制。波力发电岸标灯塔结构比波力发电浮标灯简单,发电功率更大。

②波力发电船。波力发电船是一种利用海上波浪发电的大型装备船,并通过海底电缆将发出的电力送上岸堤,船体底部设有22个空气室,作为吸能固定体的"空腔",每个气室占水面积25 m^2。室内的水柱受船外波浪作用而升降,压缩或抽吸室内空气,带动汽轮机发电。

③岸式波力发电站。岸式波力发电站可避免海底电缆和减轻锚泊设施的弊端,种类很多。在天然岸基选用钢筋混凝土构筑气室,采用空腔气动方式带动汽轮机及发电机(装于气室顶部),波涛起伏促使空气室储气变流不断生电。另一种利用岛上水库溢流堰开设收敛道,使波浪聚集道口,升高水位差而发电。也可采用振荡水柱岸式气动器,带动气动机来发电。

8.2.3　海流能及其开发利用

海流能是海水流动所具有的动能。海流是海水朝着一个方向经常不断地流动的现象。海流有表层流,表层流以下有上层流、中层流、深层流和底层流。海流流经长短不一,可达数百千米,乃至上万千米。流量也不一,海流的一般流速是0.5～1海里/小时,海流高的可达3～4海里/小时。著名的黑潮宽度达80～100 km,厚度达300～400 m,流量可超过世界所有河流的20倍。海流发电与常规能源发电相比较有以下特点。

①能量密度低,但总蕴藏量大,可以再生。潮流的流速最大值在我国约为 40 m/s,相当水力发电的水头仅 0.5 m,故能量转换装置的尺度要大。

②能量随时间、空间变化,但有规律可循,可以提前预报。潮流能因地而异的,有的地方流速大,有的地方流速小,同一地点表、中、底层的流速也不相同。由于潮流流速流向变化使潮流发电输出功率存在不稳性、不连续。但潮流的地理分布变化可以通过海洋调查研究掌握其规律,目前国内外海洋科学研究已能对潮流速做出准确的预报。

③开发环境严酷、投资大、单位装机造价高,但不污染环境、不占用农田、不需迁移人口。由于在海洋环境中建造的潮流发电装置要抵御狂风、巨浪、暴潮的袭击,装置设备要经受海洋腐蚀、海生物附着破坏,加之潮流能量密度低,所以要求潮流发电装置设备庞大、材料强度高、防腐性能好,由于设计施工技术复杂,故一次性投资大,单位装机造价高。潮流发电装置建在海底或系泊于海水中或海面,既不占农田又不需建坝,不需迁移人口,也不会影响交通航道。

美国和日本对海流发电研究较多,它们分别于 20 世纪 70 年代初和 70 年代末开始研究佛罗里达海流和黑潮流的开发利用。美国 UEK 公司研制的水流发电装置在 1986 年进行过海上试验。日本自 1981 年着手潮流发电研究,于 1983 年在爱媛县今治市来岛海峡设置 1 台小型流发电装置进行研究。

中国舟山 70 kW 潮流试验电站采用直叶片摆线式双转子水轮机。研究工作从 1982 年开始,经过 60 W、100 W、1 kW 三个样机研制以及 10 kW 潮流能试验电站方案设计之后,终于在 2002 年建成 70 kW 潮流试验电站,并在舟山群岛的岱山港水道进行海上发电试验。随后由于受台风袭击、锚泊系统及机构发生故障,试验一度被迫中断,直到 2002 年恢复发电试验。

加拿大在 1980 年就提出用垂直叶片的水轮机来获取潮流能,并在河流中进行过试验,随后英国 IT 公司和意大利那不勒斯大学及阿基米德公司设想的潮流发电机都采用类似的垂直叶片的水轮机,适应潮流正反向流的变化。

目前,世界海流潮流逐步向实用化发展,目的是向海岛或海面上的设施加浮标等供电。各国海潮流发电的研究提出的开发方式主要有:①与河川水力发电类似的管道型海底固定式螺旋桨水轮机;②与传统水平抽风力机类似的锚系式螺旋桨水轮机;③与垂直抽风力机类似的立轴螺旋桨水轮机;④与风速计类似的萨涡纽斯转子;⑤漂流伞式;⑥与磁流体发电类似的海流电磁发电。

潮流能资源开发利用要解决一系列复杂的技术问题,除了能量转换装置本身的特殊性技术外,还有海洋能资源开发共同面临的技术问题,具体包括如下几种:

①要调查研究拟开发站点海域的潮流状况及潮汐、风况、波浪、地形、地质等自然环境条件,通过计算分析确定装置的形式、规模、结构、强度等设计参数;

②大力发展装置在海底或漂浮、潜浮在海水中的系泊锚锭技术,以及各种部件的防海水腐蚀,防海生物附着的技术;

③电力向岸边输送、蓄电、转换、其他形式储能的技术。

8.2.4 海洋温差能及其开发利用

海洋温差能是海水吸收和储存的太阳辐射能,也称海洋热能。太阳辐射热随纬度的不同而变化,纬度越低,水温越高;纬度越高,水温越低。海水温度随深度不同也发生变化,表层因吸收大量的太阳辐射热,温度越高,随着海水深度加大,水温逐渐降低。南纬 20°至北纬 20°之间,海水表层(130 m 左右深)的温度通常是 25～29 ℃。红海的表层水温高达 35 ℃,而深达 500 m 层的水温保持在 5～7 ℃。

　　海水温差发电是指利用海水表层之间的温差能发电,海水表层和底层之间形成的 20 ℃温度差可使低沸点的工质通过蒸发及冷凝的热力过程(如用氨作工质),从而推动汽轮机发电。按循环方式温差发电可分为开式循环系统、闭式循环系统、混合循环系统和外压循环系统。按发电站的位置,温差发电可分为海水海洋温差发电站、海洋式海水差发电站、冰洋发电站。

　　由于该类能源随时可取,并且还有海水淡化、水产养殖等综合效益,被国际社会公认为是最具有开发潜力的海水资源,已受到有关国家的高度重视,部分技术已达到了商业化程度,美国和日本已建成了几座该类能源的发电厂,而荷兰、瑞典、英国、法国、加拿大和中国台湾已都有开发该类发电厂的计划。

　　(1) 海洋温差能发电的研发历史和现状

　　早在 1881 年,法国物理学家德尔松瓦(Jacquesd Arsonval)提出利用海洋表层温水和深层冰水的温差使机体做功,过程利用一种工作介质(二氧化硫液体)在温泉中汽化而在冰河水中凝结。1926 年,德尔松瓦的学生法国科学家克劳德在法国科学院进行一次公开海洋温差发电实验:在两只烧杯分别装入 28 ℃的温水和冰屑,抽去系统内的空气,使温水沸腾,水蒸气吹动透平发动机而为冰屑凝结。发的电点亮三个小灯泡。当时可劳德向记者发表他的计算结果称:如果 1 秒用 1000 m^3 的温水,能够发 10 万瓦的电力。

　　1930 年,在古巴曼坦萨斯湾海岸建成一座开式循环发电装置,出力 22 kW,但是,该装置发出的电力小于为维持其运转所消耗的功率。

　　1964 年,美国安德森重提类似当年德尔松瓦闭式循环的概念。闭式循环,使用在高压下比沸水点低、密度大德工质,并且提出蒸发机和冷凝器沉入工质压力相同的水压的海中,发电站是半潜式的。这样可以使整个装置体积变小,而且避免风暴破坏。案德森的专利在技术上为海洋温差开辟新途径。

　　自 20 世纪 70 年代以来,美、日忽然西欧诸国,对海洋热能利用进行了大量工作,由于基础研究、可行性研究、各式电站的设计直到部件和整机的实验和海上实验、研究几乎集中在闭式循环发电系统上。

　　1979 年,美国在夏威夷建成了世界第一个闭式循环的"微型海洋温差能"发电船是当今开发利用海水温差发电技术的典型代表。该装置由驳船改装,锚泊在夏威夷附近海面,采用氨为工作介质,额定功率为 50 kW,除装置自耗电外,净输出功率达 18.5 kW。系统采用的冷水管外径约 60 cm,利用深层海水与表面海水 21～23 ℃的温差发电,于当年 8 月进行了持续 3 个 500 小时发电试验。

　　1981 年,日本在瑙鲁共和国把海水提取到陆上,建成了世界上第一座 100 kW 的海岸式海洋温差能发电站,净输出功率为 14.9 kW。日本又在康儿岛建成了 1000 kW 的海洋温差能发电站,并计划在隔群岛和富士湾建设 10 万千瓦大型实用海洋温差能发电装置。

　　目前,人们已经实现了大型电站建设的技术可行性,阻碍其发展的关键在于,低温差 20～27 ℃时系统的转换效率仅为 6.8％～9％,加上发出电的大部分在于抽水,冷水管的直径又大又长,工程难度大,研究工作处于停顿状态,每千瓦投资成本约 1 万美元,近期不会有人投资建实用的电站。若能利用沿海电厂的温差废水,提高温差,或者将来与开发深海或天然气水合物结合,并在海上建化等综合考虑还是可能的。

　　(2) 海洋温差能发电原理和系统

　　海洋温差发电根据所用工质及流程的不同,一般可分为开式循环系统、闭式循环系统和混合循环系统，如图 8-6、图 8-7、图 8-8 所示，从图中可以看出，除发电外还能将排出的海水进行综合利用，图 8-6、图 8-8 中的装置可以产生淡水。

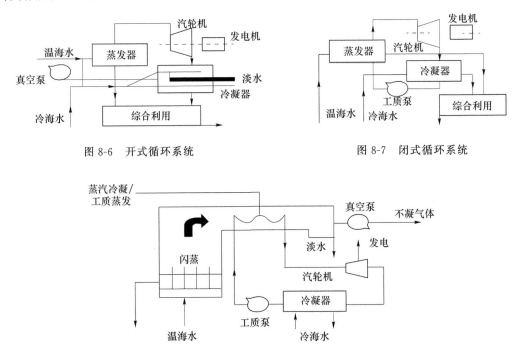

图 8-6 开式循环系统   图 8-7 闭式循环系统

图 8-8 混合循环系统

①开式循环系统。开式循环系统以表层的海水作为工作介质。真空泵将系统内抽到一定真空，海水泵把温海水抽入蒸发器，由于系统内已保持有一定的真空度，所以温海水就在蒸发器内沸腾蒸发，变为蒸汽，蒸汽经管道喷出推动蒸汽轮运转，带动发动机发电。蒸汽通过汽轮机后，由被冷水泵抽上来的深海冷水所冷却而凝结成淡化水。由于只有不到 0.5% 的温海水变为蒸汽，因此必须泵送大量的温海水，以便产生出足够的蒸汽来推动巨大的低压汽轮机，这就使得开式循环系统的净水发电能力受到了限制。

②闭式循环系统。闭式循环系统以一些低沸点的物质（如丙烷、异丁烷、氟利昂、氨气）作为工作介质。系统工作时，表层温海水通过热交换器把热量传递给低沸点的工作介质，例如氨水，氨水从温海水吸收足够的热量后开始沸腾，变为氨气，氨气经过管道推动汽轮发动机，深沉冷海水在冷凝中使氨气冷凝、液化，用氨泵把液态氨重新压进蒸发器，以供循环使用。闭式循环系统能使发电量达到工业规模，但其缺点是蒸发器和冷凝器采用表面式换热器，导致这一部分不仅统计庞大，而且耗资昂贵。此外，闭式循环系统不能产生淡水。

③混合循环系统。混合循环系统也是以低沸点的物质作为工作介质。用温海水闪蒸出来的低压蒸汽来加热低沸点工质，这样做的好处在于既能产生新鲜的淡水，又可减少蒸发器的体积，节约材料，便于维护，从而使其成为温差发电的新方向。

8.2.5 海洋盐度差能及其开发利用

因流入海洋的河水与海水之间形成含盐度之差，在它们接触面上产生的一种物理化学能。此能量通常通过半透膜以渗透压得形式表现出来。在水温 20 ℃、海水盐度为 35 时，通过半透膜在淡水和盐水之间可形成 24.8 个大气压的渗透压，相当于水头 256.2 m。盐差能量的大小去决于江河入海径流量。从理论上讲,如果这个压力差能利用起来,从河流流入海中的每立方英尺的淡水可发 $0.65\ kW\cdot h$ 的电。

据科学家分析,全世界海洋温差能得理论估算值为 $10^{10}\ kW$ 量级,我国的盐温差估计为 $10\times10^8\ kW$,主要集中在各大江河的出海处。同时,我国青海省等地还有不少内陆盐湖可以利用。

美国人于 1939 年最早提出利用海水和河水靠渗透压或电位差发电的设想。1954 年建设并实验了一套根据电位差原理运行的装置,最大输出功率为 $15\ mW$。1972 年发表了第一份利用渗透压差发电的报告,1975 年以色列人建造并试验了一套渗透压法的装置,表明其利用可行性。目前,日本、美国、以色列、瑞典等国均有人进行研究,总的来说,盐度差能发电目前处于初期原理和实验阶段。

海洋盐差能发电的能量转换方式主要有下述两种:

(1)渗透压式盐差能发电系统

它的原理是,当两种不同盐度的海水被一层只能通过水分而不能通过盐分的半透膜相分割的时候,两边的海水就会产生一种渗透压,促使水从浓度低的一侧通过这层透膜向浓度高的一侧渗透,使浓度高的一侧水位升高,直到膜两侧的含盐浓度相等为止。美国俄勒冈大学的科学家已研制出了利用该类落差进行发电的系统。

(2)蒸汽压式盐差能发电系统

在同样的温度下,淡水比海水蒸发快。因此,海水一边的蒸汽压力要比淡水一边低得多。于是,在空室内,水蒸气会很快从淡水上方流向海水上方。只要装上涡轮,就可以利用该盐差能进行发电,美国、日本等国家的科学家为开发这种发电系统已投入了大量的精力。

8.3 可燃冰

8.3.1 可燃冰资源及其特点

可燃冰的全称为天然气水合物,又称天然气干冰、气体水合物、固体瓦斯等,作为一种新型烃类资源,它是由天然气和水分子在高压与低温条件下合成的一种固体结晶物质,透明无色,成分以甲烷为主,占 99%,主要来源于生物成气、热成气和非生物成气 3 种。生物成气主要来源于由微生物在缺氧环境中分解有机物产生的;热成气的方式与石油的形成相似,深层有机质发生热解作用,其长链有机化合物断裂,分解形成天然气;非生物成气系统指地球内部迄今仍保存电的地球原始烃类气体或地壳内部经无机化学过程产生的烃类气体。从化学结构来看,可燃冰是由水分子搭成像笼子一样的多面体格架,以甲烷为主的气体被包含在笼子格架中。从物理性质来看,可燃冰的密度接近并稍低于冰的密度,剪切系数、电介常数和传热导率都低于冰。在标准温压条件下,$1\ m^3$ 可燃冰可以释放出 $160\sim180$ 标准立方米的天然气,其能源密度是煤和黑色页岩的 10 倍,是天然气的 $2\sim5$ 倍。

燃冰的主要成分是甲烷和水分子($CH_4\cdot H_2O$),其形成原因与海底石油天然气的形成过程相仿,而且密切相关。埋藏于海底地层深处的大量有机质在缺氧环境中,厌氧性细菌把有机质分解,最后形成石油和天然气(石油气)。其中许多天然气又被包进水分子中,在海底的低温(一般要求温度低于 $0\sim10\ ℃$)与压力(大于 $10\ MPa$)下,形成了可燃冰。这是因为天然气有个特殊性能,它和水可以在 $2\sim5\ ℃$ 内结晶,这个结晶就是可燃冰。

根据资料记载,1810年人类就在实验室里首次发现可燃冰,到了20世纪60年代,人们在自然界中发现了可燃冰资源,但它多存在于高纬度地区的冻土地带,如俄罗斯的西伯利亚地区。据专家估计,全球可燃冰中的总能量相当于地球所有化石燃料(包括煤、石油和天然气)总能量的2~3倍。科学家们的调查发现,可燃冰赋存在低温高压的沉积岩层中,主要出现水深大于300 m的海底沉积物中和寒冷的高山及高纬度地区的永冻层中。据科学家们估计,20.7%的陆地和90%的海底具有生成可燃冰的条件。现有调查表明,世界可燃冰的矿藏面积可以达到海洋面积的30%以上。科学家们保守估算,世界上可燃冰所含天然气的总资源量,其热量相当于全球已知煤、石油和天然气总热量的2倍。目前,全球至少已经在116个地区发现了可燃冰,其中海洋中已发现的有78处。科学家们估计,地球海底天然可燃冰的储藏量约为5×10^{18} m³,相当于目前世界年能源消费量的200倍。全球的天然气水合物储量可以使用1000年。美国地质调查局官员曾表示,其发现的可燃冰资源仅此一处的可燃冰资源量就可供美国使用100年。2000年1月下旬,日本在静冈县御前崎近海发现可燃冰,据推测可采的甲烷体积为7.4亿立方米,可供日本使用140年。

8.3.2 国际上可燃冰的勘探和开发动态

20世纪70年代以来,可燃冰作为石油天然气的替代能源,受到了世界一些发达国家和部分发展中国家的重视,陆续开展了专门的调查与研究。有的国家制订了10年或15年的长期勘察开发规划。

美国于20世纪60年代末70年代初首次在墨西哥和布莱克海台实施可燃冰调查。1981年,美国制订了可燃冰10年研究计划。1998年,美国又把可燃冰作为国家发展的战略能源列入长远计划。现在,美国能源部已经被授权组织有关政府部门、国家实验室、国家自然科学基金、石油天然气公司和大学对可燃冰进行研究。

日本于1992年开始重视海洋可燃冰,1995年投入150亿日元制订了5年期甲烷水合物研究及开发推进初步计划。日本经济产业省从2001年度开始着手开发海底可燃冰,开发计划分两阶段进行,前五年对开采海域的蕴藏量和分布情况进行调查,从第3位年开始就打井以备调查用,之后五年进行试验性采掘工作,2010年以后实现商业化生产。目前,已基本完成周边海域的可燃冰调查与评价,圈定了12块矿集区,并在2010年进行试生产。

印度是不发达国家,但近几年也十分重视可燃冰的潜在价值,于1995年制订了5年期"全国气体水合物研究计",由国家投资5600万美元对其周边域的可燃冰进行前期调查研究。

可燃冰基础研究的积累和理论上的突破,以及开发实践中气体水合物藏的发现,很快在全球引发起大规模研究、探测和勘探气水合物藏的热潮。1968年开始实施的以美国为首、多国参与的深测探钻计划(DSDP)于20世纪70年代初期即将天然气水合物的普查探测纳入计划的重要目标。作为本计划的延续,一个更大规模的多国合作的大洋钻探计划(OSDP)于1985年正式实施。

20世纪90年代中期,以深海钻探计划和大洋钻探计划为标志、美国、俄国、荷兰、德国、加拿大、日本等诸多国家探测可燃冰的目标和范围已覆盖了世界上几乎所有大洋陆缘的重要潜在远景地区以及高纬度极地永冻土地带和南极大陆及其陆缘区;在墨西哥海湾、Orco海盆、白令海、北海、地中海、黑海、里海、阿拉伯海等海域也布有测线并进行了海底钻采样品工作。在俄罗斯北部极地地区含油气省、北美普拉得霍湾油田和阿拉斯加,以及加拿大三角洲大陆冻土带地区开展了富有成效的地震勘探和钻井取芯工作。

　　上述大规模的国际合作项目的实施,以及各国业已开展的可燃冰基础和普查勘探工作,使人们有可能大视角、多方位地从全球范围审视可燃冰在自然界的存在,并有望在可燃冰的形成条件、组成、结构类型、赋存状态、展布规律和地质特征等基础研究领域,以及评估资源远景和确定首要勘查目标等诸多方面取得令世人瞩目的进展。

8.3.3　中国的相关活动和资源量估计

　　中国对可燃冰的调查与研究始于 20 世纪 90 年代。1997 年,中国在完成"西太平洋气体水合物找矿前景与方法"课题中,认定西太平洋边缘海域,包括我国南海和东海海域,具有蕴藏这种矿藏的地质条件。1999 年 10 月,广州地质调查中心在南海西沙海槽开展了可燃冰的前期调查,并取得可喜的成果。主要采集到高分辨率多道地震测线 5343 km,至少在 130 km 地震剖面上识别出可燃冰矿藏的显示标志 BSR,矿层厚度为 80～300 m。这一发现拉开了我国海洋可燃冰调查研究的序幕,填补了这一领域调查研究的空白。

　　据中国地质调查局的前期调查,仅西沙海槽初步圈出可燃冰分布面积 5242 km²,水合物中天然气资源量估算达 4.1 万亿立方米。按成矿条件推测,整个南海的可燃冰的资源量相当于 700 亿吨石油。

　　从理论上,我国科学家已积极开始研究。我国冻土专家通过对青藏高原多年研究后认为,青藏高原羌塘盆地多年冻土区具备形成可燃冰的温度和压力条件,可能蕴藏着大量可燃冰。青藏高原是地球中纬度最年轻、最高大的高原冻土区,石炭、二叠和第 3 位第四系沉积深厚,河湖海相沉积中有机质含量高。第四系伴随高原强烈隆升,遭受广泛的冰川、冰缘的作用,冰盖压力使下浮沉积物中可燃冰稳定性增强,尤其是羌塘盆地和甜水海盆地,完全有可能具备可燃冰稳定存在的条件下。海洋地质学家们根据可燃冰存在的必备条件下,在东海找出了可燃冰存在的温度和压力范围,并根据地温梯度,结合东海的地质条件,勾画出了可燃冰的分布区域,计算出它的稳定带厚度,对资源量作了初步评估,得出了"蕴藏量很可观"的结论。

8.3.4　可燃冰的开采技术现状

　　目前,全世界开发和利用可燃冰资源的技术还不成熟,仅处于试验阶段大量开采还需要一段时间。

　　目前有 3 种开采可燃冰的方案,均处于研发和验证阶段。第一种是热解法,利用"可燃冰"在加温时分解的特性,使其由固态分解出甲烷蒸气。这种方法的难点是不好收集,因为海底的多孔介质不是集中在一片,也不是一大块岩石,如何布设管道进行高效地收集是需解决的问题。第二种是降解法,有人提出将核废料埋入地底,利用核辐射效应使其分解。但是此法也面临着布置管道并高效收集的问题。第三种是置换法,研究证实,将二氧化碳液化,注入 1500 m 以下的海洋中(不一定非要到海底),就会生成二氧化碳水合物,它的比重比海水大,会沉到海底。如果将二氧化碳注入海底的甲烷水合物储层,就会将甲烷水合物中的甲烷分子"挤出",从而将其置换出来。这三种开采方案都有其技术合理性,但面临巨大的挑战和困难。

　　可燃冰以固体状态存在于海底,往往混杂于泥沙中,其开发技术十分复杂,如果钻采技术措施不当,水合物大量分解,势必影响沉积物的强度,有可能诱发海底滑坡等地质灾害,开发它会带来比开采海底石油更大的危险。海底天然气大量泄漏,极大地影响全球的温室效应,引起全球变暖,将对人类生存环境造成永久的影响。天然气水合物一般埋藏在 500 多米深的海底沉积物中和寒冷的高纬度地区(特别是永冻层地区),在低温高压下呈固态。但一接近地表,甲烷就会气化并扩散。因此，必须研制有效的采掘技术和装备，在商业生产中，将从采掘的天然气水合物中提取甲烷，通过管道输送到陆地，供发电工业及生活用。

可喜的是，我国在这方面的研究已经取得一定进展。2005 年，中科院广州能源所成功研制出了具有国际领先水平的可燃冰（天然气水合物）开采实验模拟系统。该系统的研制成功，将为我国可燃冰开采技术的研究提供先进手段。可燃冰开采实验模拟系统主要由供液模块、稳压供气模块、生成及流动模拟模块、环境模拟模块、计量模块图像记录模块以及数据采集与处理模块组成。经过该实验模拟系统的测试结果表明，该系统能有效模拟海底可燃冰的生成及分解过程，可对现有的开采技术进行系统的模拟评价。

随着全国能源特别是石油日趋紧缺及需求的快速增长，这将不可避免地引起国际竞争的加剧，对我国的能源储备和能源结构在政治、经济、安全等层而产生重大战略影响，因此，我国必须加快对天然气水合物开发利用研究的步伐，以适应社会经济的可持续发展。

第9章 新能源发展政策

9.1 新能源的发展障碍

尽管新能源由于其清洁、可再生等优点而被公认为未来能源系统的主要支撑，但是由于新能源技术仍处于发展的初期，其规模化的应用尚存在许多障碍。尤其是在我国，尽管新能源和可再生能源具有巨大的资源潜力，部分技术实现了商业化，产业也有一定的发展，但与国外发达国家相比，无论在技术、规模、水平还是在发展速度上仍然存在较大的差距。应该充分认识新能源和可再生能源发展中存在的问题，并及时进行发展政策和发展机制方面的创新，以扭转目前可再生能源产业发展所处的被动局面。

9.1.1 成本障碍

多数新能源和可再生能源技术发电成本过高和市场容量相对狭小，构成了中国可再生能源中难以克服的症结。目前，除了小水电外，新能源和可再生能源发电成本远远高于常规能源发电成本已是不争的事实。例如，并网风力发电的初始投资为 8000 元/千瓦，单位发电成本为 0.33 元/千瓦·时，上网电价（含 VAT）为 0.52 元/千瓦·时。光伏发电的开发成本更高达 40 000 元/千瓦，单位发电成本高达 2.38 元/千瓦·时，而煤电（以 30 万千瓦为例，无脱硫设备），单位投资成本为 5000 元/千瓦·时，单位发电成本为 0.21 元/千瓦·时，上网电价（含 VAT）0.33 元/千瓦·时，远远低于风电和光伏发电。新能源和可再生能源的发电成本之所以大大高于常规发电的主要原因是：常规电力发展对人类健康的危害、农业产量的降低等方面的"外部成本"转移给了社会，使常规电力成本低于实际水平，没有在其电力消费价格中反映出来。其影响除了使新能源价格大大高于常规电力外，还造成可再生能源电力上网存在障碍，清洁能源竞争力不足和技术的研发和产业发展受到抑制。

另外，尽管包括太阳能热水器在内的少数几种技术已获得一定的消费利用，秸秆气化等部分可再生能源市场外，多数可再生能源产业发展缓慢，仍然没有从根本不上改变市场容量相对狭小的现状，存在需求不足，市场对相关技术和产业拉动力不够的现象。其后果是：新能源打底迅速发展所带来的质量改进和成本降低的优势没有得到充分体现；不能迅速形成强大制造业作为产业发展的支撑；国内新技术的开发缺乏动力，不得不过多依赖政府直接推动。

显然，由于成本过高，最终会抑制新能源和可再生能源市场容量的扩大，反之，市场狭小又会给新能源和可再生能源的成本降低造成障碍，形成恶性循环，使新能源和可再生能源产业的发展陷入举步维艰的境地，给政府、银行及民营企业对投资新能源和可再生能源发展前景的信心产生影响，使得观望多于行动，不愿增加投入。

专栏 9-1

风电价格分析

根据美国风能协会分析,在过去的二十年里,风能电价已经下降了 80%。在 20 世纪 80 年代早期,当第一台风机并网,风电高达 30 美分/千瓦·时,现在最新的风电场风电的价格公为 4 美分/千瓦·时,这一价格可与许多常规能源技术相竞争。

不同国家的风电成本不同,因为不同的风能资源和不同的建设条件,包括不同的激励政策,但是趋势是风能越来越便宜。成本下降有许多原因,如随着技术的改进,风机越来越便宜并且高效。风机的单机容量越来越大,这减少了基础设施的费用,同样的装机容量需要更少数目的机组。随着贷款机构增强对技术的信心,融资成本也降低了;随着开发商经验越来越丰富,项目开发的成本也降低了,风机可靠性的改进减少了运行维护的平均成本。

另外,开发大的风电项目能减少项目的总投资,从而减少度电成本以实现成本效益。风电场的规模大小影响着它的成本,如大规模开发可吸引风机制造商和其他供货商提供折扣,使场址的基础设施的费用均推到更多风机上以减少单位成本,能有效地利用维护人员。根据美国风能协会的资料,在一个极好场地址(平均风速以 8.9 m/s)的大风场(50 MW 及以上)的电价可以做到 3 美分/千瓦·时或以下,而在一个中等场址(平均风速为 7.1 m/s)的小风场(3 MW)的电价可能高达 8 美分/千瓦·时。

目前,中国风电项目的规模相对狭小。1995—2000 年间,平均项目规模小于 1 万千瓦,电价范围为 0.6~0.7 元/千瓦·时(不含增值税)。正如前述,开发大规模的风电项目能减少单位容量的成本,从而降低电价,因此,我们的分析将仅考虑大项目。为了稳定如何取得 0.40 元/千瓦·时的风电目标电价,我们的分析包括如下两部分:

● 分析现有政策框架下的风电电价;

● 确定取得 0.40 元/千瓦·时的风电电价的一个方案。

选择一个风电场作为我们分析的基础。该场址风能资源好,并且有广阔的可用空地。假定 152 台 V47—660 kW 风电机组将安装在该场址,那么:

$$项目容量 = 100\ 320\ kW$$

基于当地人们测量的风能数据,首先,能够容易地计算 152 台 47—660kW 风电机组的理论年发电量,然后折成减由尾流、紊流、可用率和电力传输、低空气密度、低温等造成的损失,我们估计:

$$实际年发电量 = 285\ 596\ MW·h$$

按照中国的有关法规和经验,估计总投资如下:

$$总投资 = 950\ 000\ 000\ 元人民币$$

这包括风电机组,进口关税、联网和验电工程,通信,必要的土建工程、土地征用、前期费用、管理监理费用、保险、准备费、外汇风险和建设期利息等。

假定资本占总投资的 20%,其余部分使用国际贷款,15 年还贷期。年利息 8.0%,建设期为 1 年,生产期 20 年,因此,计算期为 21 年。根据中国法规,该项目仅征实际占用土地。通货膨胀率按 0% 计算。

目前中国的税率如下:增值税率为 17%;进口关税为 6%;所得税率为 33%。按照国际经验,运行维护费用取 0.05 元/千瓦·时,其中包括备品备件、易耗品、工资福利等。

基于上述条件,使用中国财务分析模型进行我们的项目分析,结果如下:

电价＝0.529元/千瓦·时(不含增值税)

电价＝0.619元/千瓦·时(含增值税)

资本金的内部收益率(IRR)＝18.0%(20年)

上述电价比目标电价高许多。为了减少这一电价,我们进行如下分析以了解不同参数对电价的影响,如总投资,发电量和税率等。请注意,在下面分析中,如无特殊说明,"电价"即指风电场销售电能的上网电价,不含增值税。当计算电价时,IRR保持恒定,为18%,特殊说明除外。另外,在每次分析时,我们仅改变一个参数,其他保持不变。

(1)关税对电价的影响。如表9-1所示,当进口关税减少1%,电价仅降低0.006元/千瓦·时,然而,取消进口关税时,与进口关税为6%相比,电价显著降低至0.464元/千瓦·时(12.3%),因为当进口关税为0时,进口增值税也为0,同时,总投资减少至821 762 000元人民币,因此免征进口关税是使电价显著降低的必要条件。

表9-1 关税对电价的影响

进口关税	5%	4%	2%	0
电价/(元/千瓦·时)	0.529	0.523	0.516	0.451

(2)所得税对电价的影响。如表9-2所示,如果所得税率由33%减少至0,电价仅降低0.025元/千瓦·时。按照中国目前政策,经济开发区的企业可享受所得税金的优惠政策。如免二减三、免五减五,根据我们的分析,风电项目从这些优惠政策中效益不大。

表9-2 所得税对电价的影响

所得税	电价/(元/千瓦·时)
免二减三	0.525
免五减五	0.518
0	0.495
15%	0.508
33%	0.520

(3)贷款利息对电价的影响。如表9-3所示,当贷款利息增加1%,电价平均增加0.019元/千瓦·时,即3.8%,因此,贷款利息对电价的影响很大。

表9-3 贷款利息对电价的影响

贷款利息/%	0	2	4	6	8	10
电价/(元/千瓦·时)	0.37	0.408	0.447	0.487	0.520	0.572

(4)贷款还贷期对电价的影响。如表9-4所示,当还贷期由10年增至15年,电价减少0.055元/千瓦·时,然而当由15年增至20年,电价则降低0.03元/千瓦·时,因此获得长期贷款是非常重要的。

表 9-4 贷款还贷期对电价的影响

贷款还贷期/年	8	10	12	16	20
电价/(元/千瓦·时)	0.616	0.551	0.558	0.529	0.499

（5）总投资变化对电价的影响。如表 9-5 所示，如果总投资降低 5%，电价相应降低 4.5%，按照丹麦做法，当地电力部门和政府应支付电场外的上网和设备运输所需的输电线路和道路的费用。如果中国也采用类似的规定，那么总投资将减少 6.5%，即电价降低 0.031 元/千瓦·时。

表 9-5 总投资变化对电价的影响

总投资/%	−15	−10	−5	0	+5	+10	+15
电价/(元/千瓦·时)	0.457	0.481	0.505	0.520	0.553	0.577	0.601

（6）风机价格对电价的影响。如表 9-6 所示，如果风机价格减少 5%，则电价降低 0.017 元/千瓦·时。如果将来在中国稳定的风电市场的支持下，Vestas 在中国建立完整的风机制造工厂，包括叶片厂，那时，Vestas 风机的价格将显著下降，从而对电价产生一个明显的影响。

表 9-6 风机价格对电价的影响

风机价格/%	−20	−15	−10	−5	0	+5	+10
电价/(元/千瓦·时)	0.452	0.479	0.495	0.512	0.529	0.545	0.502

（7）发电量对电价的影响。如表 9-7 所示，如果本项目的发电量增加 5%，电价将平均降低 4.6%，因此风能资源是影响风电电价的关键因素（风电的目标电价—0.4 元/千瓦·时）。

表 9-7 发电量对电价的影响

发电量增加/%	−15	−10	−5	0	+5	+10	+15
电价/(元/千瓦·时)	0.613	0.552	0.551	0.529	0.506	0.488	0.455

从上述的分析可以看出，在现有的政策框架下，几乎不可能达到目标电价，因此，我们提出如下建议：

- 对进口风机免征关税；
- 对风电免征增值税；
- 资本金占总投资的 20%，其余部分使用国内无迫害贷款，15 年还贷期，年利息 6.21%；
- 当地电力部门支付风场外的输电线路的费用；
- 当地政府支付运输设备所需的风场外的道路建设费用。

使用上述假设，我们重新分析本项目的经济性。

项目容量＝100 320 kW

实际年发电量＝285 596 MW·h

总投资＝均 750 000 000 元

所得税率＝33％

运行维护费用＝0.05 元/千瓦·时

销售电价＝0.4 元/千瓦·时

资本金内部收益率＝18.22％(20 年)

基于上述假设,风电电价将由0.529 元/千瓦·时明显降至0.4 元/千瓦·时,IRR 保持18％不变,因此,如果上述假定条件能够形成中国优惠政策的框架,那么使风电项目的电价降至0.4 元/千瓦·时是可行的,并且对投资商具有吸引力。

9.1.2　技术障碍

我国新能源和可再生能源技术的总体水平不高,且大多数处于初级阶段,与一些发达国家相比,大部分可再生能源产品的生产厂家生产规模小,过于分散,集约化程度低,工艺落后,产品质量不稳定。因此,可再生能源产业迫切需要采取有效措施提高技术发展水平。由于技术上存在障碍,使可再生能源发电设备的本地化制造比例较低,这是造成长期以来可再生能源开发的工程造价居高不下,有时不能及时提供所需备件的主要原因。其结果使中国可再生能源电价水平大大高于常规能源的电价水平。

以风电发展为例,目前我国尚不具备自行开发制造 600 kW 以上大型风电机组的能力。其中在桨叶、控制系统和总装等关键性技术方面与国外技术相比差距很大。近年来,国家连续在几个五年科技攻关计划中都安排了大中型风电机组的研制任务,但由于投入少和科研体制上存在问题,致使有些研究项目没有完全达到预期目标。与此同时,国家还花了大量资金购买国外的风电机组,试图通过与国外的合作来促进我国风电机组的研制能力,但外国公司往往只提供塔架,基础件等一般性的制造技术,不肯转让关键技术,致使我国整体风机制造技术水平仍远远落后于国际先进水平。

9.1.3　产业障碍

相对薄弱的制造业使可再生能源设备的本地化和商业化进程严重受阻,这也是中国可再生能源成本过高和市场发育滞后的重要因素之一。另外,薄弱的制造业还会使技术产业化存在障碍,造成"有技术无产业"现象。

国外经验表明,强大的制造业是可再生能源产业发展的重要基础。无论是德国、荷兰、丹麦还是美国,其国内的可再生能源产业的迅速发展,除了有相关的政策和法律以外,一个重要的方面就是这些国家拥有雄厚的技术实力和强大的制造业为支撑。衡量制造业增长的一个重要指标投资的持续增长。美国国内风机制造业 1990—2000 年生产性投资年递增均在 15％以上,保证了 2000 年美国风力发电能力达到 2500 MW。在欧洲,过去 5 年,风机市场规模年均增长率为 8.8％,与其重视制造业发展密不可分。在未来几年,欧洲风能领域将增加投资 30亿美元,使风机市场规模达到 80 亿～100 亿美元。而中国大部分新能源与可再生能源产品的生产厂家由于长期投入不足,结果是无专业化的制造厂,生产规模小、过于分散、集约化程度低、工艺落后、产品质量不稳定、经济效益低和本地化制造比例较低,从而难以降低工程造价和及时提供备件。可以说,如果中国不迅速建立强大的制造业作为整个可再生能源产业发展的支撑,则目前关键技术与主要设备依靠进口的局面短期内不可能得到根本扭转,中国的可再生能源产业则可能成为永远也长不大的"老小孩"。

9.1.4　融资障碍

新能源和可再生能源发展面临融资障碍的原因主要有以下几个方面：

①我国各级政府对新能源和可再生能源的投入太少。迄今为止，我国新能源和可再生能源建设项目还没有规范地纳入各财政预算和计划，没有为可再生能源建设项目建立如常规能源建设项目同等待遇的固定资金渠道。

②业主单位缺少融资能力。从国内情况来看，由于可再生能源市场前景不明朗，因此国内银行不愿贷款，更不愿提供超过 15 年的长期贷款。从国际资本市场上来看，尽管国际贷款期限长（一般可长达 20 年），但目前国际金融组织（世界银行、亚洲开发银行等）已经取消了原来对中国的软贷款，而且由于利用国际金融组织贷款谈判过程长，管理程序烦琐等造成贷款的隐性成本较高，更值得重视的是，世行的管理政策越来越趋于政治化，如对腐败、民间参与、政府管理、移民、环境等问题的关注，使项目工作复杂化，一般业主难以接受。由于融资障碍造成的资金来源不足限制了新能源和可再生能源的发展，使中国新能源和可再生能源行业一直达不到经济规模，应有的规模效益得不到体现，影响了各方面对新能源和可再生能源行业的信心。同时，不少关键性设备不得不进口，如大中型风力发电机几乎全部依赖进口，导致发展缓慢，产业化、商品化程度低。

9.1.5　政策障碍

缺少具体的办法或者缺少相应的运行机制来达到政策目标，严重降低了政策的效果，即所谓"有政策无效果"问题。

中国曾出台了鼓励可再生能源发展的政策，如税收优惠政策、财政贴息政策、研究开发政策等，但政策执行效果并不理想。由此，有人认为国家对可再生能源政策支持力度不够，呼吁出台更多的优惠政策。我们认为，以往可再生能源政策的执行效果不好，主要应归因于所制定的政策缺少相应的机制，特别是缺乏以市场为导向的运行机制这才是问题之所在。例如，由于缺少目标机制，使政府机构难以制订长期稳定的发展计划，从而制约了项目开发商的投资信心。由于缺乏竞争机制使目前可再生资源价格的降低缺少压力，开发商与电网之间难以就电力的供应达成协议。由于缺少融资机制，导致该行业投资渠道单一，政府成了投资主体，财政投入难以满足行业发展对投资的渴望。

进入 20 世纪 90 年代以后，一些欧美国家先后制定了包括配额制强制购买（Feed-in law）、绿色证书系统（GCS）和特许经营（Concession）等在内的一系列新的政策机制，使这些国家的可再生能源产业在较短的时间内得到了迅猛发展。到 2002 年年底，丹麦、荷兰、西班牙和德国风力发电装机接近 20 GW，同时其设备销售已经占全世界销售问题的 80% 以上。瑞典和奥地利生物质能的利用分别达到高潮了本国能源消费量的 20% 和 15%。

因此，必须建立包括目标机制、竞争机制、融资机制、补偿机制、交易机制、管理服务机制等在内的一系列运行机制。

9.1.6　体制障碍

长期以来，我国新能源与可再生能源的工作分散在多个部门，农业部、水利部、原电力部、原林业部等都设有专门的司（局）或处室负责一部分工作。特别是原国家经贸委与原国家的宏观调控力度。政出多门，各级管理部门协调性差，造成管理混乱。另外，在发展可再生能源发展中所采取措施的一系列方法非常复杂,许多不同的机构都被包含在内。这些程序为项目的开发设置了过多的障碍,限制了开发商和投资人进入市场。

9.2 国外促进新能源发展的政策措施

9.2.1 国外新能源技术发展的政策经验

20 世纪 70 年代以来,出于石油价格暴涨及其资源的有限性和大量消费能源导致对环境的破坏,一些发达国家重新加强了对于新能源和可再生能源技术发展的重视和支持。到目前为止,全球已有五种可再生能源技术达到商业代或接近商品化水平,它们是水电、光伏电池、风力发电、生物质转换技术和地热发电。截至 2005 年年底,世界可再生能源发电装机达到 180 GW,其中风力发电 59 GW,小水电 80 GW,生物质发电 40 GW,地热发电 10 GW,光伏发电 5 GW,生物液体燃料(如乙醇)则达到 330 亿吨,柴油达到 220 万吨。在世界能源供应中,传统生物质能大约占 9.0%,大水电占 5.7%,新的可再生能源达到 2.0% 以上。预计 2020 年新能源与可再生能源供应量将达到 4000(基础方案)~4857Mtce(重视环境方案),占世界一次能源总供应量的 21.1%~30.3%。其基本经验如下:

(1) 明确的目标

政府通过制定规划和计划,明确新能源与可再生能源的发展目标和要求,达到促进和推动新能源与可再生能源的发展。1973 年美国制定了政府级阳光发电计划,1980 年又正式将光伏发电列入公共电力规划,累计投资 8 亿多美元。丹麦提出 2000 年风力发电量要达到全国总电量的 10%。奥地利生物质能开发量要占到全部一次能源需求量的 20%。日本政府制定的《新日光计划》(1994—2030 年),要求到 2010 年可再生能源供应量和常规能源的节能量要占能源供应总量的 10%,2030 年分别达到 34%。

(2) 巨大的投入

1973 年以前,OECD 只有少数国家政府资助光伏电池等可再生能源技术的基础研究。此后、各国政府对可再生能源研究开发的拨款增加。美国布什总统上台之初,便着于制定新的国家能源政策,于 2005 年 8 月 8 日签署了《2005 年国家能源政策法》,未来 5 年内为可再生能源项目提供超过 30 亿美元的资金周转 重新批准可再生能源生产激励计划,为太阳能、地热能、生物能的开发提供资助;引导联邦政府使用可再生能源,到 2013 年可再生能源要占全部能源的 7.5% 以上次;制定新的《可再生能源安全法案》,为住宅采用多样化可再生能源系统提供资金支持。德国政府从长远出发,制定了促进可再生能源开发的《未来投资计划》,截至 2004 年中期已投入研究经费 17.4 亿欧元。德国政府每年投入 6000 多万欧元,用于开发可再生能源。德国可再生能源发电量所占比例正在逐年递增。2004 年可再生能源发电量首次突破全国电力供应量的 10%。

(3) 优惠的政策

政府从财政和金融方面采取措施,是促进可再生能源技术商业化,提高市场渗透率和经济竞争力的重要政策手段。特别是在商业化初级阶段,由于新技术的价格承受力与政府推广目标之间存在差距,政府的支持往往是市场发育的关键因素。主要采取的措施如下:

①税收优惠,对可再生能源设备投资和用户购买产品给予税额减免或税额扣减优惠。

②政府补助,政府在新能源技术研发、宣传、示范,或者对于利用新能源的用户给予直接补贴。

③低息贷款和信贷担保。

④建立风险投资基金，大多数可再生能源属于资本密集技术，投资风险较大，需要政府支持，一个有效的解决办法，是对高风险的可再生能源项目按创新技术项目对待土地务国据其税制采取不同的做法；在美国，风险投资基金促使风电场迅速发展，一些公司还建立了为期10年的住宅太阳能专用基金。

⑤加速折旧，加拿大允许大多数可再生能源设备投资在3年内折旧完毕；美国规定风力发电设备可在5年完全折旧；德国允许私人购置的可再生能源设备的折旧期为10年。

（4）其他措施

包括开展资源调查和评价，制定严格的设备和技术的规范和标准，提供信息服务，明确主管部门职责等。

9.2.2　国外的主要政策工具

政策工具大体可分为直接政策工具和间接政策工具。直接工具作用于新能源领域，间接工具主要是为新能源发展去除障碍，并促进形成新能源发展框架。直接政策工具主要是通过直接影响新能源部门和市场来促进新能源的发展，大体可以分为经济激励政策和非经济激励政策。经济激励政策向市场参与者提供经济激励来加强他们的新能源市场的作用。非经济激励政策则是通过与主要利益相关者签订协议或通过行为规范来影响市场。协议或行为规范中会应用惩罚来保证政策实施效果。

另一种分类方法是按照工具在价值链中作用的阶段来划分。从政策对新能源发展的政策上来看，价值链可以被简单地分为研发、投资、电力和生产电力消费四个阶段。

下面介绍几种国外最主要的政策措施：

（1）长期保护性电价

长期保护性电价（Feed-in-Tariff）政策为可再生能源开发商提供担保的上网电价以及电力公司的购电合同。上网电价由政府部门或电力监管机构确定。价格水平和购电合同期限都应具有足够的吸引力，以保证将社会资金吸引到可再生能源部门。

利用长期保护性电价鼓励新能源发电的发展应俩效率两。不同地区的风力资源很可能会有所不同，为了体现公平竞争。政府确定的不同地区的保护性电价水平也应有所不同。另外，考虑到发电成本一般会随产业规模经营的增大而降低（技术的学习效应），因此上网电价也定期修改，以提高产业的效率。

保护性电价政策的吸引力在于它消除了新能源发电通常所面临的不确定性和风险。政策设计简明，管理成本低。政策适合多种可再生能源发电技术共同

参与，因此容易与国家规划目标结合。

保护性电价的缺陷是，因上网电价是固定的，很难保证开发成本最低，通常不能灵活并迅速地对可再生能源成本降低做出反应，在实施固定价格的市场中，成本降低是不透明的。如果不对上网电价进行经常性修订来反映可再生能源供应中预测到的成本下降，则会增加管理成本，同时这种不确定性会危及项目融资。另外，上网电价一经确定之后，从政治角度考虑将很难再降低电价水平。

从应用实践看，保护性电价政策是一种有效地刺激新能源发展的措施。目前欧洲有14个国家采用了这一政策。20世纪90年代以来，德国、丹麦、西班牙等国风电迅速增长，主要归功于保护性电价政策措施的实施。

专栏9-2

德国的保护性电价政策

购电法作为一种刺激可再生能源发展的有效措施,在欧洲一些国家得到普遍采用,并且取得了很好的效果。实施购电法(保护性电价)的国家。可再生能源的平均增长率高出其他国家。购电法能保证可再生能源电力以较高的价格出售。发电商的收益稳定,降低了投资者的风险。

1991年德国实行了《电力供应法》,1990—2000年,德国风电保护价为居民电力零售价的90%,1993年用电户平均支付的电价为10欧分/千瓦·时。风电厂经营商1995年上网电价是9欧分/千瓦·时。2000年4月,德国通过的《可再生能源法》,制定了一张差别价格表,其价格依指定风力发电地点实限生产量而定,其定价更加复杂。《可再生能源法》也改进了过去法令中因电力自由化而产生的问题(将发电与输电分开等)。目前《可再生能源法》强制要求电厂经营只负担将风电输送到电网之间的线路所需的成本。尽管最近电力公司经常指责购电法,并由此在过去几年已做了多次修订,但德国仍成功地开发了世界上规模最大的风电市场。德国也是世界上第二大光发电国家,截至2003年9月,其装机容量达350 MW。

德国还开发了规模可观的风电和太阳能制造基地,目前有9375个风力发电机组,年发电115亿千瓦·时,占全德国用电需求的2.5%。

上述经验告诉我们,成功的并购政策能够消除可再生能源投资风险。这些政策包括:①长期合同和保证顾客及生产商的合理收益价格上涨;②允许多种类型的可再生能源发电商参与,降低管理成本,促进市场的灵活性;③与其他政策进行整合,列入长期规划中(如税收优惠等),为可再生能源产业的繁荣发展创造稳定的外部和内部环境。

购电法消除了发展可再生能源电力所面临的不确定性和风险,但是本身也存在缺陷:不能保证可再生能源以最小的成本生产和销售,也不能保证市场有序地竞争和鼓励高效与创新。为了能够既准确地反映可再生能源的发电成本,调动发电厂商及投资商的生产和投资积极性,减少运营商和最终用电户的负担,德国的保护性上网电价每年都是有变化,如表9-8和表9-9所示。

表9-8 1991—2000年德国可再生能源电力上网电价

可再生能源电力种类	上网电价/(欧分/千瓦·时)			
	1991年	1994年	1997年	2000年
风能、太阳能	8.49	8.66	8.77	8.23
生物质能(<0 MW),水电和垃圾填埋气发电(<500 kW)	7.08	7.21	7.80	7.32
垃圾填埋气发电(>500 kW)	6.13	6.25	6.33	6.45

表9-9 2002年德国《可再生能源法》规定的上网电价

种类	装机容量/MW				年降低率/%
	0~0.5	0.5~5	5~20	>20	
风能	5.2~9.1	6.2~9.1	6.2	9.1	1.5
生物质能	10.2	9.2	8.7	—	1.0
光伏	50.5				5.0
水电	7.7				
煤层气	7.7	6.6	6.6	6.6	

（2）配额制政策

不同于长期保护性电价政策，可再生能源配额制（Renewable Portiolio System，RPS）是以数量为基础的政策，该政策规定，在指定日期之前，总电力供应量中可再生能源应达到一个目标数量。可再生能源配额制还规定了达标的责任人，通常是电力零售供应商，即要求所有电力零售供应商购买一定数量的可再生能源电力，并明确定了未达标的惩罚措施。就目前实施的情形看，可再生能源配额制倾向于对价格不做设定而由市场来决定。通常引入可交易的绿色证书机制来审计和监督 RPS 政策的实施。可再生能源配额制可以有许多设计差别，也可以与其他政策（例如招标拍卖或系统效益收费等）结合实施。

可再生能源配额制越来越成为扶持可再生能源发展的流行模式，尽管在这些国家的可再生能源配额制还处于起步阶段，但是早期证据已表明，可再生能源配额制的设计是至关重要的。成功的可再生能源配额制包含一些主要因素，比如持久且随时间推移逐步提高的可再生能源目标，强劲有效且能保证执行的处罚措施等。

配额制政策的优势在于它是一种框架性政策，容易融合其他政策措施，并有多种设计方案，利于保持政策的持续性。配额制目标保证可再生能源市场逐步扩大会 绿色证书交易机制中的竞争和交易则促进发电成本不断降低，交易市场提供了更宽广的配额完成方式，也提供资金了资源和资金协调分配的途径。

配额制的弱势在于它属于新型政策，缺少经验积累，也缺乏绿色证书交易市场的运行经验。绿色证书交易的市场竞争使低成本可再生能源技术受益，却即制了高成本技术的发展。配额制的实施必须有市场基础同，要建立监督机构，对绿色证书市场进行全面的监督和管理。目前美国已有 15 个州实施了配额制，这是美国风能和其他可再生能源得以发展的主要原因。欧洲也有 5 个国家实施配额制政策。尽管在欧洲实施配额制的效果不如保护性电价（表 9-10），但世界主流能源经济与政策学者认为，配额制是有发展和应用前景的可再生能源政策。

表 9-10　保护性电价与配额制在部分欧洲国家实施效果比较

	国家	电量水平/（欧分/千瓦·时）	2003 年年底装机容量/MW	2003 年就业人数/人
施行保护性电价国家	德国	6.8~8.8	14 609	46 000
	西班牙	6.8	6202	20 000
施行配额制的国家	英国	9.8	649	3000
	意大利	13	804	2500

专栏 9-3

美国的可再生能源配额制

RPS 的正式概念最初是由美国风能协会在加利福尼亚州公共设施委员会的电力结构重组项目中提出来的。RPS 以各种形式引进到了 8 个进行市场电力结构重组的州。美国至今仍没有道过一个国家级的 RPS，但大量的联邦方案与强制性的 RPS 有关，包括克林顿政府提出的综合电力竞争条例。每一个 RPS 或 RPS 提议的目标都不尽相同。RPS 普遍得到了可再生能源工业和公众的支持。电力管理专员国家协会在修改立法时发布了一个支持可再生能源供给的提案，其中包括 RPS。

1998 年由克林顿政府提出的综合电力竞争条例将制定一个国家通用的 RPS。要求到 2010 年 7.5％的电力由可再生能源资源供应。为提高 RPS 政策的灵性和效益,条例设立了可进行交易和存入银行的可再生能源信用证,以备将来使用,信用证的价值将被定为 1.5 美分/千瓦·时。

美国能源信息管理委员会(EIA)最近完成了克林顿政府提议对国家 CO_2 排放的潜在影响的分析。根据 EIA 的分析,到 2010 年实施的 RPS 可使碳的排放量减少 1900 万 t 左右,比没有实施 RPS 政策的基础方案减少排放 CO_2 1.1％。

美国已有 9 个州通过了包括 RPS 条款的电力结构重组立法。内容各异的方案设计体现了各州特有的可再生能源资源等条件。

（3）公共效益基金

公共效益基金(Public Benefit Fund,PBF)是新能源发展的一种融资机制。通常,设立 PBF 的动机是为了帮助那些不能完全通过市场竞争方式达到其目的特定公共政策提供启动资金,具体的实施领域可能包括环境保护,贫困家庭救助等,这里仅指用于支持风能和其他可再生能源发展的专项基金。

公共效益基金的资金通常不由国家财政支持,而是采用系统效益收费(SBC),即电费加价的方式或其他方式来筹集。它的存在理由可以简述如下;在许多领域(如能源领域)。某些产品或服务 A(如可再生能源)具有正的外部性和较高的价格,而另外一些产品或服务 B(如传统化石能源)却具有负的外部性和较低的价格。那么在该领域内则可以向 B(或所有 A 受益者)征收系统效益收费来建立相应基金。从而补贴 A 的生产。合理运用这种可以有效地弥补市场在处理这些外部性上的缺陷,使得产品或服务的价格能够比较真实的反映其经济成本和社会成本。从而实现公平性的原则,同时也促进了整个行业朝着真实成本更低的方向改进。

设立公共效益基金支持风能和其他可再生能源的发展,已成为一种非常通行的政策。美国、澳大利亚、奥地利、巴西、丹麦、法国、德国、意大利、印度、日本、新西兰、韩国、瑞典、西班牙、荷兰、英国、爱尔兰、挪威等 20 个国家先后建立了公共效益基金。美国已有 14 个州建立了公共效益基金体制。

（4）特许权招标

招投标政策是指政策采用招投标程序选择可再生能源发电项目的开发商。能提供最低上网电价的开发商中标,中标开发商负责项目的投资、建设、运营和维护、政府与中标开发商签订电力购买协议,保证在规定期间内以竞标电价收购全部电量。

该政策的优势表现在招投标政策采用竞争方式选择项目开发商,对降低新能源发电成本有很好的刺激作用。招投标政策利用了具有法律效益的合同结束,保障可再生能源电力上网,这种保障有助于降低投资者风险并有助于项目获得融资。该政策与可再生能源发展规划结合,能加强政策的作用。

政策的弱势表现在招标的前期工作准备时间长,而且政府每年都要制定发展规模、组织招标、签订电力购买协议等、管理负担生,管理成本较高。另外,因招投标产生的价格大战,容易引起企业过分降低投标报价,导致企业因项目经济性差而放弃项目建设,出现恶性竞标现象。而且,招投标政策鼓励那些在技术上有优势的开发商和设备供应商首先占领市场,如果招投标也对国外企业开放,则不利于促进本地化生产。

该政策能顺利实施的条件是有多家成熟的开发商和供应商形成相互竞争的局面,并有管理和监督招标的主管部门。

招标政策中最广泛引用的是英国非化石燃料公约(NFFO)。在英国的非化石燃料公约中也采用公共效益基金(矿物燃料税)作为融资机制来支付可再生能源发电的增量成本。通过非化石燃料公约,英国政府在 1990—1999 年间,接连五次以竞标的方式定购可再生能源电力。这些购电力订单的目的是实现 1500MW 的新增可再生能源电力装机容易,大致相当于英国总电力供应的 3%。非化石燃料公约要求 12 家重组后的地区电力公司,从所选择的非化石燃料公约项目处购买所有的电力。在第一轮采购订单执行完毕之后,英国把政策修改为在特定技术类型内根据竞争原则签订合同。这样一来,风电项目只能与其他风电项目进行竞争,但不能与生物质能项目竞争。然后把合同给予每度电价最低的项目。区分不同类型的可再生能源就可以在政策允许的范围内实现资源多样化。贸易和工业部(DTI)招标程序,并决定在每个非化石燃料公约订单中各种技术的构成比例。

(5) 绿色电力证书制度

绿色电力证书是国家根据绿色电力生产商实际人网电力的多少而向其颁发的说明书。购入绿色能源证书是供电商、消费者完成其年度配额的手段。绿色电力的价格是由基本价和能源证书价格两部分决定的。基本价是指普通电价格。换句话说,供电商在供电时及消费者在消费电时是分不清哪个是绿色电,哪个是普通电的。绿色电力的特殊价值只是体现在绿色证书上,只有绿色证书在市场被售出,供电商回收了成本,绿色能源的真正价值才体现出来。

专栏 9-4

美国的绿色电力公众参与项目

美国各州的电力公司开展了许多绿色电力公众参与的项目,这些项目可分为三个类型:第一类可称之为绿色电价,即供电公司为绿色电力单独特定一个绿色电价,消费者根据各自的用电量自由选择购买一个合适的绿色电力比例;第二类为固定费用时,即参与绿色电力项目的用户每月向提供绿色电力的公司缴纳固定费用;第三类是对绿色电力的捐赠,用户可自由选择其捐献份额。

1. 绿色电价

绿色电价是一个拥有 8000 名用户的电力公司计划开发的一个 65 万美元的风电项目。并为风电制定一个绿色价格,以避免提高整体的电价。他们常规电力的价格是 6.8 美分/千瓦·时,绿色电力的价格则要高出 1.58 美分/千瓦·时。因为这个绿色电力公众参与项目是个特例,不同于其他公众参与项目用户可以自由选择购买绿色电力的比例,它要求每位参加绿色电力项目的用户选择 100% 的绿色电力,所以根据每月用户的平均用量推算,一个参与此项目的电力消费者每月最多支付 7.58 美元。

此项目得到了密歇根公共服务委员会 5 万美元的资助,也申请了 1.5 美分/千瓦·时的联邦公司公用风电项目的补贴。因此也降低了绿色电力与常规电力的价格差。

在开始实施这个项目时,这个电力公司首先安装了 500 kW 的风机。预计要实现绿色电力用户购买总量达到风机所发电的总量,大概需要 200 名绿色电力的用户才可覆盖风电的增加成本。市场开发的第一步是发布新闻、广告以及直接给当地环保团体发信。三个月后,他们收到了100个回执。第二步,他们开始给所有的商业用户和居民用户发售,其中也包含一份申请信。这一次,他们收到了263个回执,超出计划3.4%。因为这个项目提供的绿色电力有限,计划外的这部分用户列在等候名单中。

当签约用户足够时,就开始进行选址、购买风机等事项。风机的购买是通过招标的方式进行的,最后VESTAS的600 kW风机中标,而且成本比预测的要低。1995年秋天建设场址,1996年4月完成风机安装。直到风机开始发电,绿色电力用户才开始支付绿色电力的价格,前期成本由电力公司承担。

为了保证这种支持的稳定性,居民用户的签约期是3年,即在3年合同期内,用户承诺购买绿色电力。商业用户是4年。如果一个用户在合同期满时,不再续约购买绿色电力,则电力公司必须另外发展一个用户。商业用户的合同期之所以定得较长,是因为失去一个商业用户对电力公司的影响比失去一个小的居民用户要大得多。尽管如此,仍有18家商业用户签订了此协议。

协议遵循了简洁明了的原则,用户只需在申请信中写道:"我愿意签订此协议。"

绿色价格项目能成功,有以下几个原因:其一,它很容易理解,用户知道他们不只有风电,还有清洁空气;其二,其价格不受电力公司燃料成本上浮的调整的影响;其三,一个非生产性因素也对项目起到了一定的促进作用。一个小的地方电力公司离用户较近,增加了项目的可信度,而且这个项目就是当地的,也是可见的,增加了产品的确切性;而且也使得基于社区的市场开发比较容易开展;地区的自豪感也可鼓励用户签约。

2. 实行固定费制的绿色电力公众参与项目

1993年,Sacramento Municipal电力公司与愿意支持光电技术的客户之间达成协议。参与光电项目的居民用户同意每月为其电费账单多支付6美元以支持光电发展,并且保持10年。参加项目的用户还同意提供其屋顶用以安装光伏发电系统。

第一批光电用户的选择涉及如下步骤:

①客户提交一份申请表,或者通过电话调查的方式确定一批志愿者;

②申请表通过电话筛选;

③参观并评估符合条件的志愿者的家;

④从合适的申请者中选择最终的参与者。

该公司开展了两项市场调查。第一是电话调查了大约1000名用户,他们都曾表示过兴趣,最终确定300用户,占29%,既符合条件也表示同意参加项目,25%的用户虽然符合条件但不愿意参加项目,46%的用户不符合条件。第二是通过媒体进行宣传。约有几千名用户主动与该公司取得联系表示很有兴趣参与项目。600多名用户通过了电话筛选并同意每月支付6美元的费用。

很明显,它的成功在于建立了可再生能源与客户之间的紧密联系,而且其费率相对稳定。

《可再生能源法》确立了以下一些重要法律制度:

①可再生能源总量目标制度。该法第七条规定:"国务院能源主管部门根据全国能源需求与可再生能源资源实际状况,制定全国可再生能源开发利用中长期总量目标,报国务院批准后执行,并予公布。国务院能源主管部门根据前款规定的总量目标和省、自治区、直辖市经济发

展与可再生能源资源实际善,会同省、自治区、直辖市人民政府确定各行政区域可再生能源开发利用中长期目标,并予公布。"

规定能源生产和消费中可再生能源的总量目标,包括强制性的和指导性的,是促进可再生能源开发利用,引导可再生能源市场发展的有效措施。世界上有许多国家已经在相关法律中明确规定了可再生能源发展目标,为在一定时期内形成可再生能源有效市场需求提供了重要法律保障。

②可再生能源并网发电审批和全额收购制度。该法第十三条规定:"国家鼓励和支持可再生能源并网发电,建设可再生能源并网发电法律和国务院的规定取得行政可或者报送备案。"第十四条规定"电网企业应当与依法取得行政许可或者报送备案的可再生能源发电企业签订并购协议,全额收购其电网覆盖范围内可再生能源并购发电项目的上网电量,并为可再生能源发电提供上网服务。"可再生能源并网发电是可再生能源大规模商业的主要领域,明确规定电网企业要全额收购依法取得行政许可或者报送备案的再生能源并网发电项目的上网电量,并提供上网服务,是世界各国的一个通行规定,是使可再生能源电力企业得以生存,并逐步提高能源市场竞争力的重要措施。对具有垄断地位的电网企业所规定的这一法律义务,将有效解决我国现行可再生能源发电上网难的问题,为可再生能源电力企业更大规模的发展创造必要的前提条件。

③可再生能源上网电价与费用大的分摊制度。该法第十九条规定:"可再生能源发电项目的上网电价,由国务院价格主管部门根据不同类型可再生能源发电的特点和不同地区的情况,按照有利于促进可再生能源开发利用和经济合理的原则确定,并根据可再生能源开发利用技术的发展适时调整。上网电价应当公布。"

根据我国电价改革的实际情况和促进可再生能源开发利用的要求,并借鉴一些发达国家的成功经验,法律规定按照风力发电、太阳能发电、小水电、生物质能发电等不同的技术类型和各地不同的条件,分别规定不同的上网电价。按照定价原则。上网电价水平实际上应当根据各地区平均发电成本加上合理的利润来确定。这一价格机制将使可再生能源发电投资者获得相对稳定和合理的回报,引导他们向可再生能源发电领域投资。从而加快可再生能源开利用的规模化和商业化。随着可再生能源发电领域科技进步的。规模扩大和管理水平的提高,可再生能源发电成本会逐步下降,需要适时调整上网电价,以降低价格优惠,这也是有关国家的通行做法。

总体来看,可再生能源上网电价要高出常规能源上网平均电价。由全体电力消费者分担可再生能源发电的额外费用是国际上通行的做法。据有关部门专家测算,按照我国可再生能源规划目标,单位销售电价附加的很低的。社会完全可以承受。同时,随着科技进步和生产规模扩大,可再生能源发电成本会不断降低,在单位销售电价中附加的费用将逐步缩小。

④可再生能源专项资金和税收。信贷鼓励措施。该法第二十四条至第二十六条分别就设立可再生能源发展专项资金,为可再生能源开发利用项目提供财政贴息贷款。对可再生能源产业发展指导目录的项目提供税收优惠等财政扶持措施做了规定。据分析,这是考虑到现阶段可再生能源开发利用的投资成本较高,为加快技术开发和市场形成,尚需要国家给予必要的扶持,同时也是国际上通行的做法。

专栏 9-5

中华人民共和国可再生能源法

第一章 总 则

第一条 为了促进可再生能源的开发利用,增加能源供应,改善能源结构,保障能源安全,保护环境,实现经济社会的可持续发展,制定本法。

第二条 本法所称可再生能源,是指风能、太阳能、水能、生物质能、地热能、海洋能等非化石能源。

水力发电对本法的适用,由国务院能源主管部门规定,经国务院批准。通过低效率炉灶直接燃烧方式利用秸秆、薪柴、粪便等,不适用本法。

第三条 本法适用于于中华人民共和国领域和管辖的其他海域。

第四条 国家将可再生能源的开发利用列为能源发展的优先领域,通过制定可再生能源开发利用总量目标和采取相应措施,推动可再生能源市场的建立和发展。

国家鼓励各种所有制经济主体参与可再生能源的开发利用,依法保护可再生能源开发利用者的合法权益。

第五条 国务院能源主管部门对全国可再生能源的开发利用实施统一管理。国务院有关部门在各自的职责范围内负责有关的可再生能源开发利用管理工作。

县级以上地方人民政府管理能源工作的部门负责本行政区域内开发利用的管理工作。县级以上地方人民政府有关部门在各自的职责范围内负责有关的可再生能源开发利用管理工作。

第二章 资源调查与发展规划

第六条 国务院能源主管部门负责组织和协调全国可再生能源资源的调查上,并会同国务院有关部门组织制定资源调查的技术规范。

国务院有关部门在各自的职责范围结果应当公布,但是,国家规定需要保密的内容除外。

第七条 国务院能源主管部门根据全国能源需求与可再生能源资源实际状况,制定全国可再生能源开发利用中长期总量目标,报国务院批准后执行,并予公布。

国务院能源主管部门根据前款规定的总量目标和省、自治区、直辖市经济发展与可再生能源资源实际状况,会同省、自治区、直辖市人民政府确定各行政区域可再生能源开发利用中长期目标,并予公布。

第八条 国务院能源主管部门根据全国可再生能源开发利用中长期总量目标,会同国务院有关部门,编制我全国可再生能源开发利用规划,报国务院批准后实施。

省,自治区、直辖市人民政府管理能源工作的部门根据本行政区域可再生能源开发利用中长期目标,会同本级人民政府有关部门编制本行政区域可再生能源开发利用规划,报本级人民政府批准后实施。

经批准的规划应当公布,但是,国家规定需要保密的内容除外。

经批准的规划重要修改的,须经原批准机关批准。

第九条 编制可再生能源开发利用规划,应当征求有关单位,专家和公众的意见,进行科学论证。

第三章 产业指导与技术支持

第十条 国务院能源主管部门根据全国可再生能源开发利用规划,制定,公布可再生能源产业发展指导目录。

第十一条 国务院标准化行政主管部门应当制定、公布国家可再生能源电力的并网技术标准和其他需要在全国范围内统一技术要求的有关可再生能源技术和产品的国家标准。

对前款规定的国家标准中未作规定的技术要求,国务院有关部门可以制定相关的行业标准,并报国务院标准化行政主管部门备案。

第十二条 国家将可再生能源开发利用的科学技术研究和产业化发展列为科技发展与高技术产业发展的优先领域,纳入国家科技发展规划和高技术产业发展规划,并安排资金可再生能源支持开发利用的科学技术研究,应用示范和产业化发展,促进可再生能源开发利用的技术进步,降低可再生能源产品的生产成本,提高产品质量。

国务院教育行政部门应当将可再生能源知识和技术纳入普通教育发,职业教育课程。

第四章 推广与应用

第十三条 国家鼓励和可再生能源支持并网发电。

建设可再生能源并网发电项目,应当依照法律和国务院的规定取得行政许可或者报送备案。

建设应当取得行政许可的可再生能源并网发电项目,有多人申请同一项目许可的,应当依法通过招标确定被许可人。

第十四条 电网企业应当与依法取得行政许可或者报送备案的可再生能源发电企业签订并网协议,全额收购其电网覆盖范围内可再生能源并网发电项目的上网电量,并为可再生能源发电提供上网服务。

第十五条 国家扶持在电网未覆盖的地区建设独立电力系统,为当地生产和生活提供电力服务。

第十六条 国家鼓励清洁、高效地开发利用生物质燃料,鼓励发展能源作物。

利用生物质资源生产的燃气和热力,符合城市燃气管网,势力管网的入网技术标准的,经营燃气管网、热力管网的企业应当接收其入网。

国家鼓励生产和利用生物液体燃料。石油销售企业应当按照国务院能源主管部门或者省级人民政府的规定,将符合国家标准的生物液体燃料纳入基燃料销售体系。

第十七条 国家鼓励单位和个人安装和使用太阳能热水系统,太阳能供热采暖和制冷系统、太阳能光伏发电系统等太阳能利用系统。

国务院建设行政主管部门会同国务院有关部门制定太阳能利用系统与建筑结合的技术经济政策和技术规范。

房地产开发企业应当根据前款规定的技术规范,在建筑物的设计和施工中,为太阳能利用提供必备的条件。

对已建成的建筑物,住户可以在不影响其质量与安全的前提下安装符合技术规范和产品标准的太阳能利用系统工程;但是,当事人另有约定的除外。

第十八条 国家鼓励和支持农村地区的可再生能源开发利用。

县级以上地方人民政府管理能源工作的部门会同有关部门,根据当地经济 社会发展,生态保护和卫生综合治理需要等实际情况,特定农村地区可再生能源发展规划,因地制宜地推广应用于沼气等生物能资源转化。户用太阳能、小型风能、小型水能等等技术。

县级以上人民政府应当对农村地区的可再生能源利用项目提供财政支持。

第五章 价格管理与费用分摊

第十九条 可再生能源发电项目的上网电价,由国务院价格主管部门根据不同类型可再生能源发电的特点和不同网地区的情况,按照有利于促进可再生能源开发利用和经济合理的原则确定,并根据可再生能源开发利用技术的发展适时调整。上网电价应当公布。依照本法第十三条第三款规定实行招标的可再生能源发电项目的上网电价,按照中标确定的价格执行的 但是,不在高于依照前款规定确定的同类可再生能源发电项目的上网电价水平。

第二十条 电网企业依照本法第十九条规定确定的上网电价收购可再生能源电量发生的费用大,高于按照常规能源发电平均上网电价计算所发生费用大的之间的差额,附加在销售电价中分摊。具体办法由国务院价格主管部门制定。

第二十一条 电网企业为收购可再生能源电量而支付的合理的接网费用以及其他合理的相关费用,可以计入电网企业输电成本,并从销售电价中回收。

第二十二条 国家投资或者补贴建设的公共可再生能源独立电力系统的销售电价,执行 同一地区分类销售电价。其合理的运行和管理费用超出销售电价的部分,依照本法第二十条规定的办法分摊。

第二十三条 进入城市管网的可再生能源热力和燃气的价格,按照有利于促进可再生能 源开发利用和经济合理的原则,根据价格管理权限确定。

第六章 经济激励与监督措施

第二十四条 国家财政设立可再生能源发展专项资金,用于支持以下活动:

(一)可再生能源开发利用的科学技术研究、标准制定和示范工程。

(二)农村、牧区生活用能的可再生能源利用项目。

(三)偏远地区和海路可再生能源独立电力系统建设。

(四)可再生能源的资源勘查、评价和相关信息系统建设。

(五)促进可再生能源开发利用设备的本地化生产。

第二十五条 对列入国家可再生能源产业发展指导目录,符合信贷条件的可再生能源开发利用项目,金融机构可以提供有财政贴息的优惠贷款。

第二十六条 国家对列入可再生能源产业发展指导目录的项目给予税收优惠,具体办法由国务院规定。

第二十七条 电力企业应当真实、完整地记载和保存可再生能源发电的有关资料,并接受电力监督机构的检查和监督。

电力监管机构进行检查时,应当依照规定的程序进行,并为被检查单位保守商业秘密和其他秘密。

第七章 法律责任

第二十八条 国务院能源主管部门和县级以上地主人民政府管理能源工作的部门和其他有关部门在可再生能源开发利监督管理工作中,违反本法规定,有下列行为之一的,由本级人民政府或者上级人民政府有关部门责令改正,对向有责任的主管人员和其他直接责任人员依法给予行政处分;构成犯罪的,依法追究刑事责任;

(一)不依法作出行政许可决定的;

(二)发现违法行为不予查处的;

（三）有不依法履行监督管理职责的其他行为；

第二十九条 违反本法第十四条规定，电网企业未全额收购可再生能源电量，造成可再生能源发电企业经济损失的，应当承担赔偿责任。并由国家电力监管机构责令限期改正缺点，拒不改正的，处以可再生能源发电企业经济损失期额一倍以下的罚款。

第三十条 违反规定本法第十六条第二款规定，经营燃气管网、热力管网的企业不准许符合入网技术标准的燃气、热力入网，造成燃气、热力和生产企业经济损失的，应当承担赔偿责任，并由省级人民政府管理能源工作的部门责令限期改正；拒不改正的，处以燃气、热力生产企业经济损失额一倍以下的罚款。

第三十一条 违反本法第十六条第三款规定，石油销售企业技术按照规定将符合国家标准的生物液体燃料纳入其燃料的销售体系，造成生物液体燃料生产企业经济损失的，应当承担赔偿责任，并由国务院能源主管部门或者省级人民政府管理能源工作的部门责令限期改正，拒不改正的，处以生物液体燃料生产企业经济损失翻一倍以下罚款。

第八章 附 则

第三十二条 本法中下列用语的含义：

（一）生物质能，是指利用自然界的植物、粪便以及城乡有机废物转化成的能源。

（二）可再生能源独立电力系统，是指不与电网连接的单独运行的可再生能源电力系统。

（三）能源作物，是指经专门种植，用以提供能源原料的草本和木本植物。

（四）生物液体燃料，是指利用生物质资源生产的甲醇、乙醇和生物柴油液体燃料。

第三十三条 本法自 2013 年 1 月 1 日起实行。

9.3 与《可再生能源法》配套的政策措施

《可再生能源法》总体上是政策框架法，其有效实施有敕于国务院及其有关部门适时出台配套的行政法规、行政规章的、技术规范和相应的发展规划。可再生能源的配套法规有 12 个之多。由发改委、财政部、国家质检总局分别完成。

这 12 个配套法规是：《水电适用可再生能源法的规定》《可再生能源资源调查和技术规范》《可再生能源发展的总量目标》《可再生能源开发利用规划》《可再生能源产业发展指导目录》《可再生能源发电上网电价政策》《可再生能源发电费用分摊办法》《可再生能源发展专项资金》《农村地区可再生能源财政支持政策》《财政贴息和税收优惠政策》《太阳能利用系统与建筑结合规范》《可再生能源电力并网及有关技术标准》。

2006 年 1 月 4 日，国家发改委发布了《可再生能源发电价格和费用大的分摊管理试行办法》，为可再生能源发电上网和费用的分摊提供了可操作的政策依据。

9.4 中国的可持续发展战略

中国可再生能源发展的战略可分为以下四个发展阶段：

第一阶段：1980—2000 年期间，中国能源发展成就巨大，实现了 GDP 翻两番而能源消费仅翻一番的成就；能源利用效率大幅度提高；取得了相当大的环境效益。到 2010 年，实现部分可再生能源技术的商业化。通过扩大试点示范、在政策的激励下推广应用，使现在已经成熟或初步成熟的小水电、风电、太阳能热利用、沼气、地热采暖等技术达到完全商业化程度。这些成就为我国的经济社会可持续发展做出了巨大贡献。但与世界发达国家相比,我国在新能源利用与开发方面还存在很大差距。

第二阶段:到2020年,大批可再生能源技术达到商业化水平,努力使可再生能源占一次能源总量的18%以上。发电装机0.9亿～1亿千瓦,能源开发总量达到4亿～5亿吨标准煤。

第三阶段:全面实现可再生能源的商业化,大规模替代化石能源,到2050年可再生能源在能源消费总量中达到30以上,成为重要的替代能源。

第四阶段:到2100年可再生能源在能源消费总量中达到50以上,并基本消除传统利用方式,实现能源消费结构的根本改变。

9.5　中国的能源发展问题

(1)《能源中长期发展规划纲要》(草案)

国务院总理温家宝2005年6月30日主持召开国务院常务会议,讨论并原则通过《能源中长期发展规划纲要(2004—2020年)》(草案)。

能源是经济社会发展和提高人民生活水平的重要物质基础,制定并实施能源中长期发展规划,解决好能源问题,直接关系到我国现代化建设的进程。必须坚持把能源作为经济发展的战略重点,为全面建设小康社会提供稳定、经济、清洁、可靠、安全的能源保障,以能源的可持续发展和有效利用支持我国经济社会的可持续发展。

中国特色的能源发展之路应坚持如下原则:

①坚持把节约能源放在首位,实行全面、严格的节约能源制度和措施,显著提高能源利用效率。

②大力调整和优化能源结构,坚持以煤炭为主体、电力为中心、油气和新能源全面发展的战略。

③搞好能源发展合理布局,兼顾东部地区和中西部地区、城市和农村经济社会发展的需要,并综合考虑能源生产、运输和消费合理配置,促进能源与交通协调发展。

④充分利用国内外两种资源、两个市场,立足于国内能源的勘探、开发与建设,同时积极参与世界能源资源的合作与开发。

⑤依靠科技进步和创新。无论是能源开发还是能源节约,都必须重视科技理论创新,广泛采用先进技术,淘汰落后设备、技术和工艺,强化科学管理。

⑥切实加强环境保护,充分考虑资源约束和环境的承载力,努力减轻能源生产和消费对环境的影响。

⑦高度重视能源安全,搞好能源供应多元化,加快石油战略储备建设,健全能源安全预警应急体系。

⑧制定能源发展保障措施,完善能源资源政策和能源开发政策,充分发挥市场机制作用,加大能源投入力度。深化改革,努力形成适应全面建设小康社会和社会主义市场经济发展要求的能源管理体制和能源调控体系。

(2)中国的能源战略

能源战略问题是世界各国普遍关注的一个重要战略问题。因为能源资源是人类生存、经济发展、社会进步和现代文明不可缺少的重要物质资源,是关系国家经济命脉和国防安全的重要战略物资,在现代化建设中具有举足轻重的地位。

中国施行什么样的能源战略,才能为实现党的十六大提出的全面建设小康社会的宏伟任务提供能源保障呢? 作者认为,只有实行全球能源战略、建立全球能源供应体系,才能为全面建设小康社会和实现现代化建设第三步战略目标提供可靠的能源保障。

(3) 全球能源战略是全面建设小康社会的必然选择

2001 年向全国政协九届四次大会提出了"实行全球资源战略,建立全球资源供应体系"的建议。

实行全球能源战略的核心就是充分利用国内国外两种资源,建立长期稳定的、全方位多渠道的供应体系。

国内能源供应体系应是以煤炭为主,煤炭、石油、天然气、水电、核电和其他新能源多元发展的供应体系。

国外能源供应体系应是市场采购与直接开发相结合的全方位多渠道供应体系。

能源战略储备体系应实行"实物储备与产地储备相结合""国家为主、分级储备、官民结合""东中西合理布局、沿海内地相结合"的储备体系。

(4) 实行全球能源战略的必然性

①从当前能源供需矛盾看实行全球能源战略的必要性

随着人口的增长、经济建设规模的扩大和人民生活水平的提高,能源消耗量也与日俱增,而且能源消费的增长大于能源生产的增长。从 1992 年开始,中国能源消费总量已经超过了能源生产总量。

②从中国的能源资源特点看实行全球能源战略的必要性

品种齐全、分布广泛、总量丰富、人均较少。人均拥有探明资源:煤占世界人均的 55.67%。石油占 11.14%,天然气占 4.38%。除煤炭资源外,石油、天然气等均需利用外国资源才能满足当前和长远发展的需要。

③从日益增长的需求看实行全球能源战略的必要性

生产规模的扩大需要更多的能源资源。2000 年我国 GDP 为 89 404 亿元,消耗能源 12.8 亿吨标准煤,每亿元 GDP 消耗 1.43 万吨标准煤。2020 年 GDP 翻两番,若每亿元 GDP 消耗能源仍为 1.43 万吨标准煤,则将需消耗能源量为 51.139 亿吨标准煤。考虑到科技进步和改善管理等因素,降至 1 万吨或 5000 吨,则需要 35.76 亿吨和 17.88 亿吨标准煤,也分别为 2000 年的 2.79 倍和 1.38 倍。

提高人民生活质量,需要消耗更多的能源。

④从国家经济安全和国防安全看实行全球能源战略的必要性

我国既是一个能源生产大国,又是一个能源消费大国。我国能源消费总量在世界中所占比例已由 1990 年的 9.08% 上升到 1998 年的 10.18%。完全靠国内资源是不可能的,完全靠国外资源也是不安全的。

⑤从国际经验看实行全球能源战略的必要性

由于全球地壳运动的不平衡性,造成世界各地具有不尽相同的地质条件,因而在各个地区、各个国家的地域范围内形成的矿产资源在品种上、数量上和质量上都不尽相同,世界上没有一个国家能完全依赖本国资源来进行建设与发展,都在不同程度上利用别国资源作为补充。

(5) 实行全球能源战略的可能性

①全球能源资源储量丰富,可以满足世界多年生产需要

据国土资源部信息中心资料,2000 年全球现已探明可采储量煤炭 9842.11 亿吨,石油

1402.25 亿吨,天然气 149.38 万亿立方米。石油的静态服务年限为 40 年,天然气的静态服务年限为 61 年,煤炭的静态服务年限为 211 年。石油证实储量由于勘查工作加强而不断增长。

②世界能源供应形势较好

由于能源资源比较丰富,随着全球经济的好转,世界矿产勘查工作,特别是能源勘查开发工作在继续加强。能源供应关系始终保持基本平衡或供过于求的势头。国际能源市场中的石油贸易额也在增长。

③外部环境有利于实施全球能源战略

经济全球化和矿业全球化,特别是 2002 年加入 WTO,为我国"引进来、走出去"利用国外能源实行全球能源战略创造了更为有利的条件。近几年来,中国和俄罗斯、中亚等国家友好合作关系的发展,为利用这些国家油气资源,缓和能源供需矛盾起了积极作用。

④我国已具备勘查开发利用国外资源的能力

利用国外资源主要有两种方式:一是通过国际贸易购买我国的短缺矿产品,这种方式已实施多年;二是到国外去勘查开发我国所需要的短缺矿产资源,或通过合作收购,对已探明有可采储量的矿山油气田进行开发,我国三大石油公司到国外勘查开发油气资源已迈出可喜的一步。

(6) 实施全球能源战略的对策方针

①以煤炭为主,多元发展,实行煤、油、气、水、核、新并举方针。

②国内为主,国外为辅,实行利用两种资源方针,依据资源条件、经济实力、安全因素。

③加强勘查,降低能耗,实行开源与节流并重方针,1998 年我国单位 GDP 所消费的能源为世界平均的 3.27 倍,为日本的 7.20 倍,为德国的 5.62 倍,为澳大利亚的 2.98 倍,为印度的 1.17 倍。

④发展贸易,扩大开发,实行多渠道供给方针。

⑤适度开发,增加储备,实行消费与储备并举方针。

⑥以我为主,扩大开放,实行中外合作勘查国内资源方针,多渠道大力引进国外矿业公司来我国进行能源勘查开发。以海上油气合作勘查开发的成就最为突出。

⑦按需进口,以出补进,实行有序进出口方针,扩大煤炭出口(控制焦煤出口),换取外汇进口石油。

⑧既要开发,又要保护,实行开发与保护并重方针。

⑨一业为主,多种经营,实行综合发展方针,综合开发与能源矿产共生的非能源矿产资源,发展能源开发下游产业,开展多种经营发展非矿产业。

⑩政企分开,城矿分建,实行矿社分离方针。

能源发展战略的总方针:坚持开发与节约并重,把节约放在首位。

能源开发战略方针:以电力为中心,以煤炭为基础,积极开发油气,重视开发新能源和可再生资源。

电力工业发展方针:以火电为主,水火电并举,适度发展核电,同步发展电网,提高电力经济效益。

风力发电

水力发电

燃料电池汽车

奥体中心光伏发电项目

潮汐能发电

光热发电

秸秆发电

江西省学校教学楼屋顶太阳能发电站

风光互补发电系统

太阳能游艇